普通高等教育"十三五"规划教材
中国石油和石化工程教材出版基金资助项目
中国石油和化学工业优秀出版物奖·教材奖一等奖

工程制图

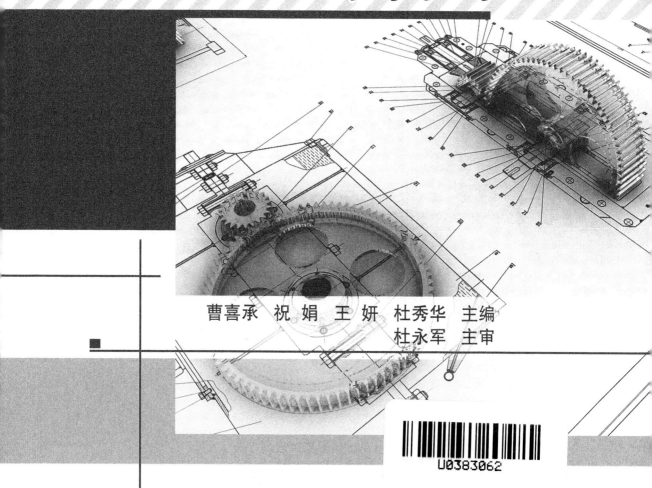

曹喜承　祝　娟　王　妍　杜秀华　主编

杜永军　主审

U0383062

中国石化出版社

·北京·

内 容 提 要

本教材是根据教育部高等学校工程图学教学指导委员会制定的"普通高等学校工程图学课程教学基本要求",在总结和吸取多年教学改革经验的基础上,按照现行国家标准《技术制图》《机械制图》编写的。共9章,主要内容包括:制图的基本知识、点线面的投影、立体及其表面交线、组合体的三视图及尺寸注法、轴测图、机件的常用表达方法、机件的特殊表达方法、零件图、装配图和附录。

本书可作为高等工科院校近机类和非机类各专业"工程制图"课程的教材,也可供函授、高等职业教育学生使用,还可以作为广大科研、技术人员的自学参考书。

与本书配套的《工程制图习题集》同时出版,供选用。

图书在版编目(CIP)数据

工程制图／曹喜承等主编;杜永军主审. —北京:中国石化出版社,2018.8(2024.8重印)
普通高等教育"十三五"规划教材
ISBN 978-7-5114-4958-0

Ⅰ.①工… Ⅱ.①曹… ②杜… Ⅲ.①工程制图-高等学校-教材 Ⅳ.①TB23

中国版本图书馆 CIP 数据核字(2018)第 163673 号

中国石化出版社出版发行

地址:北京市东城区安定门外大街 58 号
邮编:100011 电话:(010)57512500
发行部电话:(010)57512575
http://www.sinopec-press.com
E-mail:press@sinopec.com
中石油彩色印刷有限责任公司印刷
全国各地新华书店经销

*

787 毫米×1092 毫米 16 开本 14.75 印张 370 千字
2018 年 8 月第 1 版 2024 年 8 月第 5 次印刷
定价:32.00 元

前 言
PREFACE

本教材根据教育部高等学校工程图学教学指导委员会制定的"普通高等学校工程图学课程教学基本要求"，在总结和吸取多年教学改革经验的基础上，参考国内外同类教材，按照现行国家标准《技术制图》《机械制图》编写而成。

本课程的任务是培养学生的工程图学技能，提高学生形象思维能力，使其能够正确运用国家标准和投影方法合理表达设计中的不同结构，为学生在各自专业实现创新设计奠定技术基础。

本教材具有以下特点：

(1) 精简了传统的画法几何内容，仅保留投影法的基本概念和点、线、面的投影部分内容。因为现阶段的大学生在初中和高中阶段已经进行了三视图知识的学习，三维与二维间的思维转换已经建立雏形，故简化画法几何部分的学习，仅对投影的基本概念进行阐述，这有利于学生了解三视图的形成，有利于学生对投影知识体系的梳理和掌握。

(2) 对制图基础知识中的定位基准进行了全面讲解，从平面图形的 2 个方向定位，到三视图的 3 个方向的基准，清晰阐述了坐标轴与基准的转化。

(3) 注重培养二维表达能力。对机件的常用表达方法和特殊表达方法进行了全面讲述，并通过实际案例进行分析，便于学生对表达方案的理解。

(4) 采用现行的国家标准《技术制图》《机械制图》，充分体现了工程图学学科的时代特征，并力求做到文字精炼、通俗易懂，图文并茂。

(5) 主要针对非机类专业要求编写，与教学要求相比，在内容上有所加深，教学中可根据实际情况酌情取舍。

另同步编写出版《工程制图习题集》，与本书配套使用。

本书可作为高等工科院校近机类和非机类各专业"工程制图"课程的教材，也可供函授、高等职业教育学生使用，还可以作为广大科研、技术人员的自学参考书。

本书由东北石油大学曹喜承、祝娟、王妍和杜秀华主编。具体分工为：曹喜承编写第四章~第六章，祝娟编写第七章、第八章，王妍编写第一章、第二章，杜秀华、王妍共同编写第三章，杜秀华、祝娟共同编写第九章。

全书由东北石油大学杜永军教授主审。

由于编者学识水平有限，书中若有不妥之处，欢迎读者批评指正。

编者

2018 年 6 月

目 录
CONTENTS

绪论 …………………………………………………………………………………………… （ 1 ）

第一章　制图的基本知识 ………………………………………………………………… （ 2 ）

第一节　国家标准的一般规定 …………………………………………………………… （ 2 ）

第二节　绘图工具及其使用 ……………………………………………………………… （11）

第三节　几何作图 ………………………………………………………………………… （14）

第四节　平面图形的尺寸分析及画法 …………………………………………………… （19）

第五节　绘图方法及步骤 ………………………………………………………………… （21）

第二章　点、线、面的投影 ……………………………………………………………… （25）

第一节　投影的基本知识 ………………………………………………………………… （25）

第二节　点的投影 ………………………………………………………………………… （27）

第三节　直线的投影 ……………………………………………………………………… （31）

第四节　平面的投影 ……………………………………………………………………… （34）

第三章　立体及其表面交线 ……………………………………………………………… （39）

第一节　平面立体的投影 ………………………………………………………………… （39）

第二节　回转体的三视图 ………………………………………………………………… （44）

第三节　平面与立体表面相交 …………………………………………………………… （52）

第四节　两回转体表面相交 ……………………………………………………………… （63）

第四章　组合体的三视图及尺寸注法 …………………………………………………… （73）

第一节　组合体的分析方法 ……………………………………………………………… （73）

第二节　组合体三视图的画法 …………………………………………………………… （77）

第三节　组合体尺寸标注 ………………………………………………………………… （82）

第四节　看组合体三视图的方法和步骤 ………………………………………………… （96）

第五章　轴测图 …………………………………………………………………………… （108）

第一节　轴测图的基本知识 ……………………………………………………………… （108）

第二节　正等测 …………………………………………………………………………… （110）

第三节　斜二测 …………………………………………………………………………… （117）

第四节　轴测剖视图 ……………………………………………………………………… （118）

第六章　机件的常用表达方法 …………………………………………………………… （121）

第一节　视图 ……………………………………………………………………………… （121）

第二节　剖视图 …………………………………………………………………………… （126）

第三节　断面图 …………………………………………………………………………… （139）

第四节　局部放大图、简化画法和其他规定画法 ……………………………………… （142）

第五节　机件常用表达方法综合示例 ……………………………………………（146）

第七章　机件的特殊表达方法 ……………………………………………（147）

第一节　螺纹 ………………………………………………………………（147）

第二节　螺纹紧固件 ………………………………………………………（155）

第三节　键和销 ……………………………………………………………（160）

第四节　齿轮 ………………………………………………………………（165）

第五节　滚动轴承 …………………………………………………………（170）

第八章　零件图 …………………………………………………………（174）

第一节　零件图的作用和内容 ……………………………………………（174）

第二节　零件图的视图表达 ………………………………………………（175）

第三节　零件图的尺寸标注 ………………………………………………（180）

第四节　零件图的技术要求 ………………………………………………（185）

第五节　零件的常见工艺结构简介 ………………………………………（196）

第六节　读零件图 …………………………………………………………（198）

第九章　装配图 …………………………………………………………（202）

第一节　装配图的内容 ……………………………………………………（202）

第二节　装配图的表达方法 ………………………………………………（202）

第三节　装配图中的尺寸标注 ……………………………………………（205）

第四节　装配图的零、部件序号及明细栏 ………………………………（206）

第五节　读装配图 …………………………………………………………（207）

附录1　螺纹 ……………………………………………………………（213）

附录2　常用标准件 ……………………………………………………（216）

附录3　极限与配合 ……………………………………………………（223）

参考文献 …………………………………………………………………（228）

绪　　论

一、本课程的性质和研究对象

工程制图是研究绘制和阅读工程图样的理论、方法和技术的一门技术基础课。工程图样是表达设计者的思想和进行技术交流的重要工具，是产品制造、检验和装配的指导性文件，也是组织生产、工程施工和编制工程预算的主要依据。任何机器设备的制造，都要首先进行设计，绘出其图样，然后根据图样进行零件的加工、设备的组装以及检验等。按投影理论和方法以及国家标准的相关规定，绘制出表达机器和零部件的结构形状、大小、材料以及加工、检验和装配等技术要求的图样，称为工程图样。在使用机器的过程中，通过阅读图样能了解它们的结构、工作原理和性能等，从而指导机器维修。因此，工程图样是工程界的"技术语言"，每个工程技术人员都必须掌握这种语言，具备绘制和阅读工程图样的能力。

本课程理论严谨，实践性强，与工程实践有密切联系，对培养学生掌握科学思维方法、增强工程和创新意识有重要作用，是后续专业课程的基础。

二、本课程的任务

（1）培养使用投影的方法用二维平面图形表达三维空间形状的能力。

（2）培养对空间形体的形象思维能力。

（3）培养创造性构型设计能力。

（4）培养仪器绘制、徒手绘画和阅读专业图样的能力。

（5）培养工程意识，贯彻、执行国家标准的意识。

（6）培养认真负责的工作态度和严谨细致的工作作风。

此外，在学习过程中要注重培养自学能力、分析问题和解决问题的能力，以及团队合作能力。

三、本课程的学习方法

本课程是一门既有系统理论又有较强实践性的技术基础课。要学好本课程必须在掌握投影理论和构形理论的基础上，由浅入深地通过一系列的绘图和读图实践不断地分析和想象空间形体与图样中图形的对应关系，逐步提高空间想象能力和分析能力，掌握正投影的基本作图方法和构形规律，因此，在学习本课程时，应做到：

（1）认真听课，独立完成作业，及时练习。"学而不思则罔，思而不学则殆"，只有通过多想、多看、多画的反复实践和总结，才能很好地消化理论，不断提高绘图和读图的能力。

（2）学习过程中，必须善于总结空间形体与其投影之间的相互联系，要不断"由物画图，由图想物"反复练习和思考。学习可借助模型，也可利用徒手勾画轴测图来帮助想象。

（3）本课程的内容具有由浅入深、环环相扣的特点，如果对前面的知识点理解不透，将会影响对后续内容的理解，因此学习要循序渐进。

（4）本课程与工程实际联系紧密，工程知识越多，学习效果越好。因此，要有意识地通过各种途经了解有关设计和制造方面的工程知识。

第一章　制图的基本知识

工程图样是产品设计、制造、安装和检测等过程中的重要技术资料，也是工程技术人员表达设计思想和进行信息交流的工具。在图样绘制中，必须遵循国家标准的基本规定，正确使用绘图工具，掌握基本图形的绘制方法。

本章重点介绍国家标准《技术制图》和《机械制图》的一般规定，绘图工具及其使用方法，常用几何作图方法和平面图形的尺寸分析、画法等内容。

第一节　国家标准的一般规定

国家标准(简称"国标")以代号"GB"表示，如 GB/T 14689—2008，其中"T"为推荐性标准，"14689"为标准顺序号，"2008"为标准颁布或修订的年份。

一、图纸幅面和格式 (GB/T 14689—2008)

1. 图纸幅面尺寸及其公差

(1) 绘制技术图样时，应优先采用表 1-1 所规定的基本幅面。

(2) 必要时，也允许选用表 1-1 所规定的加长幅面。这些幅面的尺寸是由基本幅面的短边成整数倍增加后得出，如图 1-1 所示。

图 1-1 中粗实线所示为基本幅面(第一选择)；细实线所示为表 1-1 所规定的加长幅面(第二选择)；虚线所示为表 1-1 所规定的加长幅面(第三选择)。

(3) 图纸幅面的尺寸公差按 GB/T 148 的规定。

表 1-1　图纸幅面　　　　　　　mm

基本幅面(第一选择)			
幅面代号	尺寸 $B \times L$	幅面代号	尺寸 $B \times L$
A0	841×1189	A3	297×420
A1	594×841	A4	210×297
A2	420×594		
加长幅面(第二选择)			
幅面代号	尺寸 $B \times L$	幅面代号	尺寸 $B \times L$
A3×3	420×891	A4×4	297×841
A3×4	420×1189	A4×5	297×1051
A4×3	297×630		
加长幅面(第三选择)			
幅面代号	尺寸 $B \times L$	幅面代号	尺寸 $B \times L$
A0×2	1189×1682	A3×5	420×1486
A0×3	1189×2523	A3×6	420×1783
A1×3	841×1783	A3×7	420×2080
A1×4	841×2378	A4×6	297×1271
A2×3	594×1261	A4×7	297×1471
A2×4	594×1682	A4×8	297×1682
A2×5	594×2102	A4×9	297×1892

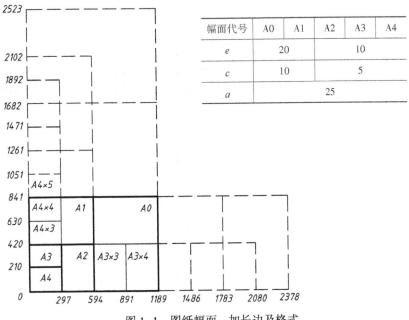

幅面代号	A0	A1	A2	A3	A4
e	20			10	
c	10			5	
a			25		

图 1-1　图纸幅面、加长边及格式

2. 图框格式

在图纸上必须用粗实线画出图框，其格式分为不留装订边和留有装订边两种，但同一产品的图样只能采用一种格式。图框圈定的范围即为画图的范围。对于留有装订边的图纸，在图纸的左侧应留有装订边，以便图纸在保存过程中装订成册，利于保管与使用，其图框到图纸周边的尺寸分别用 a、c 表示，见图 1-2；对于不留装订边的图纸，其图框到图纸周边距离相同，用 e 来表示，见图 1-3。图框到图纸的周边尺寸 a、c、e 如图 1-1 所示。

3. 标题栏

每张图纸上都必须画出标题栏，标题栏用来填写图样上的综合信息，其基本要求、内容、格式和尺寸应符合 GB/T 10609.1—2008 的规定，如图 1-4 所示。

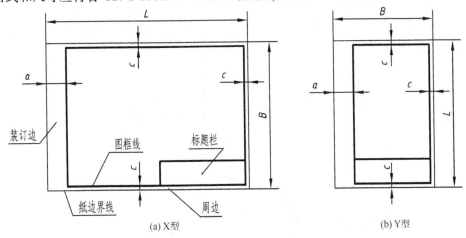

(a) X型　　　　　　　　　　　　　　(b) Y型

图 1-2　有装订边图纸的图框格式

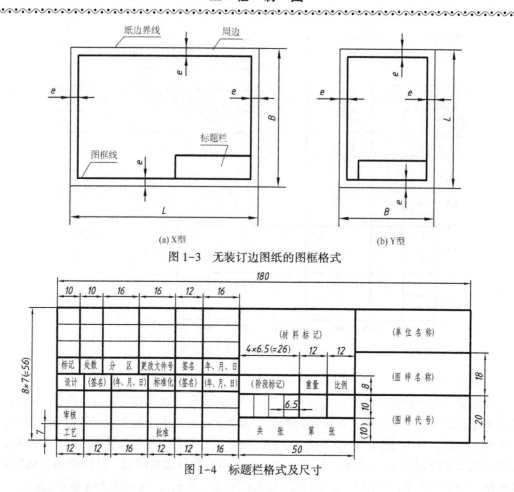

图 1-3 无装订边图纸的图框格式

图 1-4 标题栏格式及尺寸

通常情况下，标题栏位于图纸的右下角，如图 1-2、图 1-3 所示，此时标题栏中的文字方向就是读图(看图)方向。特殊情况下，标题栏的位置可以配置在图纸的右上角，如图 1-5 所示，此时读图(看图)方向应按方向符号指示的方向读图，方向符号为配置在对中符号上的等边三角形。对中符号是为了复制和缩微摄影时定位方便而设计的，是用从周边画入图框内约 5mm 的一段粗实线来表示的，如图 1-5 所示。当方向符号位于图纸的下方，且其尖角对着读者时，此时的图纸摆放位置即为读图方向。方向符号用细实线绘制。

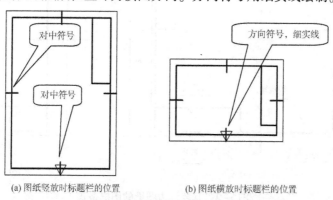

(a) 图纸竖放时标题栏的位置　　　　　　(b) 图纸横放时标题栏的位置

图 1-5 标题栏在图纸右上角时的位置图

二、比例（GB/T 14690—1993）

比例是指图中图形与其实物相对应要素的线性尺寸之比。比值为 1 的比例称为原值比例，比值大于 1 的比例称为放大比例，比值小于 1 的比例称为缩小比例。

比例值已标准化，如表 1-2 所示。绘图时应尽量选取不带括号的适当比例，必要时也允许选取带括号的比例。为了看图方便，画图时尽量采用原值比例。

比例一般应标注在标题栏中比例栏内，必要时，可标注在视图名称下方或右侧。**注意：无论绘图比例多少，图中标注尺寸均应为物体的实际尺寸。**

表 1-2　绘图的标准比例系列

原值比例	$1:1$							
缩小比例	$(1:1.5)$　$1:2$　$(1:2.5)$　$(1:3)$　$(1:4)$　$1:5$　$(1:6)$　$1:1\times10^n$　$(1:1.5\times10^n)$							
	$1:2\times10^n$　$(1:2.5\times10^n)$　$(1:3\times10^n)$　$(1:4\times10^n)$　$1:5\times10^n$　$(1:6\times10^n)$							
放大比例	$2:1$　$(2.5:1)$　$(4:1)$　$5:1$　$1\times10^n:1$　$2\times10^n:1$　$(2.5\times10^n:1)$　$(4\times10^n:1)$　$5\times10^n:1$							

注：n 为正整数。

三、字体（GB/T 14691—1993）

在图样上除了表示机件形状的图形外，还要用汉字、数字和字母等来说明机件的大小、技术要求和其他内容，它是图样的重要组成部分。

（1）在图样中书写的字体必须做到：字体工整、笔画清楚、间隔均匀、排列整齐。

（2）字体的号数，即字体高度 h，其公称尺寸系列为：1.8，2.5，3.5，5，7，10，14，20（单位为"mm"）。

（3）汉字写成长仿宋体，并应采用国家正式公布推行的简化字，高度 h 不应小于3.5mm，其字宽一般为 $\dfrac{h}{\sqrt{2}}$。

书写长仿宋体的要领为：横平竖直、注意起落、结构匀称、填满方格，如图 1-6 所示。

10号字　字体工整　笔画清楚　间隔均匀　排列整齐

7号字　横平竖直注意起落结构均匀填满方格

图 1-6　长仿宋体汉字示例

（4）字母和数字分 A 型和 B 型。A 型字体的笔画宽度为字高的 1/14，B 型字体的笔画宽度为字高的 1/10。同一张图上，只允许选用一种形式的字体。几种字体书写示例如图 1-7 所示。

字母和数字可写成斜体或直体，常用斜体，斜体字字头向右倾斜，与水平线约成 75°。

1234567890　　*abcdefghijklm*

(a) 阿拉伯数字　　　　　　　　　　(b) 小写拉丁字母

ABCDEFGHIJKLM　　*αβγδεζηθικλμ*

(c) 大写拉丁字母　　　　　　　　　(d) 小写希腊字母

I II III IV V VI VII VIII IX X

(e) 罗马数字

图 1-7　几种数字和字母书写示例

四、图线及其画法(GB/T 17450—1998、GB/T 4457.4—2002)

图形都是由不同的图线组成的,不同种类的图线具有不同的含义,用以识别图样的结构特征。

1.线型及其应用

国家标准规定图线的基本线型有 15 种,另有线型的变形和相互组合多种。表 1-3 为工程图样中常用图线的代码、名称、型式、宽度及其主要用途。常用各类图线的应用如图 1-8 所示。

表 1-3 图线的种类、宽度及主要用途   mm

代码	图线名称	图线型式	图线宽度	主要用途
01.1	细实线		约 $d/2$	尺寸线、尺寸界线、剖面线、引出线
01.1	波浪线		约 $d/2$	断裂处的边界线,视图和剖视的分界线
01.1	双折线		约 $d/2$	断裂处的边界线
01.2	粗实线		d	可见轮廓线,过渡线
02.1	细虚线	≈4 ≈1	约 $d/2$	不可见轮廓线
02.2	粗虚线		d	允许表面处理的表示线
04.1	细点画线	≈20 ≈3	约 $d/2$	轴线,对称中心线
04.2	粗点画线		d	限定范围的表示线
05.1	细双点画线	≈20 ≈5	$d/2$	假想投影轮廓线,中断线

注:d 是粗实线的宽度,$d=0.5\sim2\text{mm}$。

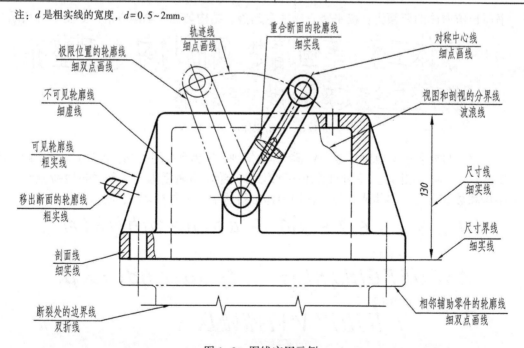

图 1-8 图线应用示例

2. 图线的宽度

图线按宽度可分为粗线和细线两种，其宽度之比为 2：1。

图线宽度 d 一般在 0.13~2mm 之间。手工绘图：d 取 0.7 左右为宜；计算机绘图：d 取 0.5 合适。

3. 图线的画法

在绘图过程中，图线的画法应遵守以下各点：

（1）在同一图样中，同类图线的宽度应基本一致。虚线、点画线及双点画线的线段长度和间隔应各自大致相等。

（2）绘制圆的对称中心线时，圆心应为线段的交点。点画线和双点画线的首末两端应是线段而不是短画。在较小的图形上绘制细点画线或细双点画线有困难时，可用细实线代替。

（3）轴线、对称中心线、双折线和作为中断线的细双点画线，均应超出轮廓线 2~5mm。

（4）图线与图线相交时，应线段相交，不应有间隙。当虚线、点画线在粗实线的延长线时，在连接处需留有间隙。

五、尺寸注法（GB/T 4458.4—2003、GB/T 16675.2—2012）

图形只能表达机件的形状，而机件的大小则由标注的尺寸确定。下面介绍《尺寸注法》（GB/T 4458.4—2003）中的一些基本内容，有些内容将在后面的相关章节中讲述，其他相关内容可查阅国标。

1. 基本规则

（1）机件的真实大小应以图样上所注的尺寸数值为依据，与图形的大小及绘图的精确度无关。

（2）图样中（包括技术要求和其他说明）的尺寸，以毫米为单位时，不需标注单位符号（或名称），如果采用其他单位，则应注明相应的单位符号（如 m、cm 等）。

（3）图样中所标注的尺寸，为该图样所示机件的最后完工尺寸，否则应另加说明。

（4）机件上的每一尺寸，一般只标注一次，并应标注在反映该结构最清晰的图形上。

2. 尺寸组成

一个完整的尺寸一般应包括尺寸界线、尺寸线、尺寸数字和表示尺寸线终端的箭头或斜线，如图 1-9 所示。

（1）尺寸界线

尺寸界线用细实线绘制，并应由图形的轮廓线、轴线或对称中心线处引出。也可利用轮廓线、轴线或对称中心线作尺寸界线。

尺寸界线一般应与尺寸线垂直，必要时才允许倾斜，并超出尺寸线终端 2~3mm 左右。在光滑过渡处标注尺寸时，必须用细实线将轮廓线延长，从它们的交点处引出尺寸界线，如图 1-10 所示。

（2）尺寸线

尺寸线必须用细实线绘制，不能用其他图线代替，也不能与其他图线重合或画在其延长线上。标注线性尺寸时，尺寸线必须与所标注的线段平行。当有几条互相平行的尺寸线时，大尺寸要注在小尺寸线的外面，以免尺寸线与尺寸界线相交。尺寸线间、尺寸线与轮廓线相距 5~10mm 为宜。在圆或圆弧上标注直径或半径尺寸时，尺寸线或其延长线一般应通过圆心。标注角度时，尺寸线应画成圆弧，其圆心是该角度的顶点。

7

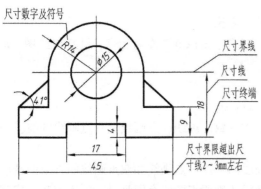

图 1-9　尺寸的组成及其标注示例

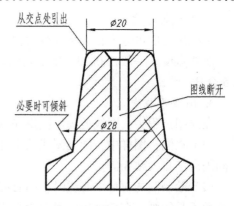

图 1-10　尺寸界线标注示例

（3）箭头、斜线

尺寸终端一般有箭头和斜线两种形式，如图 1-11 所示。箭头适用于各种类型的图样，图中的 d 为粗实线的宽度；斜线用细实线绘制，主要用于建筑图样，此时，尺寸线与尺寸界线必须互相垂直，图中的 h 为字体高度。同一张图样中只能采用一种尺寸线终端形式。当采用箭头时，在位置不够的情况下，允许用圆点或斜线代替箭头。

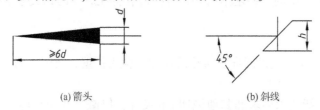

(a)箭头　　　　　　　　　　　(b)斜线

图 1-11　尺寸终端的两种形式

（4）尺寸数字

线性尺寸的尺寸数字一般应注在尺寸线的上方，也允许注写在尺寸线的中断处，当空间不够时也可以引出标注。尺寸数字不能被任何图线通过，否则必须把该图线断开，如图 1-10 中尺寸 $\phi28$ 所示。尺寸数字应按国标要求书写，且同一张图样上字高要一致。

线性尺寸数字应按图 1-12(a)中所示的方向注写，并尽可能避免在图示 30° 范围内进行尺寸标注。当无法避免时可按图 1-12(b)所示形式标注，但同一图样中标注形式应统一。

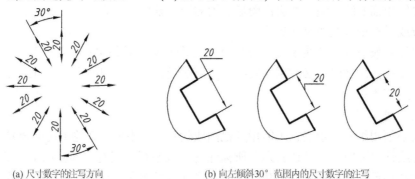

(a) 尺寸数字的注写方向　　　　　　(b) 向左倾斜30° 范围内的尺寸数字的注写

图 1-12　线性尺寸数字的注写方法

图 1-13 给出了尺寸标注的正误对比。

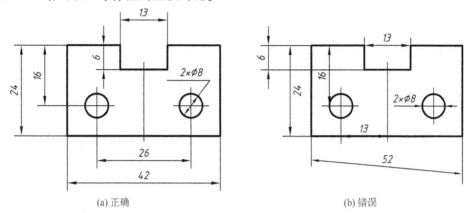

(a) 正确　　　　　　　　　　　　　　　(b) 错误

图 1-13　尺寸线标注正误对比示例

3. 尺寸的简化注法（GB/T 16675.2—1996）

尺寸注法的简化与图样画法的简化一样，都是提高设计制图效率和发展工程技术语言的必由之路。我国有关尺寸注法的简化规定，集中反映在《技术制图　简化表示法　第 2 部分：尺寸注法》（GB/T 16675.2—1996）中。

GB/T 16675.2 在"总则"中提出的对简化尺寸注法具有指导意义的三条基本规定：

（1）若图样中的尺寸和公差全部相同，或某个尺寸和公差占多数时，可在图样空白处作总的说明。如"全部倒角 C1.6"、"其余圆角 R4"等。

（2）对于尺寸相同的重复要素，可仅在一个要素上注出其尺寸和数量。如"6×φ8"，表示 6 个相同直径的孔，不得写成"6-φ8"（旧标准允许）；标准规定中允许出现"4×R5"的注法。

（3）标注尺寸时，应尽可能使用符号和缩写词。如球半径用"SR"，均布用"EQS"，45°倒角用"C"表示等。

4. 尺寸注法示例

表 1-4 中列出了国标规定的一些尺寸注法和尺寸的简化注法。

表 1-4　各类尺寸的注法

圆及圆弧尺寸注法	图例	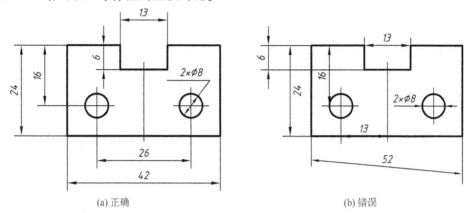
	说明	（1）标注圆或大于半圆的圆弧时，尺寸线通过圆心，以圆周为尺寸界线，尺寸数字前加注直径符号"φ"； （2）标注小于或等于半圆的圆弧时，尺寸线自圆心引向圆弧，只画一个箭头，数字前加注半径符号"R"； （3）若标注球表面时，在"φ"或"R"符号之前，应再加注球面符号"S"； （4）当圆弧的半径过大或在图纸范围内无法标注其圆心位置时，可采用折线形式。若圆心位置不需注明，则尺寸线可只画靠近箭头的一段

续表

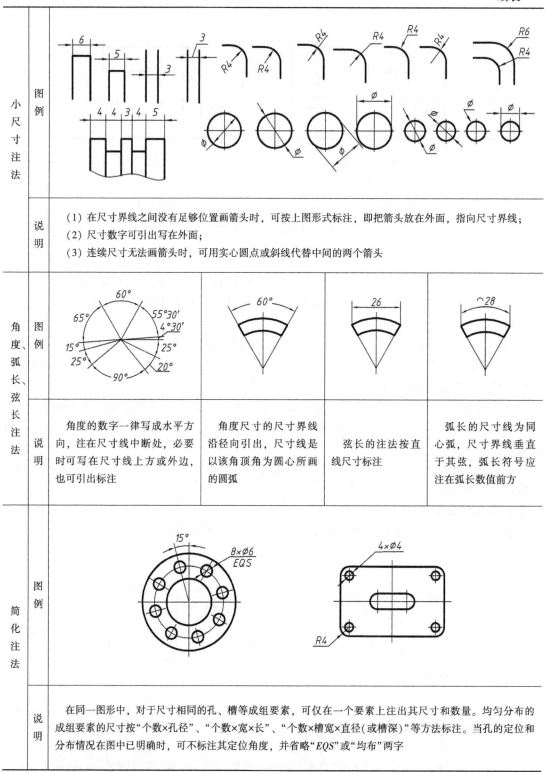

小尺寸注法	图例	（见上图）
	说明	（1）在尺寸界线之间没有足够位置画箭头时，可按上图形式标注，即把箭头放在外面，指向尺寸界线； （2）尺寸数字可引出写在外面； （3）连续尺寸无法画箭头时，可用实心圆点或斜线代替中间的两个箭头
角度、弧长、弦长注法	图例	（见上图）
	说明	角度的数字一律写成水平方向，注在尺寸线中断处，必要时可写在尺寸线上方或外边，也可引出标注 ∥ 角度尺寸的尺寸界线沿径向引出，尺寸线是以该角顶角为圆心所画的圆弧 ∥ 弦长的注法按直线尺寸标注 ∥ 弧长的尺寸线为同心圆弧，尺寸界线垂直于其弦，弧长符号应注在弧长数值前方
简化注法	图例	（见上图）
	说明	在同一图形中，对于尺寸相同的孔、槽等成组要素，可仅在一个要素上注出其尺寸和数量。均匀分布的成组要素的尺寸按"个数×孔径"、"个数×宽×长"、"个数×槽宽×直径（或槽深）"等方法标注。当孔的定位和分布情况在图中已明确时，可不标注其定位角度，并省略"EQS"或"均布"两字

续表

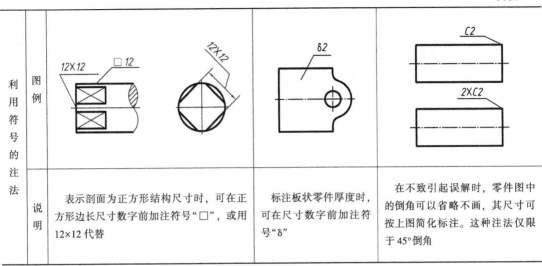

利用符号的注法	图例			
	说明	表示剖面为正方形结构尺寸时，可在正方形边长尺寸数字前加注符号"□"，或用12×12代替	标注板状零件厚度时，可在尺寸数字前加注符号"δ"	在不致引起误解时，零件图中的倒角可以省略不画，其尺寸可按上图简化标注。这种注法仅限于45°倒角

第二节 绘图工具及其使用

绘图方法一般有仪器绘图、徒手绘图和计算机绘图。对于初学者来说，必须学会正确使用各种绘图仪器，提高自己的作图速度，加快对图形的理解。常用的绘图仪器和工具有：图板、丁字尺、三角板、铅笔、分规、圆规等。

一、图板

图板是用来铺放和固定图纸的垫板，要求表面平整光洁，左侧棱边为作图导边，必须平直，以保证与丁字尺内侧紧密接触，如图 1-14 所示。

二、丁字尺

丁字尺由尺头和尺身组成，是用来画水平线的长尺，要求尺头内侧边及尺身工作边必须垂直。绘图时，手扶住尺头，使其内侧边紧靠图板的左导边，执笔沿尺身工作边画水平线，笔尖紧靠尺身，笔杆略向右倾斜，自左向右匀速画线，如图 1-15 所示。

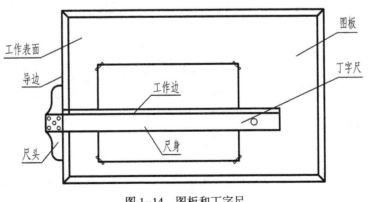

图 1-14 图板和丁字尺

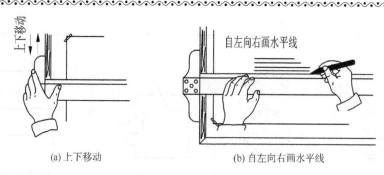

(a)上下移动   (b)自左向右画水平线

图 1-15　水平线的绘制

三、三角板

一副三角板有 45°和 30°/60°的直角板各一块。它与丁字尺配合使用，可画铅垂线和 15°倍角的斜线，如图 1-16 所示。

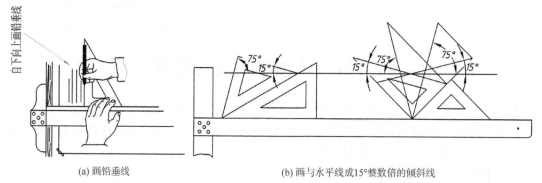

(a)画铅垂线   (b)画与水平线成15°整数倍的倾斜线

图 1-16　用三角板配合丁字尺画铅垂线和倾斜线

四、铅笔

铅笔是绘制图线的主要工具，铅芯的软硬用字母 B 和 H 来表示，B 前的数值愈大表示铅芯愈软；H 前的数值愈大铅芯愈硬。H 或 2H 铅笔通常用于画底稿；B 或 2B 铅笔用于加深图形；HB 铅笔用于写字。

用于画粗实线的铅笔和铅芯应磨成扁平形（铲状），其余的磨成圆锥形，如图 1-17 所示。画图时，铅笔可略向前进方向倾斜，尽量使铅笔靠紧尺面，且铅芯与纸面垂直。

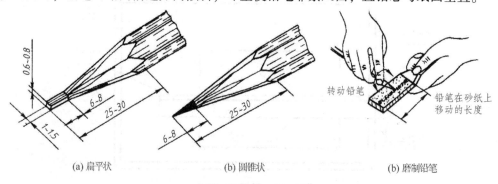

(a)扁平状   (b)圆锥状   (b)磨制铅笔

图 1-17　铅笔的削法

12

五、分规

分规是用来量取线段和等分线段的工具，常用的有大分规和弹簧分规两种，如图 1-18（a）、（b）所示。使用时，两针尖应伸出一样长，使用方法如图 1-18(c)所示。

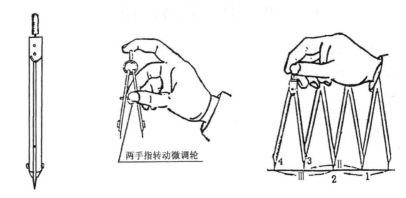

(a) 两针尖要一样齐　　(b) 量取精确距离时，调整弹簧分规的方法　　(c) 分割线段时，分规摆转顺序

图 1-18　分规的使用

六、圆规

圆规是画圆和圆弧的工具。使用前应调整针尖，使其略长于铅芯，如图 1-19 所示。圆规中的铅芯要比画线用铅笔的铅芯软一级。2H 的铅芯磨成圆锥形，B 的铅芯磨成扁平形。画图时，应使圆规向前进方向稍微倾斜，用力要均匀。画大圆时可接上延长杆，尽可能使针尖和铅芯与纸面垂直，因此随着圆弧的半径不同应适当调整铅芯插腿和针脚，如图 1-20 所示。

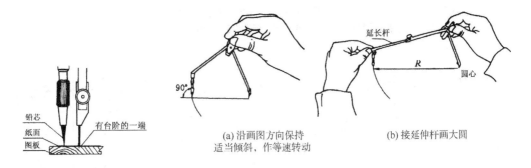

(a) 沿画图方向保持
适当倾斜，作等速转动　　　　　　(b) 接延伸杆画大圆

图 1-19　圆规的铅芯及针脚　　　　　　图 1-20　圆规的使用

七、其他绘图工具

（1）曲线板：曲线板用来画非圆曲线。每画一段，至少应有四个点与曲线板上某一段重合，并与已画的相邻曲线重合一部分，以保持曲线圆滑。

（2）比例尺：比例尺有三棱式和板式两种，尺面上有各种不同比例的刻度，不需计算，提高绘图速度。

（3）绘图模板：绘图模板是一种快速绘图工具，上面有多种镂空的常用图形和符号等。

（4）量角器：量角器用来测量角度。

另外，在绘图时，还需要准备削铅笔刀、橡皮、固定图纸用的塑料透明胶带纸、磨铅笔用的砂纸、擦图片，以及清除图画上橡皮屑的小刷等。

第三节　几何作图

机件的形状虽然多种多样，但都是由直线、圆弧和其他曲线所组成的几何图形。因此，必须熟练掌握部分常用几何图形的作图方法。

一、正多边形画法

正多边形常用将其外接圆多等分的方法作图，表1-5列出了正五边形、正六边形及任意正多边形(以正七边形为例)的作图方法及步骤。

表1-5　圆内接正多边形作图方法

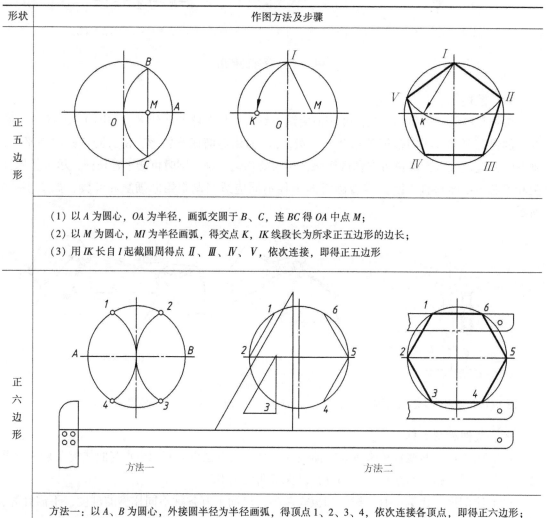

形状	作图方法及步骤
正五边形	(1) 以 A 为圆心，OA 为半径，画弧交圆于 B、C，连 BC 得 OA 中点 M； (2) 以 M 为圆心，MI 为半径画弧，得交点 K，IK 线段长为所求正五边形的边长； (3) 用 IK 长自 I 起截圆周得点 II、III、IV、V，依次连接，即得正五边形
正六边形	方法一：以 A、B 为圆心，外接圆半径为半径画弧，得顶点 1、2、3、4，依次连接各顶点，即得正六边形； 方法二：过点 2、5 分别作 60°的直线交外接圆于 1、3、4、6，连接 16、34，即得正六边形

14

续表

形状	作图方法及步骤
正七边形	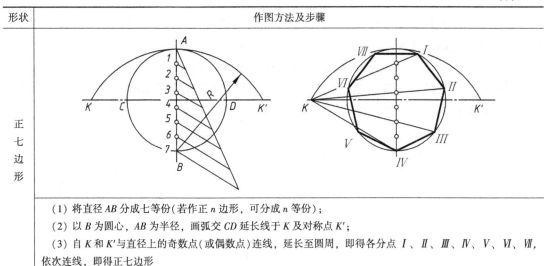 （1）将直径 *AB* 分成七等份（若作正 *n* 边形，可分成 *n* 等份）； （2）以 *B* 为圆心，*AB* 为半径，画弧交 *CD* 延长线于 *K* 及对称点 *K'*； （3）自 *K* 和 *K'* 与直径上的奇数点（或偶数点）连线，延长至圆周，即得各分点 I、II、III、IV、V、VI、VII，依次连线，即得正七边形

二、斜度和锥度

1. 斜度（GB/T 4458.4—2003）

斜度是指一直线（或平面）对另一条直线（或平面）的倾斜程度。其大小用两直线（或平面）间夹角的正切值来表示，并把比值写为 $1:n$ 的形式，即：

$$斜度 = \tan\alpha = H/L = 1:n$$

斜度图形符号按表 1-6 中绘制，标注时，斜度符号方向应与斜度方向保持一致。斜度的定义、标注和作图方法如表 1-6 所示。

表 1-6　斜度的定义、标注及作图方法

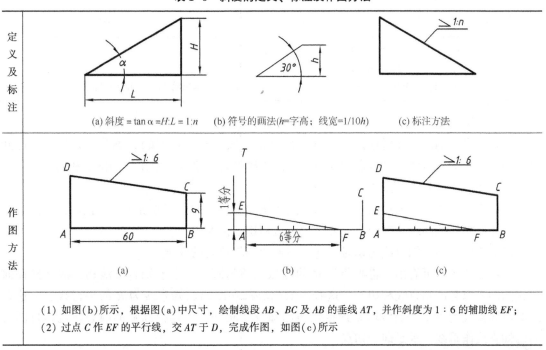

定义及标注	(a) 斜度 $= \tan\alpha = H:L = 1:n$　　　(b) 符号的画法（h=字高；线宽=1/10h）　　　(c) 标注方法
作图方法	(a)　　　　　　(b)　　　　　　(c) （1）如图（b）所示，根据图（a）中尺寸，绘制线段 *AB*、*BC* 及 *AB* 的垂线 *AT*，并作斜度为 1:6 的辅助线 *EF*； （2）过点 *C* 作 *EF* 的平行线，交 *AT* 于 *D*，完成作图，如图（c）所示

15

2. 锥度(GB/T 15754—1995)

锥度是指正圆锥底圆直径与圆锥高度之比。若为锥台，则为上、下底圆直径差与锥台高度之比。锥度也以简化为 1∶n 形式表示，即：

$$锥度 = D/L = (D-d)/l = 2\tan\alpha = 1∶n$$

锥度图形符号按表 1-7 中绘制，在标注时，该符号应配置在基准线上，锥度符号的方向应与实际锥度的方向一致。锥度的定义、标注和作图方法如表 1-7 所示。

表 1-7 锥度的定义、标注及作图方法

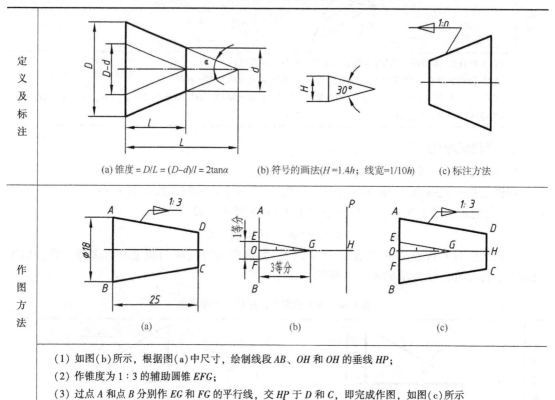

定义及标注

(a) 锥度 = D/L = (D-d)/l = 2tanα (b) 符号的画法(H=1.4h；线宽=1/10h) (c) 标注方法

作图方法

(a)   (b)   (c)

(1) 如图(b)所示，根据图(a)中尺寸，绘制线段 AB、OH 和 OH 的垂线 HP；
(2) 作锥度为 1∶3 的辅助圆锥 EFG；
(3) 过点 A 和点 B 分别作 EG 和 FG 的平行线，交 HP 于 D 和 C，即完成作图，如图(c)所示

三、圆弧连接

用已知半径的圆弧光滑连接(即相切)两已知线段(直线或圆弧)，称为圆弧连接。已知半径的圆弧称为连接弧，连接点即为切点。画连接弧时，必须先求出它的圆心和切点。

1. 连接圆弧圆心轨迹的确定

连接圆弧圆心可以通过确定连接圆弧的两条圆心轨迹的交点来确定，连接圆弧的圆心轨迹可以根据圆弧的两端与已知直线或已知圆弧相切的情况求出。

(1) 连接弧与已知直线相切时，连接圆弧的圆心轨迹的确定

从图 1-21(a)可看出，将半径为 R 的圆弧元整为圆后，沿已知直线滚动，滚动到任何位置的圆弧都与已知直线相切，且这些圆的圆心都在距离已知直线为 R 的平行线上。这条距离已知直线为 R 的平行线就是连接弧与已知直线相切时，连接圆弧的圆心轨迹。自圆心向已知直线作垂线，垂足即为切点。

（2）连接弧与已知圆弧（圆心 O_1，半径 R_1）相外切时，连接圆弧的圆心轨迹的确定

从图 1-21（b）可看出，连接圆弧的圆心轨迹为已知圆弧的同心圆，半径 $R_外 = R + R_1$。切点为两圆弧连心线与已知圆弧的交点。

（3）连接弧与已知圆弧（圆心 O_1，半径 R_1）相内切时，连接圆弧的圆心轨迹的确定

从图 1-21（c）可看出，连接圆弧的圆心轨迹为已知圆弧的同心圆，半径 $R_内 = |R_1 - R|$，切点为两圆弧连心线的延长线与已知弧的交点。

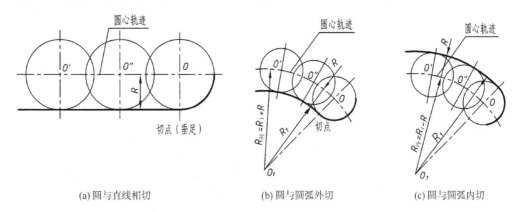

图 1-21　连接圆弧的圆心轨迹

2. 典型的几种圆弧连接的作图步骤

表 1-8 列举了用已知半径为 R 的圆弧连接两已知线段的五种典型情况。

表 1-8　典型圆弧连接作图方法

连接形式	作 图 步 骤		
	求连接弧圆心 O	求切点 T_1、T_2	画连接圆弧
两直线			
直线和圆弧			

17

连接形式	作 图 步 骤		
	求连接弧圆心 O	求切点 T_1、T_2	画连接圆弧
两圆弧内切			
两圆弧外切			
两圆弧混切			

四、椭圆

椭圆的常用画法是根据椭圆的长短轴，用四段圆弧完成绘制，通常称之为四心圆法。作图过程如图 1-22 所示。

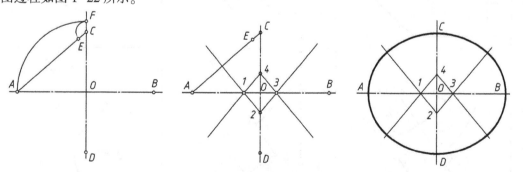

(a) 作长短轴端点 A、B、C、D，连接 AC，并取 $CE=OA-OC$ (b) 作 AE 中垂线与长、短轴交于1、2两点，并取其对称点3、4，得四个圆心 (c) 分别以1、2、3、4为圆心，以 $1A$、$2C$、$3B$、$4D$ 为半径画弧，完成椭圆

图 1-22 四心圆弧法绘制椭圆

第四节　平面图形的尺寸分析及画法

平面图形常由一些线段连接而成的封闭线框所构成。在画图时，根据图形中的尺寸，确定画图步骤；然后，再根据线段间关系，分析需要标注什么尺寸。

一、平面图形尺寸分析

平面图形无论在布图、画图和尺寸标注时都要有个参照体系，即为平面图形的基准。

1. 平面图形的基准

平面图形是二维的，通常二维的直角坐标轴即为基准，直角坐标轴有 2 个，平面图形就有 2 个基准。基准的作用有三个：(1) 布图。画图时，通常先画出 2 个基准，其中 1 个基准应该保证图形的整体在图纸的左右合适的 (如大约中间) 位置，而另一个基准应该保证图形的整体在图纸的上下或前后的合适 (如大约中间的) 位置。如图 1-23 所示，坐标的原点在 $R15$ 的圆心处，长的基准是经过该圆心的垂直线，该基准要保证整个手柄在图纸的左右大约中间的位置；高度基准是图形上下的对称线，该基准要保证整个手柄在图纸上下的大约中间的位置。(2) 画图作用。在画图时，基准就起着参考线的作用，长度基准是画图时的画图元素的左右参考线，如图 1-23 所示，$\phi5$ 的圆心位置距离长度基准 15mm，$\phi20$ 圆柱体的左端面距离长度基准 15mm 等；高度基准 (或宽度基准) 是画图时，画图元素的上下 (或前后) 的参考线，如 $\phi5$ 的圆心位置落在高度基准上，$\phi20$ 圆柱体的前后转向轮廓线以及 $\phi30$ 的两尺寸界线 (该尺寸界线也是手柄最大直径处的切线) 等。(3) 尺寸标注的作用。尺寸标注时，基准起着参考线的作用，确定图形元素之间相对位置的尺寸离不开基准。

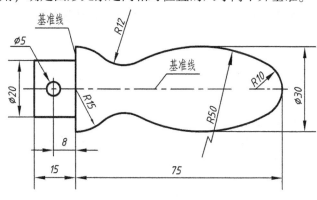

图 1-23　手柄

常用的基准是对称图形的对称线，回转体的轴线、较大圆的中心线或较长的直线。如图 1-23 所示。

2. 平面图形的尺寸

尺寸按其在平面图形中所起的作用，可分为定形尺寸和定位尺寸两类。

(1) 定形尺寸

确定平面图形上各线段形状大小的尺寸称为定形尺寸，如直线的长度、圆及圆弧的直径或半径，以及角度大小等。如图 1-23 中的 $\phi20$、$\phi5$、$R15$、$R12$、$R50$、$R10$、15 等均为定形尺寸。

19

（2）定位尺寸

定位尺寸就是平面图形上的图形元素（如各线段或线框）与基准之间直接或间接的尺寸，是确定图形元素与基准之间相对位置的尺寸，如图 1-23 中确定 $\phi5$ 圆位置的尺寸 8 和确定 $R10$ 位置的尺寸 75 等。

通常情况下，平面图形的基准有两个，定位尺寸就有 2 个，即长度定位尺寸和高度（或宽度）定位尺寸。

注意：当图形元素落在基准上时，该图形元素在该基准方向上的定位尺寸为 0，不必标注。如图 1-23 所示，$\phi5$ 的圆心位置落在高度基准上，此时高度定位尺寸不必标注；有时一个尺寸可以兼具定形和定位两种作用。如图 1-23 所示，尺寸 15 既表示手柄左侧圆柱体前后转向轮廓线的长度，也表示该圆柱体左端面投影的长度方向的定位尺寸。

二、平面图形中圆弧连接的线段分析

在平面图形中，圆弧连接部分的线段的尺寸标注、绘图步骤，都与连接情况有关，因此，对这些线段应该加以分析。

确定一个圆弧，一般需要知道圆心位置的两个定位尺寸及圆弧半径或直径的定形尺寸。若有两个定位尺寸和一个定形尺寸，根据已知条件可直接画出的线段，称为已知线段，如图 1-23 中的 $R15$、$R10$；若缺少一个定位尺寸，必须依靠一端与另一线段相切而画出的线段，称为中间线段，如图 1-23 中的 $R50$；若缺少两个定位尺寸，要依靠两端与另两线段相切，才能画出的线段，称为连接线段，如图 1-23 中的 $R12$。

三、平面图形画图步骤

画平面图形的步骤，可归纳如下（图 1-24）：

（1）布图。即画出平面图形的两个基准线，保证整个图形在图纸左右、上下（或前后）合适位置；

（2）画出已知线段；

（3）画出中间线段；

（4）画出连接线段；

（5）整理全图，检查无误后加深粗线，标注尺寸。

通常在画上述 2、3、4 步骤时，都要先根据定位尺寸确定图形元素的位置，没有给定定位尺寸的需要通过其他条件确定其位置。

四、平面图形的尺寸标注

标注尺寸时要考虑：需要标注哪些尺寸，才能做到齐全；怎样注写才能清晰，符合国家标准有关规定。

标注尺寸的步骤：分析图形各部分的构成，确定基准；注出定位尺寸；注出定形尺寸。

以垫片为例（图 1-25），按上述步骤进行标注：

1. 分析图形，确定基准

因为整个图形是对称的，所以两条对称中心线就是长、宽方向的尺寸基准。

2. 标注定位、定形尺寸

注：当图形具有对称中心线时，分布在对称中心线两边的相同结构，可只标注其中一边的结构尺寸，即：外线框只需标注 R_1、R_2、R_3、R_4、R_5；内线框只需标注 R_6；小圆只需标注 ϕ。

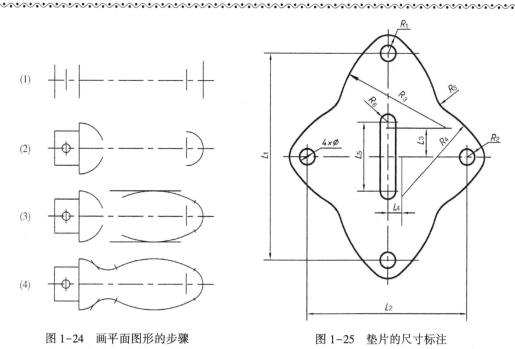

图 1-24　画平面图形的步骤　　　　　图 1-25　垫片的尺寸标注

（1）对于外线框。先标注出圆弧 R_1、R_2 和四个小圆 ϕ 的定位尺寸 L_1 和 L_2，再标注其定形尺寸；

（2）圆弧 R_3 和 R_4 为中间圆弧，应分别标注出一个方向的定位尺寸 L_3 和 L_4，及定形尺寸 R_3 和 R_4；

（3）R_5 为连接圆弧，只标注定形尺寸即可；

（4）内线框的两个半圆的圆心定位尺寸为 L_5，定形尺寸为 R_6。

3. 检查

标注尺寸要完整、清晰；遵守国家标准规定。

第五节　绘图方法及步骤

一、绘图的一般方法步骤

要使图样绘制得又快又好，除了必须熟悉制图标准、掌握几何作图方法和正确使用绘图工具外，还需按照一定的步骤。

1. 绘图前的准备工作

首先准备好图板、丁字尺、三角板、绘图仪器及其他工具、用品，将它们擦拭干净；再把铅笔按线型要求削好，并调整好圆规两脚的长度；然后把手洗干净。各种工具放在固定位置，不用的物品不要放在图板上。

2. 选择图幅、固定图纸

根据所绘图形大小和复杂程度确定绘图比例，选择合适图纸幅面。用橡皮检查图纸的正反面，使丁字尺尺头紧靠图板左边，图纸的水平边框与丁字尺的工作边对齐，把图纸铺在图板左下方，以充分利用丁字尺尺身根部，保证作图准确，然后用胶带将图纸固定在图板上。

3. 画图框和标题栏(用 2H 或 H 铅笔)

按表 1-1 及图 1-4 的要求画出图框及标题栏,且不要急于将图框和标题栏中粗实线描黑,而应当留待与图形中的粗实线同时描黑(若采用的图纸已印制好图框和标题栏则跳过此步)。

4. 布置图形的位置

图形应匀称、美观地布置在图纸的有效区域内。图形之间不要拥挤,亦不能相距甚远。根据每个图形的大小、尺寸标注及说明等其他内容所占的位置,画出各图的基准线,如对称中心线、轴线和较长轮廓线等。

5. 绘制底稿

根据定好的基准线,按尺寸先画主要轮廓线,然后画细节。画好图形后,还应标注尺寸,填好标题栏内容。

6. 检查、修改和清理

底稿完成后要仔细检查,改正图上的错误之处,并擦去多余线及图面上的污迹,将图面弹扫干净。

7. 加深

加深时按线型选择不同铅笔。加深图线时要求用力均匀、线型正确、粗细分明、连接光滑,同时要保持同类线型粗细一致。

加深的步骤如下:

(1) 加深粗实线:粗实线一般用 HB 或 B 铅笔加深,圆规用的铅芯应该比加深直线用的铅芯软一号。

加深时,按照先曲(圆及圆弧)后直(线)、先上后下、先左后右的顺序依次进行,目的是尽量减少仪器在纸面上的磨擦次数,保证图面的清洁和质量。

(2) 必要时,按加深粗实线的顺序,用 H 铅笔依次加深所有的虚线、细点画线、细实线等。

最后,还需检查有无错误或遗漏。

二、徒手绘图

徒手图也称为草图,是不借助绘图工具,用目测物体的形状和大小,徒手绘制的图样。在机器测绘、讨论设计方案、技术交流、现场参观时,受现场条件或时间限制,常采用绘制草图的方式来表达工程形体,有时也可将草图直接供生产用,因此,工程技术人员必须具备徒手绘图的能力。

徒手绘图时,一般使用带方格的图纸,亦称坐标纸,以保证绘图质量。一般选用 HB 或 B、2B 的铅笔,铅芯磨成圆锥形,用于画细线的磨得较尖,用于画粗线的磨得较钝。徒手草图应基本做到:线型正确,粗细分明,比例匀称,字体工整,图面整洁,尺寸齐全。

徒手绘图要求快、准、好。即画图速度要快,目测比例要准,图面质量要好。要画好草图,必须掌握徒手绘制各种线条的基本手法。

1. 握笔的方法

手握笔的位置要比用仪器绘图时较高些,以利运笔和观察目标。笔杆与纸面成 45°~60° 角,执笔稳而有力。

2. 直线的画法

画直线时，手腕靠着纸面，沿着画线方向轻轻移动，保证图线画得直。眼要注意终点方向，便于控制图线。

画铅垂线时自上而下运笔；画水平线以图1-26(a)中的画线方向最为顺手，这里图纸可放斜；斜线一般不太好画，故画图时可以转动图纸，使画的线正好处于顺手方向，如图1-26(c)所示。画短线，常以手腕运笔，画长线则以手臂动作。

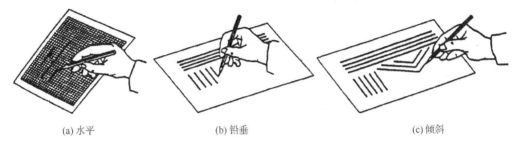

(a) 水平　　　　　　　　(b) 铅垂　　　　　　　　(c) 倾斜

图1-26　徒手画直线

画与水平线成30°、45°、60°的斜线时，可利用两直角边的近似比例定出端点后，再连成直线。其余角度可按它与30°、45°和60°的倍数关系画出。如画10°和15°等角度线时，可先画出30°线后再等分求得，如图1-27所示。

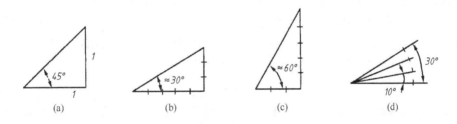

(a)　　　　　　　(b)　　　　　　　(c)　　　　　　　(d)

图1-27　徒手画特殊角度

3. 圆的画法

画圆时先徒手作两条相互垂直的中心线，定出圆心，再根据直径大小，在对称中心线上截取四点，然后徒手将各点连接成圆，如图1-28(a)所示。画较大圆时，可过圆心多画几条不同方向的直线，再按半径找点后再连接成圆，如图1-28(b)、(c)所示。

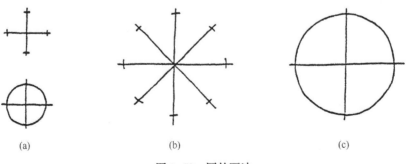

(a)　　　　　　　(b)　　　　　　　(c)

图1-28　圆的画法

23

4. 椭圆的画法

先画出椭圆的长短轴，并用目测定出其端点位置，过这四点画一矩形，再与矩形相切画椭圆，如图1-29(a)所示；也可利用外接菱形画四段圆弧构成椭圆，如图1-29(b)所示。

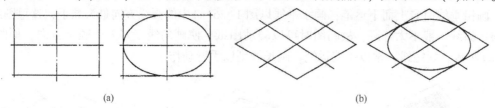

(a)   (b)

图1-29　椭圆的画法

对于圆角及圆弧连接画法，也是利用与正方形、长方形、菱形相切的特点，如图1-30所示。

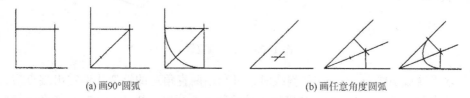

(a) 画90°圆弧   (b) 画任意角度圆弧

图1-30　圆角、圆弧的画法

当遇到较复杂平面轮廓的形状时，常采用勾描轮廓和拓印的方法。如平面能接触纸面时，采用勾描法，直接用铅笔沿轮廓画线，如图1-31所示。当平面上受其他结构所限，只能采用拓印法。在被拓印表面涂上颜料或红油，然后将纸贴上(遇有结构阻挡，可将纸挖去一块)，即可印出曲线轮廓，如图1-32所示，最后再将印迹描到图纸上。

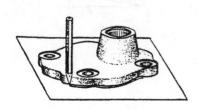　　　　　　　　　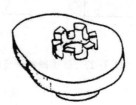

图1-31　勾描画法　　　　　　　　　图1-32　拓印画法

第二章　点、线、面的投影

在表达三维形体、培养对空间形体的形象思维能力的过程中，图形的形象性、直观性和简洁性，是人们对图样的基本要求。掌握物体上几何元素的投影规律和作图方法，是正确绘图的前提和基础；掌握由三维形体到二维图形的转换，是画图和识图的必备方法和手段。

本章重点介绍投影法的基本概念，点、直线、平面的投影。

第一节　投影的基本知识

一、投影法基本概念

如图 2-1(a)所示，设空间一平面 P 为投影面，不在 P 面上的定点 S 为投影中心。为把空间点 A 投射到平面 P 上，则须从 S 点引出一条直线通过 A 点，此直线叫做投射线，它和平面 P 的交点为 a，点 a 就是空间点 A 在投影面 P 上的投影。用同样方法可作出空间点 B、C 在投影面 P 上的投影 b、c。直线 AB、BC、CA 的投影分别是 ab、bc、ca。△ABC 的投影是△abc。这种用投射线通过物体，向选定的面投射，并在该面上得到图形的方法称为投影法。

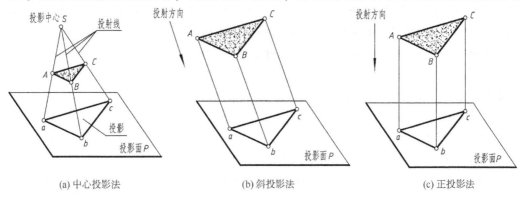

| (a) 中心投影法 | (b) 斜投影法 | (c) 正投影法 |

图 2-1　投影法及其分类

二、投影法的分类

1. 中心投影法

投射线汇交一点的投影方法叫做中心投影法，所得到的投影称为中心投影图，如图 2-1(a)所示。中心投影图的度量性较差，一般不反映物体的真实形状，但它的立体感较强，如图 2-2(a)所示。主要用于绘制物体的透视图，特别是建筑物的透视图。

2. 平行投影法

当把投影中心 S 移到离投影面 P 无限远的地方，则投射线就会互相平行。这种投射线互相平行的投影法叫做平行投影法。平行投影法又分为两类：

（1）斜投影法

投射方向倾斜于投影面的投影方法称为斜投影法，如图 2-1(b)所示。斜投影法主要用于绘制物体的轴测图，如图2-2(b)所示。轴测图的直观性较好，并具有一定的立体感，因此，在工程上常作为辅助图样来说明机器的安装、使用与维修等情况。

（2）正投影法

投射方向垂直于投影面的投影方法称为正投影法，如图2-1(c)所示。用正投影法绘制的图形称为正投影图，如图2-2(c)所示。

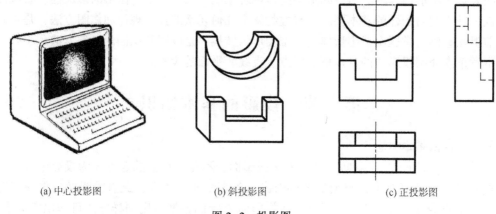

(a) 中心投影图　　　　　　(b) 斜投影图　　　　　　(c) 正投影图

图2-2　投影图

正投影图的直观性虽不如中心投影图和轴测图，但它的度量性好，当空间物体上某个面平行于投影面时，正投影图能反映该面的真实形状和大小，且作图简便。因此，GB/T 17451—1998中明确规定，机件的图样采用正投影法绘制。

在本书的后续章节中，如无特别说明，所提到的投影都是指正投影。

三、平面和直线的投影特点

正投影法中，平面和直线的投影有以下三个特点：

（1）实形性

平面（或直线）与投影面平行时，其投影反映实形（或实长）的性质，称为实形性，如图2-3(a)中的平面 P 和直线 AB。

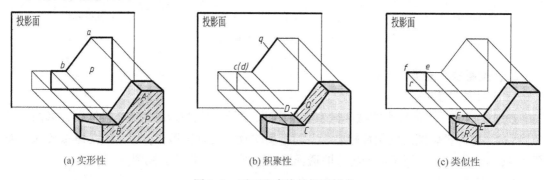

(a) 实形性　　　　　　(b) 积聚性　　　　　　(c) 类似性

图2-3　平面和直线的投影特点

（2）积聚性

平面（或直线）与投影面垂直时，其投影积聚为一条直线（或一个点）的性质，称为积聚性，如图2-3(b)所示的平面 Q 和直线 CD。

（3）类似性

平面（或直线）与投影面倾斜时，其投影变小（或变短），但投影的形状仍与原来形状相类似的性质，称为类似性，如图 2-3（c）所示的平面 R 和直线 EF。

第二节　点的投影

物体都是由点、线、面组成的，要研究物体的投影必须先研究物体的组成要素——点、线、面的投影。点是最基本的几何元素，所以应首先从点的投影入手，研究点的投影特性。

由正投影法的基本原理，点在一个投影面上的投影的作图过程如图 2-4（a）所示，过空间点 A 作投影面的垂线，垂足 a 就是空间点 A 在该投影面上的投影。从图中可看出，点的空间位置确定后，它在投影面上的投影 a 是唯一的；但从图 2-4（b）和（c）可看出，从投影面上的投影 a 到空间点却不是一一对应的（投影对应空间无数个点），这对我们研究物体的投影毫无意义，我们研究投影的目的是投影与空间物体一一对应，即图与空间立体一一对应。

同样可以证明点在二面投影体系（由互相垂直的两个投影面组成的投影体系）中，投影与空间点也不是一一对应的关系，即投影也不能把空间立体唯一地确定下来，但二投影面体系的投影特性可以借鉴到三投影面体系当中，因为三投影面体系中的每两个投影面都组成二投影面体系。工程图样中通常采用三投影面体系来研究几何要素的投影特性，三投影面体系的投影与空间立体保持着一一对应的关系。

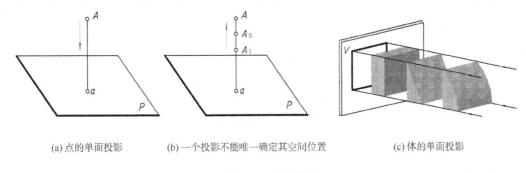

(a) 点的单面投影　　　　(b) 一个投影不能唯一确定其空间位置　　　　(c) 体的单面投影

图 2-4　单面投影

一、三投影面体系

以三个互相垂直的平面作为投影面，构成的投影面体系称为三面投影体系，如图 2-5（a）所示。三个投影面将空间分成八个角，我国标准规定工程图样采用第一角画法，如图 2-5（b）所示，将物体置于第一分角内，使其处于观察者与投影面之间而得到正投影图。

正立放置的投影面称为正立投影面，简称正面，用 V 表示；水平放置的投影面称为水平投影面，简称水平面，用 H 表示；侧立放置的投影面称为侧立投影面，简称侧面，用 W 表示。两投影面的交线为投影轴，V 面与 H 面交于 OX 轴，H 面与 W 面交于 OY 轴，V 面与 W 面交于 OZ 轴，三轴交于原点 O。

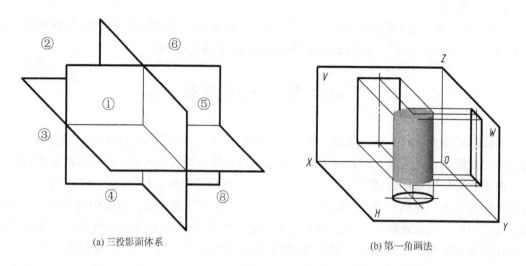

(a) 三投影面体系　　　　　　　　　　　　　(b)第一角画法

图 2-5　三投影面体系

二、点在三投影面体系中的投影

1. 点的三面投影

如图 2-6(a)所示，在三投影面体系中，设有一空间点 A，自 A 分别作垂直于 H、V、W 面的投射线，得交点 a、a'、a''，则 a、a'、a'' 分别称为点 A 的水平投影、正面投影、侧面投影。在投影法中规定，凡空间点用大写字母表示，其水平投影用相应的小写字母表示，正面投影和侧面投影分别在相应的小写字母上加"$'$"和"$''$"。

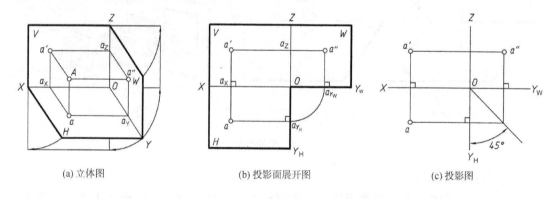

(a) 立体图　　　　　　　(b) 投影面展开图　　　　　　　(c) 投影图

图 2-6　点在 V、H、W 面的投影

2. 点的投影特性

投射 A 点的三条投射线 Aa、Aa' 和 Aa'' 分别组成三个平面：aAa'、aAa'' 和 $a'Aa''$，它们与投影轴 OX、OY 和 OZ 分别相交于点 a_x、a_y 和 a_z。这些点和 A 点及其投影 a、a'、a'' 的连线组成一个长方体。因此有：

$$Aa = a'a_x = a''a_y = a_zO;$$
$$Aa' = a''a_z = aa_x = a_yO;$$
$$Aa'' = aa_y = a'a_z = a_xO。$$

即点的投影到投影轴的距离等于空间点到相邻投影面的距离。

为了使点的三面投影画在同一图面上，规定 V 面不动，将 H 面绕 OX 轴向下旋转 90°，将 W 面绕 OZ 轴向右旋转 90°，使 V、H、W 三个投影面共面，此时，Y 轴一分为二，跟 H 面旋转的 OY 轴用符号 OY_H 表示，跟 W 面旋转的 OY 轴用符号 OY_W 表示，如图 2-6(b) 所示。展开以后不难证明出：(1) 点的正面投影 a' 和水平投影 a 的连线垂直于 OX 轴，即 $a'a \perp OX$；(2) 点的正面投影 a' 和侧面投影 a'' 的连线垂直于 OZ 轴，即 $a'a'' \perp OZ$；(3) 水平投影 a 与侧面投影 a'' 的连线垂直于 OY 轴，即 $aa'' \perp OY$。**即投影的连线垂直于投影轴。**

因为投影面可看成无限大的，因此，画图时一般不画出投影面的边界线，也不标出投影面的名称，如图 2-6(c) 所示。

从图 2-6 可看出，a_{yh} 和 a_{yw} 是同一点 a_y，展开后有 $oa_{yh} = oa_{yw}$，作图时，为了表示 $oa_{yh} = oa_{yw}$ 的关系，常用过原点 O 的 45° 辅助线或圆弧将 a_{yh} 和 a_{yw} 联系起来，如图 2-6(b)、(c) 所示。

若把图 2-6(a) 所示的三个投影面当作坐标面，那么各投影轴就相当于坐标轴，三轴的交点 O 就是坐标原点。

这样，空间点 $A(X, Y, Z)$ 到三个投影面的距离就等于它的三个坐标：

A 点到 W 面的距离等于 A 点的 X 坐标 $(Aa'' = Oa_x)$；

A 点到 V 面的距离等于 A 点的 Y 坐标 $(Aa' = Oa_y)$；

A 点到 H 面的距离等于 A 点的 Z 坐标 $(Aa = Oa_z)$。

这样，上述得出的结论"**点的投影到投影轴的距离等于空间点到相邻投影面的距离**"，可以写成"**点的投影到坐标轴的距离等于空间点的坐标**"。

从图 2-6(c) 可看出：由 A 点的 X、Y 两个坐标可以确定 A 点的水平投影 a；由 A 点的 X、Z 两个坐标可以确定 A 点的正面投影 a'；由 A 点的 Z、Y 两个坐标可以确定 A 点的侧面投影 a''。由此可见，已知一点的任意两面投影，就可以求出该点的第三投影，也可根据点的三个坐标作出该点的三面投影。

综上所述，**点的投影特性**可以归纳为：

(1) 投影的连线垂直于投影轴；

(2) 点的投影到投影轴的距离等于空间点到相邻投影面的距离，也等于空间点的坐标。

【例 2-1】 如图 2-7 所示，已知一点 B 的水平投影 b 和正面投影 b'，求侧面投影 b''。

作图步骤：

(1) 过 b' 引 OZ 轴的垂线 $b'b_z$。

(2) 在 $b'b_z$ 的延长线上有 $b''b_z = bb_x$，b'' 即为所求。

当空间点位于投影面内时，则它的三个坐标中必有一个为零。如图 2-8 中的 D 点，它位于 H 面内，$Z = 0$。D 点的水平投影 d 与 D 点本身重合；正面投影 d' 落在 OX 轴上；侧面投影 d'' 落在 OY 轴上。当 W 面向右旋转重合于 V 面时，因为 d'' 是 W 面上的投影，所以，d'' 应位于 OY_W 轴上，而不应位于 OY_H 轴上。

当空间点位于投影轴上时，则它的三个坐标中必有

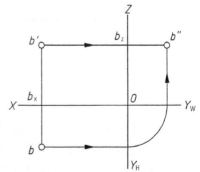

图 2-7　由点的正面投影和
水平投影作侧面投影

两个为零。如图 2-8 中的 E 点，它位于 OX 轴上，$Z=0$，$Y=0$。

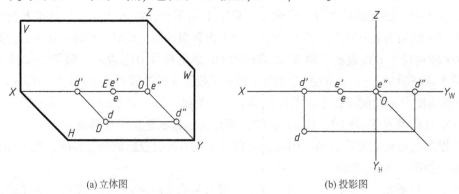

(a)立体图	(b)投影图

图 2-8　位于 H 面的点的三面投影

三、两点的相对位置和重影点

1. 两点的相对位置

两点的相对位置是指空间两点的上下、左右、前后的位置关系。如图 2-9 所示，A、B 两点对投影面 W、V、H 的距离差，即为这两个的投影点沿 OX、OY、OZ 三个方向的坐标差，在三维坐标体系中，通常定义 OX 轴为左右方向，远离坐标原点的方向为左；OY 轴为前后方向，远离坐标原点的方向为前；OZ 轴为上下方向，远离坐标原点的方向为上。因此，两点的相对位置可以通过这两点投影之间的左右、前后和上下的位置关系来判断。X 坐标大的点在左，Y 坐标大的点在前，Z 坐标大的点在上。图中表示点 A 在点 B 的左前下方。

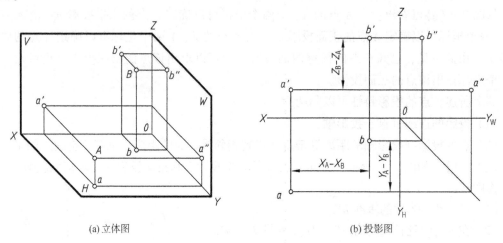

(a)立体图	(b)投影图

图 2-9　两点的相对位置

2. 重影点

如果空间两点位于某一投影面的同一条投射线上，则这两点在该投影面上的投影就会重合于一点，此两点称为对该投影面的重影点。如图 2-10 所示，C、D 两点的水平投影重合为一点，则称 C、D 两点为对 H 面的重影点。即存在一点遮住另一点的问题，为了表示点的可见性，应在不可见点的投影上加括号，如图 2-10(b)所示。

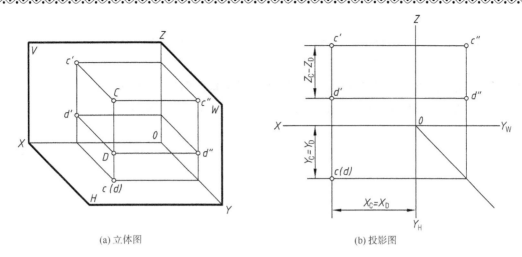

(a) 立体图   (b) 投影图

图 2-10   重影点的投影

第三节 直线的投影

直线的投影一般仍为直线，特殊情况下可积聚成一点。由于两点确定一直线，故作直线的投影时，可将确定该直线的任意两点的同面投影相连接，得到直线的三个投影。直线的投影规定用粗实线绘制。

一、各种位置直线的投影特性

直线在三投影面体系中，按其与投影面的相对位置可把直线分为三种：一般位置直线、投影面平行线和投影面垂直线。投影面平行线和投影面垂直线统称为特殊位置直线，下面分别讨论这三类直线的投影特性。

1. 一般位置直线

与三个投影面都倾斜的直线，称为一般位置直线，如图 2-11 所示。由于一般位置直线对三个投影面都是倾斜的，所以其投影特性是：三个投影都倾斜于投影轴，且都小于实长。

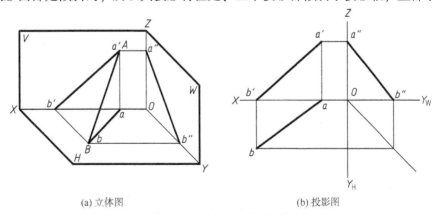

(a) 立体图   (b) 投影图

图 2-11   一般位置直线的投影

31

2. 投影面平行线

只平行于某一个投影面，而与另外两个投影面倾斜的直线，称为投影面平行线。其中只平行 H 面的直线，称为水平线；只平行 V 面的直线，称为正平线；只平行 W 面的直线，称为侧平线。规定直线或平面与 H 面、V 面和 W 面的夹角分别为 α、β 和 γ。

表 2-1 列出了三种投影面平行线的立体图、投影图及其投影特性。

表 2-1 投影面平行线的投影特性

名称	正平线（∥V、∠H、∠W）	水平线（∥H、∠V、∠W）	侧平线（∥W、∠V、∠H）
立体图			
投影图			
投影特性	（1）$a'b'$ 反映实长和真实夹角 α、γ； （2）$ab \parallel OX$，$a''b'' \parallel OZ$，长度缩短	（1）cd 反映实长和真实夹角 β、γ； （2）$c'd' \parallel OX$，$c''d'' \parallel OYW$，长度缩短	（1）$e''f''$ 反映实长和真实夹角 α、β； （2）$e'f' \parallel OZ$，$ef \parallel OYH$，长度缩短

由表 2-1 可概括出投影面平行线的投影特性：

（1）在与线段平行的投影面上，其投影反映线段的实长和与其他两个投影面的真实夹角；

（2）其余两个投影分别平行于相应的投影轴，且都小于实长。

3. 投影面垂直线

垂直于某一投影面的直线，称为投影面垂直线。其中垂直于 H 面的直线，称为铅垂线；垂直于 V 面的直线，称为正垂线；垂直于 W 面的直线，称为侧垂线。

表 2-2 列出了三种投影面垂直线的立体图、投影图及其投影特性。

表 2-2　投影面垂直线的投影特性

名称	正垂线(⊥V、∥H、∥W)	铅垂线(⊥H、∥V、∥W)	侧垂线(⊥W、∥V、∥H)
立体图			
投影图			
投影特性	(1) a'b'积聚成一点； (2) ab⊥OX, a''b''⊥OZ, 都反映实长	(1) cd 积聚成一点； (2) c'd'⊥OX, c''d''⊥OY_W, 都反映实长	(1) e''f''积聚成一点； (2) ef⊥OY_H, e'f'⊥OZ, 都反映实长

由表 2-2 可概括出投影面垂直线的投影特性：

（1）在与线段垂直的投影面上，该线段的投影积聚为一点；

（2）其余两个投影分别垂直于相应的投影轴，且都反映实长。

二、直线上的点

从图 2-12 可以看出，直线 *AB* 上的任一点 *C* 有以下投影特性：

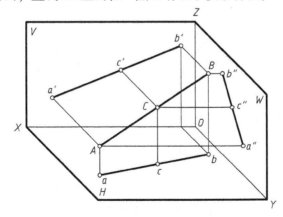

图 2-12　直线上点的投影

（1）点在直线上，则点的投影必在该直线的各同面投影上；反之，若点的各个投影均在直线的同面投影上，则该点必在该直线上，否则，点就不在该直线上。

（2）点分线段之比，投影后保持不变。

$$AC : CB = ac : cb = a'c' : c'b' = a''c'' : c''b''$$

第四节　平面的投影

一、平面的表示法

平面通常用确定该平面的几何元素的投影表示，也可用迹线表示。

1. 几何元素表示法

由几何知识可知，不属于同一直线上的三个点确定一平面，因此，在投影图上可以用图 2-13 所示的任意一组几何元素的投影表示平面。

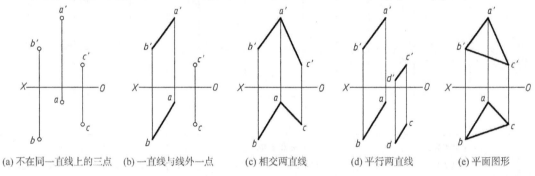

(a) 不在同一直线上的三点　(b) 一直线与线外一点　(c) 相交两直线　(d) 平行两直线　(e) 平面图形

图 2-13　用几何元素表示平面

2. 迹线表示法

空间的平面与投影面相交，其交线称为平面的迹线。平面与 H 面的交线称为水平迹线，平面与 V 面的交线称为正面迹线，平面与 W 面的交线称为侧面迹线，若平面用 P 标记，其水平迹线用 P_H 标记，正面迹线用 P_V 标记，侧面迹线用 P_W 标记。且平面的迹线肯定相交，其交点落在投影轴上，如图 2-14 所示。

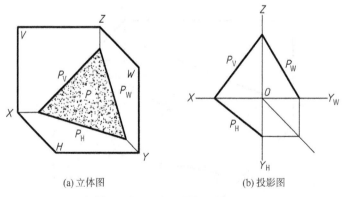

(a) 立体图　　　　　　　　　(b) 投影图

图 2-14　迹线的表示方法

二、各种位置平面的投影特性

平面在三投影面体系中，按其与投影面的相对位置可把平面分为三种：一般位置平面、投影面垂直面和投影面平行面。投影面垂直面和投影面平行面统称为特殊位置平面，下面分别讨论这三类平面的投影特性。

1. 一般位置平面

与三个投影面都倾斜的平面，称为一般位置平面，如图 2-15 所示。可见，一般位置平面的投影特性：它的三个投影都是比原形缩小的类似形。

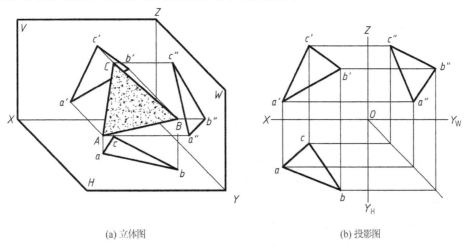

(a) 立体图   (b) 投影图

图 2-15　一般位置平面

2. 投影面垂直面

垂直于一个投影面且倾斜于另外两个投影面的平面称为投影面垂直面。垂直于 H 面的平面，称为铅垂面；垂直于 V 面的平面，称为正垂面；垂直于 W 面的平面，称为侧垂面。

表 2-3 列出了三种投影面垂直面的立体图、投影图及其投影特性。

表 2-3　投影面垂直面的投影特性

名称	正垂面($\perp V$、$\angle H$、$\angle W$)	铅垂面($\perp H$、$\angle V$、$\angle W$)	侧垂面($\perp W$、$\angle V$、$\angle H$)
立体图			

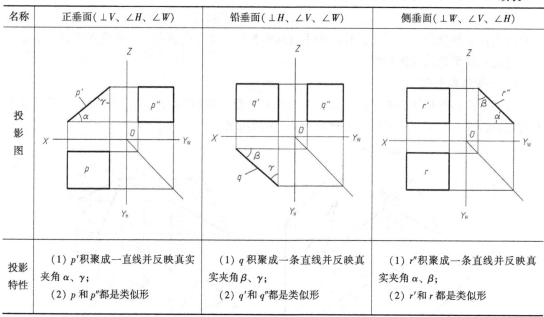

名称	正垂面(⊥V、∠H、∠W)	铅垂面(⊥H、∠V、∠W)	侧垂面(⊥W、∠V、∠H)
投影图			
投影特性	(1) p' 积聚成一直线并反映真实夹角 α、γ; (2) p 和 p'' 都是类似形	(1) q 积聚成一条直线并反映真实夹角 β、γ; (2) q' 和 q'' 都是类似形	(1) r'' 积聚成一条直线并反映真实夹角 α、β; (2) r' 和 r 都是类似形

由表 2-3 可知投影面垂直面具有以下的投影特性:

(1) 平面在所垂直的投影面上的投影积聚成一条倾斜的直线,并反映该平面与其他两个投影面的夹角;

(2) 平面在其余两个投影面上的投影具有类似性,均为小于原平面图形的类似形。

3. 投影面平行面

平行于一个投影面的平面称为投影面平行面。平行于 H 面的平面,称为水平面;平行于 V 面的平面,称为正平面;平行于 W 面的平面,称为侧平面。

表 2-4 列出了三种投影面平行面的立体图、投影图及其投影特性。

表 2-4　投影面平行面的投影特性

名称	正平面(∥V、⊥H、⊥W)	水平面(∥H、⊥V、⊥W)	侧平面(∥W、⊥V、⊥H)
立体图	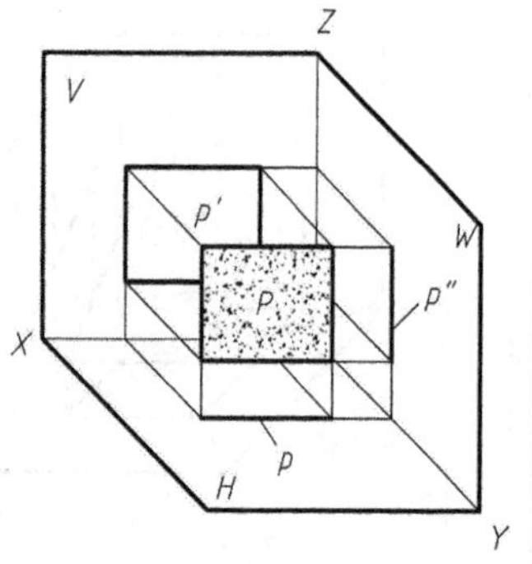	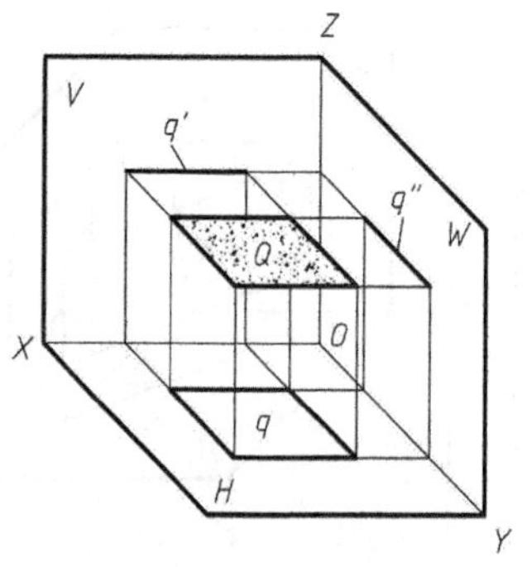	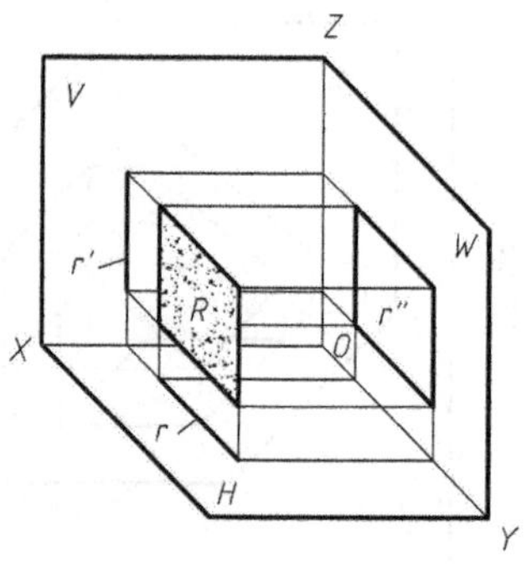

名称	正平面(∥V、⊥H、⊥W)	水平面(∥H、⊥V、⊥W)	侧平面(∥W、⊥V、⊥H)
投影图			
投影特性	(1) p'反映实形; (2) p 和 p″积聚成直线且 p∥OX; p″∥OZ	(1) q 反映实形; (2) q' 和 q″积聚成直线且 q'∥OX; q″∥OYw	(1) r″反映实形; (2) r' 和 r 积聚成直线且 r'∥OZ; r∥OYH

由表 2-4 可知投影面平行面具有以下的投影特性:

(1) 平面在所平行的投影面上的投影反映实形;

(2) 平面在另外两个投影面上的投影均积聚成直线,且平行于相应的投影轴。

三、平面上的点和直线

1. 平面内取点

平面内取点的解题思想就是求平面内过该点的已知直线。因此,在平面内取点,必须通过该点作一条属于平面内的一条直线,通过点作属于平面内的直线可以作无数条,做题时尽量作简单的、容易作的直线,比如利用面上的已知点(平面多边形的交点)或线(平面多边形的边)等,如图 2-16 所示。

2. 平面内取直线

如图 2-17 所示,直线在平面内必须具备下列条件之一:

(1) 直线通过平面内的两点;

(2) 直线通过平面内的一点且平行于平面内的另一直线。

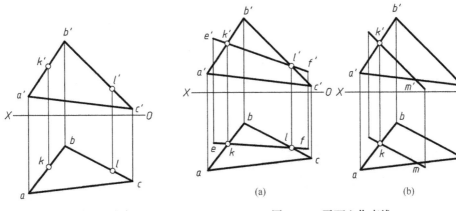

图 2-16 平面上取点　　　　　　　图 2-17 平面上作直线

【例2-2】 已知△*ABC*平面上*K*点的正面投影*k'*和*N*点的水平投影*n*，求作*K*点的水平投影和*N*点的正面投影[图2-18(a)]。

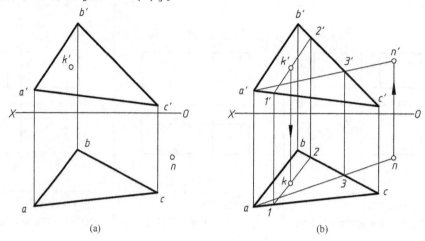

(a)　　　　　　　　(b)

图2-18　求作平面上点的另一投影

分析：因*K*点及*N*点在△*ABC*平面上，因此过*K*点及*N*点可以在平面上各作一辅助直线，这时*K*点及*N*点的投影必在相应辅助直线的同面投影上。

作图步骤[图2-18(b)]：

(1)过*k'*作辅助直线 Ⅰ Ⅱ 的正面投影*1'2'*，求出其水平投影*12*。再过*k'*作投影连线交*12*于*k*，即为*K*点的水平投影。

(2)过*n*点作辅助直线的水平投影*an*，交*bc*于*3*，求出Ⅲ点的正面投影*3'*，并连接*a'3'*，然后过*n*作投影连线与*a'3'*的延长线交于*n'*，即为*N*点的正面投影。

第三章 立体及其表面交线

立体根据其表面的性质，可分为两类：平面立体和曲面立体。

（1）平面立体：由若干平面围成的立体。如棱柱、棱锥等。

（2）曲面立体：由曲面或曲面与平面围成的立体。最常见的是回转体，如圆柱、圆锥、圆球和圆环等。

本章主要介绍平面立体和回转体的三视图、表面取点、取线以及立体表面交线的作图方法。

第一节 平面立体的投影

立体是由点、线、面组成的。平面立体的顶点是点的范畴；面与面之间的交线叫轮廓线，对于平面立体而言，轮廓线也叫棱线，棱线是线的概念；平面立体各表面的多边形是面的概念。因此，平面立体的投影完全可以利用点、线、面的投影求作。

（1）从点的角度出发，**"平面立体的投影可以归结为围成平面立体的所有顶点的投影，顶点之间是线的连接，可见的画粗实线，不可见的画细虚线，当可见的与不可见的线重合，重合部分按可见的粗实线绘制"**。

（2）从线的角度出发，"平面立体的投影可以归结为围成平面立体所有的轮廓线（棱线）的投影，可见的轮廓线（棱线）画粗实线，不可见的轮廓线画细虚线，当可见的与不可见的轮廓线重合，重合部分按可见的粗实线绘制"。

（3）从面的角度出发，"平面立体的投影可以归结为围成平面立体的所有的平面多边形的投影"。

综上所述，平面立体的投影可以利用点、线、面的投影求作。由于平面立体的轮廓线（棱线）和表面的平面多边形的投影都是利用平面立体的顶点的投影做出来的，因此，平面立体的投影完全可以归结为围成平面立体的所有顶点的投影，顶点之间是线的连接。在作平面立体投影的时候，通常从点的角度去作，从线和面的角度去验证更为合适。

一、三视图的形成及投影规律

1. 三视图的形成

以三棱柱为例讲解三视图的形成过程，如图 3-1（a）所示，将三棱柱以图示的位置置于三投影面体系第一角内，并将三维直角坐标系的原点设在 C_0 处，直角坐标系的三个坐标轴随三棱柱一起向三个投影面投影，投影展开后的结果为图 3-1（b）的坐标轴，其中每个平面图形有 2 个坐标轴（投影轴），该坐标轴即为基准，每个平面图形 2 个基准。三棱柱的投影从点的角度绘制：三棱柱共有 6 个顶点，分别为 A、B、C、A_0、B_0、C_0。将 6 个顶点分别向三个投影面进行投影，并将顶点之间的线连接，可见的画粗实线，不可见的画细虚线，可见的与不可见线重合，重合部分画粗实线，这样就得到了三棱柱的投影图，如图 3-1（b）所示。

在投影的过程中，把投射线换成人们的视线，相当于人眼发射一束平行光线照射物体，这样得到的投影称为视图。由前向后看得到的视图称为主视图，即原来的正面投影；由上向下看得到的视图称为俯视图，即原来的水平投影；由左向右看得到的视图称为左视图，即原来的侧面投影。主、俯、左视图简称三视图，这就是三视图的形成过程。

对于投影和视图的概念，其内涵相同，而视图的概念更为人性化。在应用时，图形元素——点、线、面通常采用投影概念，而体采用视图的概念。

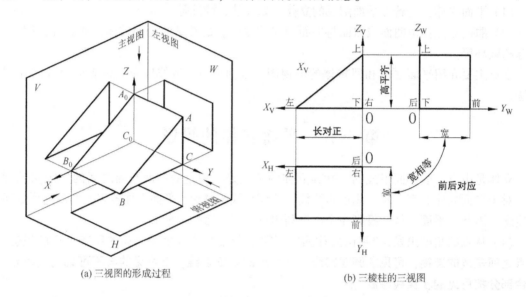

(a) 三视图的形成过程　　　　　　　(b) 三棱柱的三视图

图 3-1 三视图的形成及投影规律

2. 三视图的投影规律

作如下定义：立体左右方向为长；上下方向为高；前后方向为宽。从图 3-1(b)可看出主、俯、左视图存在如下关系：主、俯视图不仅长度相等，俯视图在主视图的正下方，符合点的投影的连线垂直于坐标轴的投影特性，把这种关系称为长对正；主、左视图高度不仅相等，起点和终点都在同一条水平线上，也符合点的投影特性，把这种关系称为高平齐；同样，俯、左视图反映物体的宽度也是相等的，远离主视图的方向为前面，把这种关系称为宽相等。

概括起来得到如下的投影规律：

主、俯视图——长对正；

主、左视图——高平齐；

俯、左视图——宽相等，前后对应。

三视图的投影规律是图学最经典的理论，是画图和读图的理论基础。这个投影规律不仅适用于物体整体结构的投影，也适用于物体局部结构的投影，应用时要特别注意俯、左视图的前后对应关系。

从图 3-1(b)可知：主视图的长度基准是 OZ_V，高度基准是 OX_V；俯视图的长度基准是 OY_H，宽度基准是 OX_H；左视图的高度基准是 OY_W，宽度基准是 OZ_W。画图时，主视图的长

度基准 OZ_V 与俯视图的长度基准 OY_H，必须在一条线上，起着左右参考线的作用，因此，基准 OZ_V 和基准 OY_H，通称为三角块的长度基准；主视图高度基准 OX_V 与左视图高度基准 OY_W 必须在一条线上，起着上下参考线的作用，因此，基准 OX_V 与基准 OY_W 通称为三角块的高度基准；俯视图的宽度基准 OX_H 与左视图的宽度基准 OZ_W 虽不在一条线上，但都起着同样的前后参考线的作用，因此，基准 OX_H 与基准 OZ_W 通称为三角块的宽度基准。一般对于一个简单体(或基本体)，长、宽、高方向上各有 1 个基准，三维直角坐标系的原点尽量设在保证形体的对称中心线、轴线或较长轮廓线充当基准的特征点上(如顶点、中点、重心和圆心等)。对于复杂的立体——组合体，坐标原点通常设置在组合体的组分中较主要的简单体(或基本体)的特征点上，该基准称为主要基准，组分中其他简单体的投影过程中，可以假想一个直角坐标系的存在，此时的基准称为辅助基准(或次要基准)，对应的主要基准与辅助基准之间的直接或间接的尺寸即为该方向上的定位尺寸。

画图时，对于主俯视图、俯左视图间距的确定，就是第一章讲的"基准的布图作用"。布图时，主视图的高度基准 OX_V 与俯视图的宽度基准 OX_H 之间的距离，应保证留有足够标注尺寸的位置，同时还要兼顾物体的总高和总宽的尺寸，将主、俯视图布置在图纸上下方向上的合适位置；主视图的长度基准 OZ_V 与左视图的宽度基准 OZ_W 之间的距离，应保证留有足够标注尺寸的位置，同时还要兼顾物体的总长和总宽的尺寸，将主、左视图布置在图纸左右方向上的合适位置。

在画图时还应注意：通常情况下，可见轮廓线的投影画成粗实线，不可见的轮廓线的投影画成细虚线，对称线、圆的中心线、轴线画成细点画线。当这些线型彼此重合时，重合部分画图的优先顺序为：粗实线-细虚线-细点画线-细实线。

二、典型的平面立体三视图

1. 棱柱

棱柱由两个底面和若干个侧棱面组成，各侧棱线互相平行，上、下底面互相平行。棱柱按侧棱线的数目分为三棱柱、四棱柱、五棱柱、六棱柱等。棱线与底面垂直的棱柱称为直棱柱，棱线与底面倾斜的棱柱称为斜棱柱，上下底面均为正多边形的直棱柱称为正棱柱。现以正六棱柱为例说明棱柱的投影特性。

(1) 正六棱柱的三视图

图 3-2 表示一个正六棱柱的三视图。将直角坐标系的原点设置在六棱柱底面的重心处，OZ 轴垂直于水平投影面，OX 轴前后对称于底面六边形，OY 轴左右对称于底面六边形。作图时，先画基准，如图 3-2(b)所示；然后作底面上的 6 个顶点的三面投影，其中 6 个顶点的水平投影分布在正六边形的顶点上，正面投影、侧面投影落在高度基准线上，如图 3-2(c)所示；量取六棱柱的高度，作出顶面上的 6 个顶点的投影，如图 3-2(d)所示，最后，顶点之间是线的连接，可见的画粗实线，不可见的画细虚线，可见与不可见重合，重合部分画粗实线，整理后结果如图 3-2(e)所示。

(2) 正六棱柱表面上取点

【例 3-1】　如图 3-3(a)所示，已知属于正六棱柱面上的点 A、B、C 的一个投影，求它们的另外两个投影。**注意：点在立体表面上的可见性，由点所在表面的可见性来确定。**

作图步骤[图 3-3(b)]：

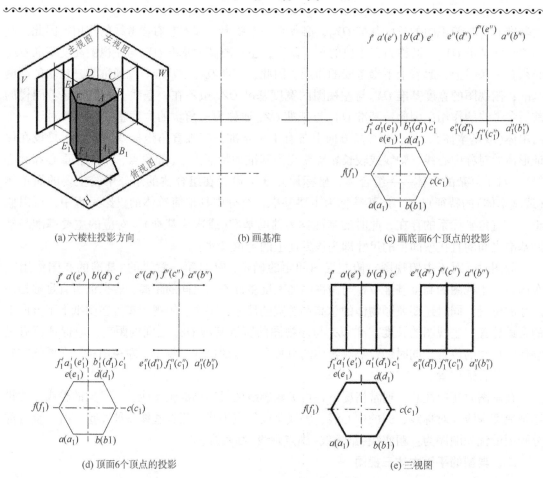

(a) 六棱柱投影方向　　　(b) 画基准　　　(c) 画底面6个顶点的投影

(d) 顶面6个顶点的投影　　　(e) 三视图

图 3-2　六棱柱的三视图的画法

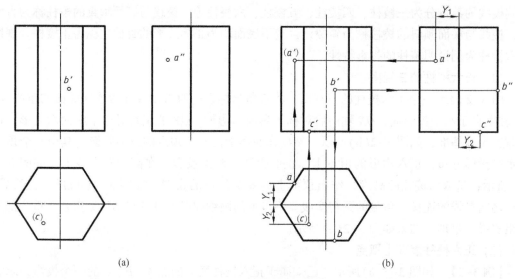

(a)　　　　　　　　　　　(b)

图 3-3　正六棱柱表面取点

解题时，应注意六棱柱表面上所有点的水平投影都集聚在六边形上，这是一个隐含的条件，要善于利用。

（1）求点 a、a'。由点 a'' 可知，点 A 在棱柱的左、后棱面上，其水平投影 a 必积聚在六边形左、后边上。作图时，沿 Y 轴方向将侧面投影图中的距离 Y_1 量取到水平投影上即可求得 a，再按投影关系求得 (a')。

（2）求点 b、b''。由点 b' 可知，点 B 在六棱柱最前方的棱面上，该棱面为正平面，故将其投影至该面水平和侧面投影上即可得点 b 和 b''。

（3）求点 c'、c''。由点 c 可知，点 C 是在六棱柱的底面上，其正面、侧面投影必在该平面所积聚成的直线段上，故点 c' 可直接求出，c'' 根据宽相等来求。

2．棱锥

棱锥是由一个底面和若干个侧棱面组成，各棱线交汇于一点，该点称为锥顶。按棱线的数目棱锥也有三、四、五棱锥等。底面为正多边形，各侧棱面为等腰三角形的棱锥称为正棱锥。现以正三棱锥为例说明棱锥的投影特性。

（1）**正三棱锥的三视图**

如图 3-4 所示，正三棱锥的底面是正三角形且与 H 面平行，棱线 SA、SC 为一般位置直线，SB 为侧平线，SAC 侧棱面为侧垂面。直角坐标系的原点设在底面三角形 AC 边的中点上，OZ 轴垂直于水平投影面，OX 轴与底面三角形 AC 边重合，OY 轴经过 B 点，也是底面三角形左右对称线。作图时，先画基准，如图 3-4(b) 所示，再画底面三顶点 A、B、C 的三面投影，其中水平投影在底面正三角形的顶点上，正面投影、侧面投影落在高度基准上，量取正三棱锥的高度，作出顶点 S 的投影，其中水平投影 s 在三角形 abc 的中心上，最后将锥顶 S 和各顶点 A、B、C 连线，即得该三棱锥的三视图，如图 3-4(c) 所示。

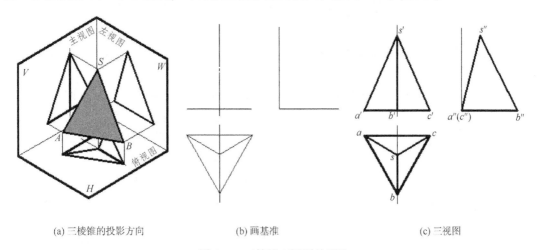

(a) 三棱锥的投影方向　　　　　(b) 画基准　　　　　(c) 三视图

图 3-4　三棱锥三视图的画法

（2）**正三棱锥表面取点**

解题时应注意，求解面上一般点投影的解题思想是过点求线，线一定是该面上的线，同时还要善于利用面上的已知点的投影。

【**例 3-2**】　如图 3-5(a) 所示，已知正三棱锥的三面投影及其表面上的点 D 的一个投影 d'，求 D 的另外两个投影。

作图步骤[图3-5(b)]：

（1）求点 d。点 D 所在的棱面 SBC 为一般位置平面，作图时先在该平面上取过点 D 的直线 SI，点 d 必位于直线 s1 上，即求得 d。

（2）求点 d″。根据投影规律，将水平投影中的距离量取到侧面投影，即求出（d″）。也可求出 s″1″，进而求出（d″）。

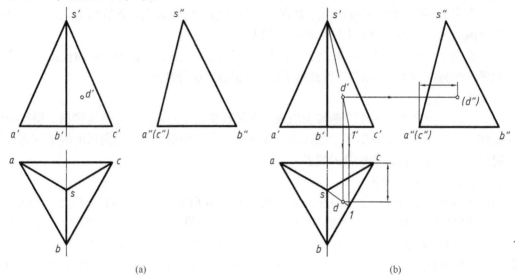

（a）　　　　　　　　　　　　　　　　　（b）

图3-5　正三棱锥及其表面取点

第二节　回转体的三视图

一、回转面的形成及回转体的三视图

1. 回转面的形成

一动线（直线、圆弧或其他曲线）绕一定线（直线）回转一周后形成的曲面，称为回转面。

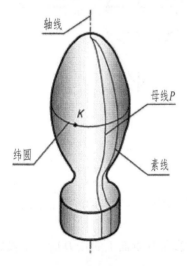

图3-6　回转面的形成

图 3-6 表示动线 P 绕一定线回转一周后，形成的回转面。形成回转面的定线称为轴线，动线 P 称为母线，母线在回转面上的任意位置称为素线。

在回转面形成过程中，母线上任意一点绕轴线旋转一周形成的圆，称为纬圆。纬圆的半径是点到轴线的距离，纬圆所在的平面垂直于轴线。

回转面的形状取决于母线的形状及母线与轴线的相对位置。

2. 回转体三视图的画法

由回转面或回转面与平面围成的立体称为回转体。工程中常用的回转体有圆柱、圆锥、圆球、圆环以及由它们组合而成的复合回转体。

由于回转体表面上特征点较少，如圆锥有一个顶点，圆柱、球、圆环等都没有明显的特征点，故在研究回转体的三视图时，不能从点的角度去研究，而从线和面的角度去研究更为合适。

回转体三视图的画法归纳如下：

（1）从线的角度出发，**回转体的三视图可以归结为回转体上所有轮廓线和转向轮廓线的投影；**

（2）从面的角度出发，**回转体的三视图可以归结为围成回转体外表面的所有曲面和平面的投影。**

通常情况下，回转体的三视图都是从线的角度去作，用面的投影作回转体三视图的方法去验证。

转向轮廓线是相切于曲面的投影线与投影面的交点的集合，也就是曲面的最外围轮廓线，在投影图中，也常常是曲面的可见投影与不可见投影的分界线。

转向轮廓线分为**上下转向轮廓线、左右转向轮廓线和前后转向轮廓线**。以球为例加以说明，如图 3-7 所示，平行于正立投影面的大圆为球的前后转向轮廓线，是球的前后分界线，也是球前后可见与不可见的分界线；平行于侧立投影面的大圆为球的左右转向轮廓线，是球的左右分界线，也是球左右可见与不可见的分界线；平行于水平投影面的大圆为球的上下转向轮廓线，是球的上下分界线，也是球上下可见与不可见的分界线。画图时，须将转向轮廓线的投影画出。

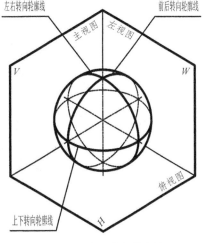

图 3-7　球的转向轮廓线

注意：画回转体的三视图时应先画有圆的视图，后画非圆视图。

二、常见回转体的三视图

（一）圆柱

圆柱的形成，可看成是由一矩形的一条边作为轴线，对边作为母线旋转一周，形成了圆柱表面，矩形的另外两条边旋转一周，形成了圆柱的上下底面。圆柱体即为圆柱面及上下底面所围成的区域。

1. 圆柱的三视图

图 3-8 表示圆柱的三视图。直角坐标系的原点设在圆柱底面圆心处，Z 轴垂直于水平投影面，X 轴、Y 轴分别是前后对称线和左右对称线，图 3-8（a）为圆柱的投影方向。

画图步骤如下：

（1）画基准，布图，如图 3-8（b）所示。

（2）画轮廓线的投影。

如图 3-8（c）所示，上下底面的两个圆，正面和侧面投影有积聚性，投影为直线；水平投影具有实形性，投影为圆。注意：此圆如果从面的角度也可以描述为圆柱曲面（表面）的水平投影，即圆柱表面上所有点的水平投影，都积聚在这个圆周上。

（3）画转向轮廓线的投影。

如图 3-8（d）所示，主视图矩形的左右两条线为圆柱前后转向轮廓线的投影，其侧面投影是前后的分界线，也是前后可见与不可见的分界线，且和宽度基准——点画线重合，画图时不需表示；左视图矩形的左右两条线为圆柱左右转向轮廓线的投影，其正面投影是左右分界线，也是左右可见与不可见的分界线，且和长度基准——点画线重合，画图时不需表示。

（4）检查、加深。整理后得到圆柱的三视图，如图3-8(d)所示。

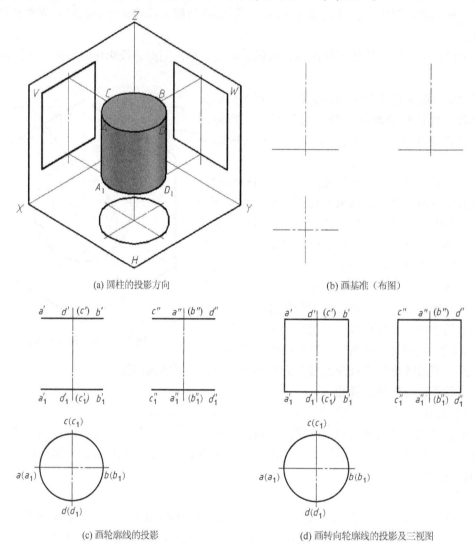

(a) 圆柱的投影方向　　　　　　　　　　(b) 画基准（布图）

(c) 画轮廓线的投影　　　　　　　　　(d) 画转向轮廓线的投影及三视图

图3-8　圆柱三视图的画法

2. 圆柱表面上点的投影

从圆柱形成的过程中可看出，圆柱的表面指的是圆柱的曲面。**圆柱曲面（表面）上所有点在垂直于轴线的视图上的投影都积聚在圆周上**，这是求解圆柱表面上点的投影过程中隐含的已知条件，因此，在圆柱面上取点时，可以利用这一特性进行作图。

【例3-3】　如图3-9(a)所示，已知属于圆柱面上的点 A、B、C 的一个投影，求它们的另外两个投影。

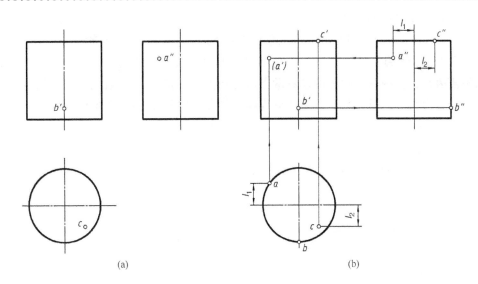

(a)　　　　　　　　　　　　　　　(b)

图 3-9　圆柱表面取点

作图步骤见图 3-9(b)：

(1)求点 a、a'。由点 a''可知，点 A 其水平投影点 a 必积聚在左后 1/4 圆周上。作图时，沿 Y 轴方向将侧面投影图中的距离 l_1 量取到水平投影上即可求得 a，再按投影关系求得 (a')。

(2)求点 b、b''。由点 b'可知，点 B 在圆柱的左右转向轮廓线上，故其投影可直接求得。

(3)求点 c'、c''。由点 c 可知，点 C 是在圆柱顶平面上，故点 c'可直接求出。求 c''时，将水平投影中的距离 l_2 量取到侧面投影图上即可得点 c''。

（二）圆锥(图 3-10)

圆锥的形成可看成，一个直角三角形以一条直角边作为轴线、斜边作为母线绕其轴线旋转一周形成了圆锥的曲面(表面)，另一条直角边绕其轴线旋转一周形成了圆锥的底面。旋转到任何位置的母线称为素线，素线经过圆锥的顶点；母线上一动点绕其轴线旋转一周的轨迹是一个圆，此圆称为纬圆。纬圆与轴线垂直。素线和纬圆对圆锥表面上点的投影的求解尤为重要，应牢记。圆锥是由圆锥面及底面所围成的立体。

1. 圆锥的三视图

图 3-11 为圆锥的三视图。直角坐标系的原点设在圆锥底面圆心处，Z 轴垂直于水平投影面，X 轴、Y 轴分别是前后对称线和左右对称线，图 3-11(a) 为圆锥投影方向。

画图步骤如下：

(1)画基准，布图，如图 3-11(b)所示。

(2)画轮廓线的投影。

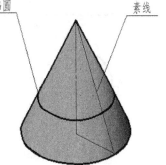

图 3-10　圆锥的形成过程

如图 3-11(c)所示，圆锥底面的圆，正面和侧面投影有积聚性，投影为直线；水平投影具有实形性，投影为圆。**注意：此圆所包围的区域，如果从面的角度也可以描述为圆锥曲面(表面)的水平投影。**

（3）画转向轮廓线的投影。

如图 3-11(d)所示，主视图三角形的左右两条边为圆锥前后转向轮廓线的投影，其侧面投影是前后的分界线，也是前后可见与不可见的分界线，且和宽度基准——点画线重合，画图时不需表示；左视图三角形的左右两条边为圆锥左右转向轮廓线的投影，其正面投影是左右分界线，也是左右可见与不可见的分界线，且和长度基准——点画线重合，画图时不需表示。

（4）检查、加深。

整理后得到圆锥的三视图，如图 3-11(d)所示。

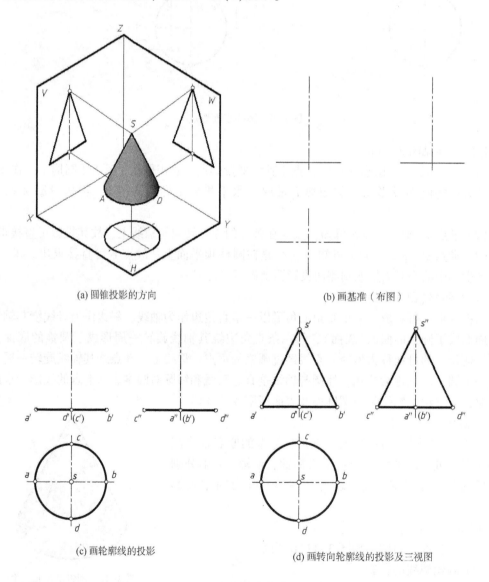

(a) 圆锥投影的方向　　　　　　　　　　　　(b) 画基准（布图）

(c) 画轮廓线的投影　　　　　　　　(d) 画转向轮廓线的投影及三视图

图 3-11　圆锥三视图的画法

2. 圆锥表面上点的投影

圆锥表面上取点的解题思想与平面上取点的解题思想相同，即过点求线（或辅助线方法），线一定属于该面上的线，再依据"点在直线上，点的投影一定在该直线的同面投影上"的特性，可求出圆锥表面上点的投影。

过圆锥表面上点作属于圆锥表面上的线，能作无数条，其中只有一条直线，其他都是曲线，这条直线就是素线，素线经过锥顶，因此，可用**素线法**，即通过该点做素线求出点的投影的方法。这些曲线中最简单的是圆曲线，此圆曲线是纬圆，因此，可用**纬圆法**，即通过该点作纬圆求出点的投影的方法。

【例3-4】　如图3-12(b)所示，已知属于圆锥面上的点 K 的正面投影，求其另外两个投影。

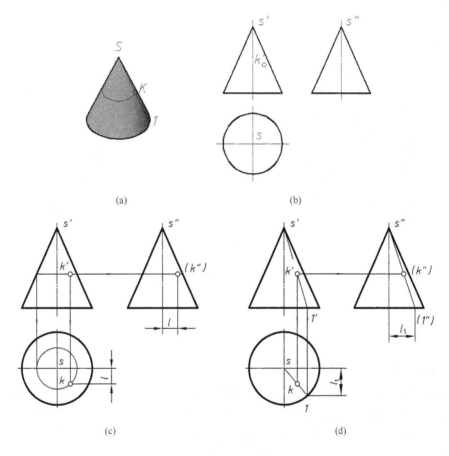

(a)

(b)

(c)

(d)

图3-12　圆锥面上点的投影

解法一：纬圆法［图3-12(a)］。

如图3-12(c)所示，过点 k' 作与点画线（轴线的投影）垂直的直线（纬圆的正面投影），该线与前后转向轮廓线的投影相交，两交点间的长度即为纬圆的直径，由此画出纬圆的水平投影。因点 K 在前半锥面上，故由 k' 向下引直线交于前半圆周一点即为 k，再由 k' 和 k 求出 (k'')。

解法二：素线法[图3-12(a)]。

如图3-12(d)所示，过点 k' 作直线 s'1'（即圆锥面上素线 SI 的正面投影），再作出 SI 的水平投影 s1 和侧面投影 s"1"，点 k 和(k") 必分别在 s1 和 s"1"上。

(三) 圆球

球面可以看成平面图形——半圆，绕其直径旋转一周形成的。圆球是由圆球面所围成的立体。

1. 圆球的三视图

图3-13表示圆球的三视图。直角坐标系的原点设在球心处，Z 轴垂直于水平投影面，X 轴、Y 轴分别是前后和左右的对称线，图3-13(a)为球的投影方向。球没有轮廓线，只有转向轮廓线，即前后转向轮廓线 A、左右转向轮廓线 B 和上下转向轮廓线 C。球的投影就是转向轮廓线的投影。

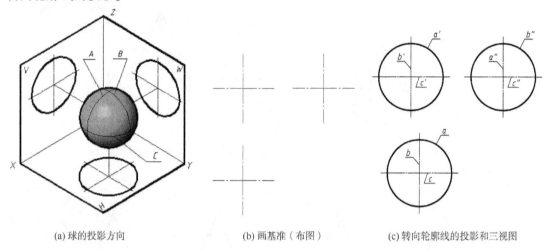

(a) 球的投影方向　　　　(b) 画基准（布图）　　　　(c) 转向轮廓线的投影和三视图

图3-13　球三视图的画法

画图步骤如下：

(1) 画基准，布图。

如图3-13(b)所示。

(2) 画转向轮廓线的投影。

如图3-13(c)所示，球的三面投影均是直径相等的圆。主视图的圆是球的前后转向轮廓线 A 的投影，前后转向轮廓线 A 的水平投影和侧面投影是前后的分界线，也是前后可见与不可见的分界线，且和宽度基准——点画线重合，画图时不需表示；左视图的圆为左右转向轮廓线 B 的投影，其正面投影和水平投影为左右分界线，也是左右可见与不可见的分界线，且和长度基准——点画线重合，画图时不需表示；俯视图的圆是球的上下转向轮廓线 C 的投影，上下转向轮廓线 C 的正面投影和侧面投影是上下的分界线，也是上下可见与不可见的分界线，且和高度基准——点画线重合，画图时不需表示。

(3) 检查、加深。

整理后得到球的三视图，如图3-13(c)所示。

2. 圆球表面上点的投影

球表面上取点的解题思想与平面上取点的解题思想相同，即过点求线(或作辅助线)。

过圆球表面上的点作属于球面上的线，能作无数条，这些线都是圆，因此，用纬圆法求解球表面上点的投影。

纬圆平行于投影面，其投影是圆；纬圆垂直于投影面，其投影是直线；纬圆倾斜于投影面，其投影为椭圆。因此，为作图方便，解题时应选择平行于投影面的纬圆(纬圆的一个投影为圆，其他两个投影为直线)，即**正平纬圆法**——过点作平行于正立投影面的纬圆法；**侧平纬圆法**——过点作平行于侧立投影面的纬圆法；**水平纬圆法**——过点作平行于水平面的纬圆法。

【例3-5】 如图3-14(a)所示，已知属于圆球面上的点 K 的水平投影，求其另外两个投影。

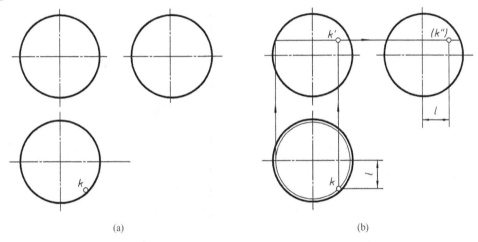

(a)   (b)

图3-14 圆球面上取点

解题时，正平、侧平和水平纬圆法，采用哪种方法都可以求得。

本题采用水平纬圆法求解，如图3-14(b)所示。

由水平投影 k 可知，点 K 位于圆球的上、右、前1/8圆球面上。作图时，先在水平投影上过点 k 作一圆——纬圆的水平投影，由它求出该圆的正面、侧面投影，即两段水平方向的直线段，其长度等于所作圆的直径。然后，根据投影关系即可直接求得 k′、(k″)。

三、复合回转体的三视图

由几个回转曲面同轴组合而成的立体称为复合回转体。这种立体广泛应用在机械工程中。如图3-15(a)所示是内燃机中排气阀门的简化图，它是由顶平面、外环面、小圆柱面、内环面、中平面、圆锥面、大圆柱面和圆球面同轴组合而成，图3-15(b)是其投影图。画图示这种复合回转体时，要注意：当两种回转体表面相交时，要画出交线的投影，如图中大圆柱面分别与圆锥面和球面相交，其交线都为圆，该圆的正面投影为垂直于点画线(回转轴的投影)的直线段，在水平投影中重合在大圆柱面的投影上；当一回转面与另一回转面或平面相切时，该处立体表面呈现出圆滑过渡，故在投影图中不画出分界线，如图中外环面与小圆柱面及顶平面相切，在正面投影及水平投影中都不画分界线。

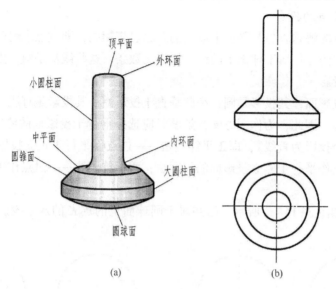

顶平面
外环面
小圆柱面
中平面
内环面
圆锥面
大圆柱面
圆球面

(a) (b)

图 3-15 复合回转体的三视图

第三节 平面与立体表面相交

平面与立体表面相交，可看作是立体被平面所截，这个平面称为截平面，截平面与立体表面的交线称为截交线，如图 3-16 所示。

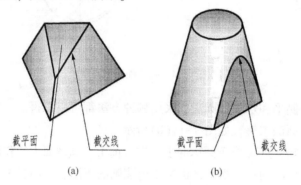

截平面 截交线 截平面 截交线

(a) (b)

图 3-16 平面与立体相交

为了正确地画出截交线的投影，应掌握截交线的基本性质：

（1）截交线是截平面和立体表面交点的集合，截交线既属于截平面，又属于立体表面，是截平面和立体表面的共有线。

（2）立体是由其表面围成的，所以截交线必然是由一条或多条直线或平面曲线围成的封闭平面图形。

求截交线的实质就是求出截平面和立体表面的共有点。

一、平面与平面立体表面相交

平面与平面立体相交，其截交线的形状是由直线围成的多边形，多边形的顶点为平面立体上有关棱线（包括底面边线）与截平面的交点。求截交线的实质就是求截平面与立体表面的交线。

求截交线的步骤：

（1）空间及投影分析。分析截平面与立体的相对位置，确定截交线形状；分析截平面与投影面的相对位置，确定截交线的投影特性。

（2）画出截交线。求出截平面与被截棱线的交点并判断可见性；依次连接各顶点成多边形。

（3）完善轮廓。

【例 3-6】 完成图 3-17(b)所示立体的俯视图，画出左视图。

分析：图示立体可以看成从正三棱锥上部斜切去一块后形成的，如图 3-15(a)所示。截平面是正垂面△ⅠⅡⅢ；在主视图中，截交线积聚成一条线段，其与三条棱线投影的交点就是Ⅰ、Ⅱ、Ⅲ三点的正面投影。截交线的水平投影和侧面投影都是△ⅠⅡⅢ的类似形。

作图步骤：

（1）先画出完整三棱锥的左视图，然后应用直线上点的投影特性，由△ⅠⅡⅢ各顶点的正面投影求得它们的水平投影和侧面投影，如图 3-17(b)所示。

（2）由截平面的位置可知，截交线在俯、左视图均可见，用粗实线依次连接 123 和 1′2′3′，擦去多余的棱线，加深，完成作图。

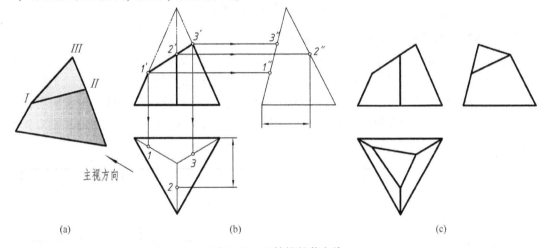

图 3-17 三棱锥的截交线

【例 3-7】 求作图 3-18(b)所示立体的左视图。

分析：图示立体可以看成正六棱柱上部斜切去一块后形成的，如图 3-18(a)所示；截平面是正垂面六边形ⅠⅡⅢⅣⅤⅥ，六个顶点分别在六条棱线上；在主视图中，截交线积聚成一线段，它与六条棱线投影的交点就是六个顶点的正面投影。由于棱线都是铅垂线，截交线的水平投影就是已知正六边形。

作图步骤：

（1）画出完整六棱柱的左视图，求出截交线上各顶点的侧面投影如图 3-18(b)所示。在弄清每条棱线的三面投影的基础上，应用直线上点的投影特性，由各顶点的正面投影求得其侧面投影 1″、2″、3″、4″、5″、6″。

（2）依次连接各点，组成封闭多边形。截交线左视图可见，连成粗实线；1″、4″两点之间棱线由实线变为虚线；3″、5″两点之上，4″点两侧，被截切掉，图线应擦去，完成左视图，如图 3-18(c)所示。

截交线左视图与已知的俯视图均为六边形 I II III IV V VI 的类似形，据此可以检查作图是否正确。

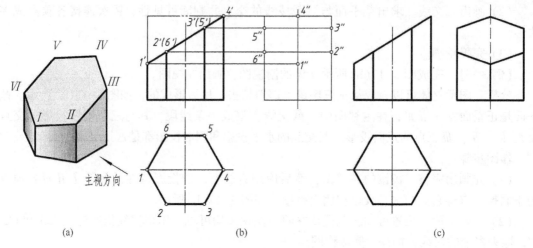

图 3-18　正六棱柱被截头

【例 3-8】　求作图 3-19(b)所示立体的左视图。

分析：图示立体可以看成正六棱柱被三个平面挖去楔形槽后形成的，如图 3-19(a)所示；截平面是正垂面 I II III IV V VI、侧平面 III IV VII VIII 和水平面三个平面，I、II、V、VI 四个顶点分别在四条棱线上，III、IV、VII、VIII 四个点位于右前和右后两个侧棱面上；在主视图中，截交线均积聚在相应截平面上，俯视图中，八个顶点位于已画出的虚线端点处和六边形的四个顶点上。

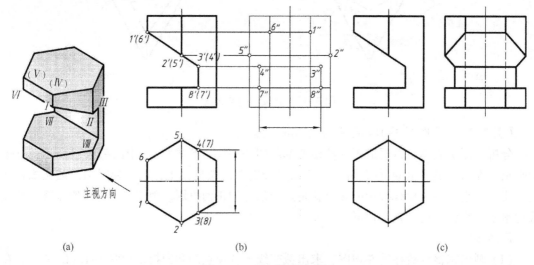

图 3-19　正六棱柱被截切

作图步骤：

(1) 画出完整六棱柱的左视图，求出截交线上各顶点的侧面投影如图 3-19(b)所示。由各顶点的正面投影和水平投影，求其侧面投影1″、2″、3″、4″、5″、6″、7″、8″，水平面左视图积聚成线，没有必要求出其各顶点。

（2）依次连接各点，组成封闭多边形。三条截交线左视图均可见，连成粗实线；水平面上方，1″、6″两点下方的棱线由实线变为虚线；水平面上方，2″、5″下方的棱线被截切掉应擦去，完成左视图如图3-19(c)所示。

【例3-9】 求作图3-20(b)所示Z字形立体的左视图。

分析：图示立体可以看成Z字形八棱柱上部斜切去一块后形成的，如图3-20(a)所示；截平面是正垂面，八个顶点分别在八条棱线上；在主视图中，截交线积聚成一线段，它与八条棱线投影的交点就是八个顶点的正面投影。由于棱线都是铅垂线，截交线的水平投影就是已画出的Z字形。

作图步骤：

（1）画出完整八棱柱的左视图，求出截交线上各顶点的侧面投影如图3-20(b)所示。由各顶点的正面投影求得其侧面投影1″、2″、3″、4″、5″、6″、7″、8″。

（2）依次连接各点，组成封闭多边形。截交线左视图可见，连成粗实线；右上方被截切掉，图线应擦去，完成左视图，如图3-20(c)所示。完成的左视图截交线与已知的俯视图均为Z字形的类似形，据此可以检查作图是否正确。

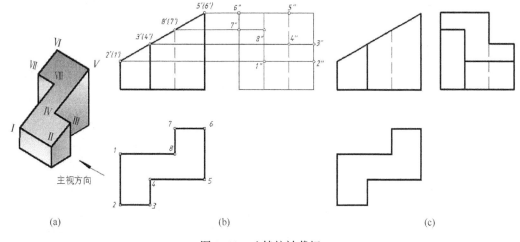

| (a) | (b) | (c) |

图3-20 八棱柱被截切

二、平面与回转体表面相交

平面与回转体相交，其截交线具有以下两个性质：

（1）截交线一般都是封闭的平面曲线（封闭曲线或由直线和曲线围成），特殊情况下是平面多边形。

（2）截交线是截平面与回转体表面的共有线，截交线上的点是截平面与回转体表面的共有点。

求截交线的步骤：

（1）空间及投影分析。分析回转体的形状以及截平面与回转体轴线的相对位置，确定截交线的形状；分析截平面与投影面的相对位置，根据投影特性，找出截交线的已知投影，预见未知投影。

（2）画出截交线的投影。截交线的投影为非圆曲线时的一般画图步骤为：①作特殊点的投影。特殊点一般指极限位置点（最上、最下、最前、最后、最左、最右点）和转向轮廓线上的点。②作一般点的投影。③依次光滑连接并判断可见性。

（3）完善轮廓。

1. 平面与圆柱相交

平面与圆柱面相交，因截平面与圆柱轴线的相对位置不同，其截交线有三种形式，见表3–1。

表 3–1　平面与圆柱面的截交线

截平面位置	平行于轴线	垂直于轴线	倾斜于轴线
截交线	两条平行直线	圆	椭　圆
立体图	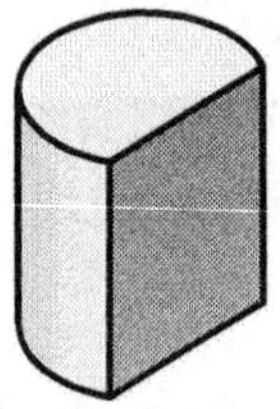	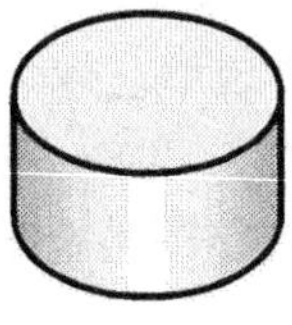	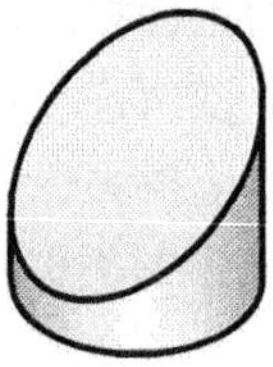
投影图	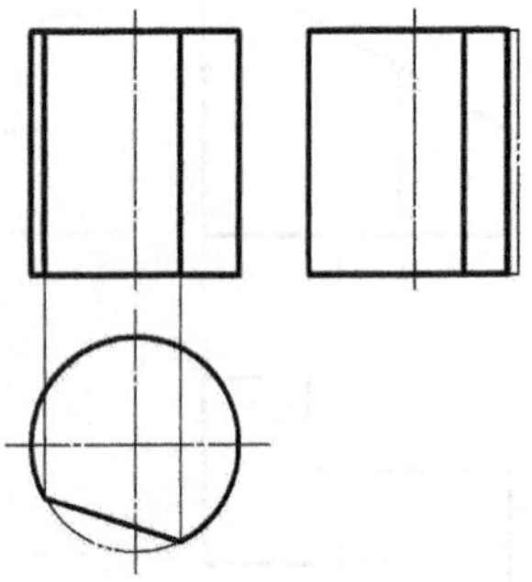	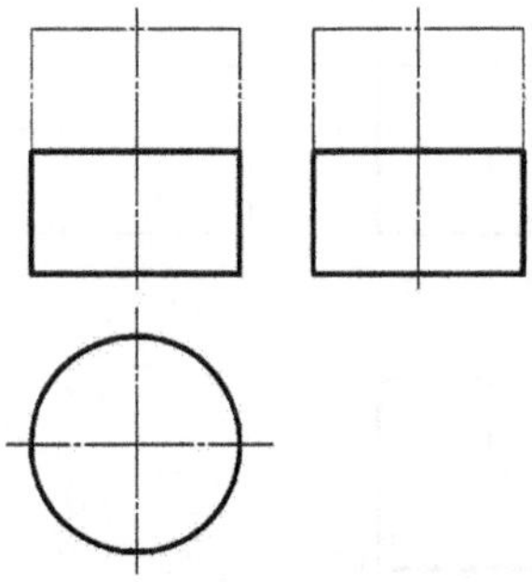	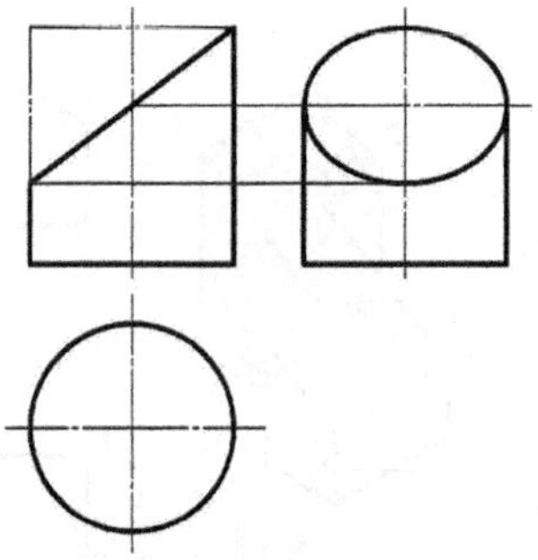

【例 3–10】　如图 3–21（b）所示，为圆柱被截切后的主俯视图，试画出它的左视图。

分析：如图 3–21（a）所示，圆柱的左上角被正垂面和侧平面截去一块，截平面分别与圆柱轴线倾斜和平行，由表 3–21 可知，其截交线应为椭圆和矩形。

作图步骤[图 3–21（b）]：

（1）作特殊点的投影。在椭圆弧上取特殊点 I、II、III、IV、V，I 点为最左、最下点和转向点，II、III 为转向点和最前、最后点，IV、V 为最上、最右点；主视图中，这些点都积聚在截平面上，俯视图中，都分布在圆周上，确定其正面投影和水平投影后，按照投影关系，求出各点的侧面投影，如图 3–21（b）所示。

（2）作一般点的投影。任取位置找一般点 VI、VII，求出其水平投影和侧面投影。

（3）依次光滑连接并判断可见性。图示位置截交线的左视图均为可见，因此连接成粗实线的椭圆弧和直线。

（4）完善轮廓。左视图中最前、最后两素线在 $2''$、$3''$ 点之上被截掉了，将其擦去；同理，顶平面被截后长度缩短为 Y_1 长度，加深图形，完成作图。

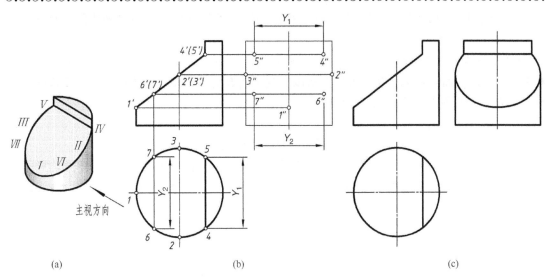

图 3-21 圆柱被截切

【**例 3-11**】 如图 3-22(a)所示，为一简化后的零件，试画出它的三视图。

分析：此零件主体为一直立圆柱，它的左上角被水平面 A 和侧平面 C 截去一块，它的中下部又被水平面 B 和侧平面 D、E 截去一块。由表 3-1 可知：A、B 面截交线为圆；C、D、E 面截交线为矩形。

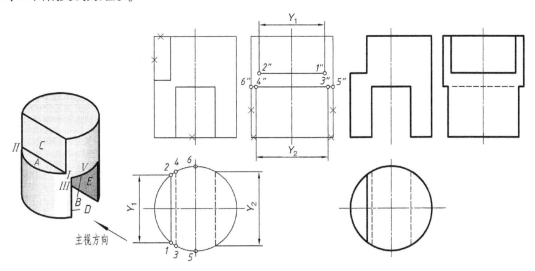

图 3-22 圆柱形零件的三视图

作图步骤[图 3-22(b)]：

(1) 画出圆柱的三视图。

(2) 由于主视图反映了截切部分的形状特征并有积聚性，按截平面的实际位置首先画出主视图。截平面为水平面和侧平面，故其主视图积聚为水平线段和竖直线段。

(3) 根据投影关系，作出各截平面的水平投影，注意可见性。

(4) 根据主俯视图求左视图。

57

① 求各水平面的侧面投影：水平面 A 及 B 的侧面投影各积聚为一水平线段 $1''2''$ (= 12) 和 $5''6''$ (= 56)。

② 求各侧平面的侧面投影：侧平面 C 及 D 的侧面投影各为一矩形，宽度为 $1''2''$ (= 12) 和 $3''4''$ (= 34)；面 C 可见，D 不可见，所以，截平面 B 的左视图，在中间部分画成虚线；侧平面 E 的侧面投影与 D 的侧面投影重合。

（5）去掉多余的线。

【**例 3-12**】 如图 3-23(a) 所示，作出开有方槽的空心圆柱的三视图。

分析：此零件为空心圆柱筒被三个平面从前向后挖去方槽所形成，根据截平面与圆柱轴线的相对位置可知，两个侧平面形成的截交线是平行两直线，水平面形成的是圆弧截交线，这里需要注意此零件为"空心"圆柱，因此，每个截平面都与内外圆柱同时相交，注意截交线的数量。

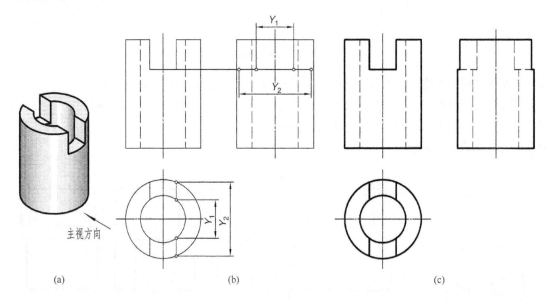

图 3-23　空心圆柱被截切

作图步骤：

（1）画出完整的空心圆柱三视图。

（2）先画反映方槽形状特征的正面投影，再作方槽的水平投影，如图 3-23(b)，根据宽相等作出侧面投影。

（3）完善轮廓。内外圆柱面的左右转向轮廓线在方槽范围内的一段已被切去，这从主视图中可以看得很清楚，因此左视图上不能将这一段线画出。

2. 平面与圆锥相交

平面与圆锥面相交，因截平面与圆锥轴线的相对位置不同，其截交线有五种形式，见表 3-2。

作图时，截平面与轴线倾斜和截平面与轴线平行时的截交线形状都可以看成是曲线（不必分成抛物线、椭圆、和双曲线），截交线的作图方法跟前面讲过的"截交线的投影为非圆曲线时的一般画图步骤"相同。

表 3-2　平面与圆锥面的截交线

截平面位置	与轴线垂直 $\theta=90°$	与轴线倾斜 且 $\theta>\alpha$	与轴线倾斜 且 $\theta=\alpha$	与轴线平行	过锥顶
截交线	圆	椭圆	抛物线	双曲线	两条相交直线
立体图					
投影图					

【例 3-13】　试求正垂面 P 与圆锥的截交线(图 3-24)。

分析：截平面 P 与圆锥的截交线为椭圆，P 为正垂面，椭圆的正面投影与 P_V 重合，即为 $1'2'$，故本题仅需求椭圆的水平和侧面投影。

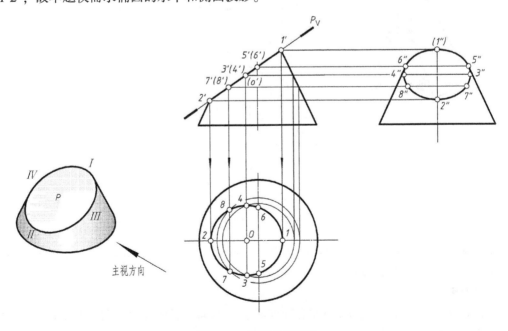

图 3-24　圆锥的截交线

椭圆的长轴端点 I 、II 处于圆锥面的前后转向轮廓线上，且长轴实长为 $1'2'$，根据椭圆长短轴互相垂直平分的性质，椭圆中心 O 应处于线段 $I\,II$ 的中点（$1'2'$ 的中点）；椭圆短轴端点的正面投影 $3'$、$4'$ 与椭圆中心的投影 o' 重合，椭圆端点的水平投影，可用纬圆法求得。

作图步骤：

（1）求椭圆长轴端点 I 、II。I 、II 是圆锥面上左、右两条前后转向轮廓线上的点，根据投影关系可直接求出投影 1、$1''$ 和 2、$2''$。

（2）求椭圆短轴端点 III 、IV。III 、IV 的正面投影 $3'$、($4'$) 位于 $1'2'$ 中点处，用纬圆法求出水平投影 3、4 和侧面投影 $3''$、$4''$。

（3）求转向点 V 、VI。由于 V 、VI 在圆锥面左右转向轮廓线上，正面投影 $5'$、$6'$ 在 P_V 与轴线投影的交点上，故可求出 $5''$、$6''$，再求出 5、6。

（4）求一般点 VII 、VIII。进而求得 7、$7''$，8、$8''$。

（5）判别可见性，并连接所求各点。正垂面 P 的位置如图所示，故截交线的水平投影和侧面投影全可见。

【例 3-14】 试求正平面 P 与圆锥的截交线，如图 3-25 所示。

分析：截平面 P 为正平面，且平行于圆锥轴线，故其截交线为双曲线，截交线的水平投影积聚在 P_H 上，侧面投影积聚在 P_W 上，只需求其正面投影。

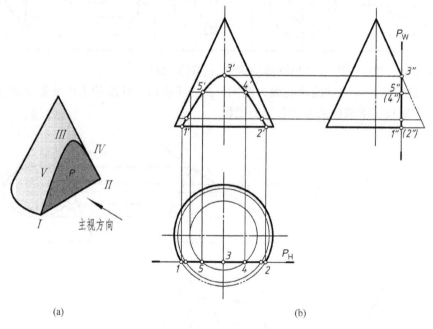

(a)　　　　　　　　　　　　(b)

图 3-25　圆锥的截交线

截交线的最高点 III 在左右转向轮廓线上，最低点 I 、II 在圆锥底平面上，均可直接求出。而一般点利用纬圆法求即可。

作图步骤：

（1）求双曲线最高点 III。P_W 与左右转向轮廓线侧面投影的交点确定最高点的侧面投影 $3''$，按投影关系可求出 $3'$ 和 3。

（2）求最低点 I 、II。P_H 与底圆水平投影的交点确定最低点的水平投影 1、2，按投影

关系可求出 *1′*、*2′*。

（3）求一般点 *Ⅳ*、*Ⅴ*。任取一定高度，作水平线，求出其与 P_W 交点的投影 *4″*、*5″*，利用纬圆法，确定水平投影 *4*、*5*，按投影关系可求出 *4′*、*5′*。

（4）判别可见性，光滑连接各点。其正面投影全可见，画成粗实线。

【例 3-15】　如图 3-26（b）所示，画出圆锥被截切后的水平投影和侧面投影。

分析：图示立体可认为是圆锥被三个平面挖切掉左侧所形成的，如图 3-26（a）所示。三个截平面为正垂面、水平面和侧平面，相对于圆锥轴线的位置分别为过锥顶、垂直轴线和平行轴线，由表 3-2 可知，其截交线分别为三角形、圆弧和双曲线。

作图步骤［图 3-26（b）］：

（1）完成完整的圆锥俯视图和左视图。

（2）求 *Ⅰ*、*Ⅱ* 点。正垂面过锥顶截切圆锥，其截交线为三角形，此三角形的三个顶点之一为已知圆锥顶点，另两点 *Ⅰ*、*Ⅱ* 的正面投影位于截平面的正面投影上，根据圆锥表面取点的方法，可得到其水平投影 *1*、*2* 和侧面投影 *1″*、*2″*。

（3）求 *Ⅲ*、*Ⅳ* 点。水平面截切圆锥，其截交线为前后两段圆弧，确定圆弧位置的四点除了 *Ⅰ*、*Ⅱ* 两点外，还有 *Ⅲ*、*Ⅳ* 两点。先求出其正面投影 *3′*、*4′*，进而求得水平投影 *3*、*4* 和侧面投影 *3″*、*4″*。

（4）求 *Ⅴ*、*Ⅵ* 点。侧平面截切圆锥，其截交线为双曲线，侧面投影反映其实形。先求出 *Ⅴ*、*Ⅵ* 正面投影 *5′*、*6′*，水平投影落在底圆的水平投影上，然后求出侧面投影 *5″*、*6″*。亦可求出一系列一般点。

（5）判断可见性，连接各截交线。注意：截交线为曲线的要光滑连接。

（6）完善轮廓，加深。

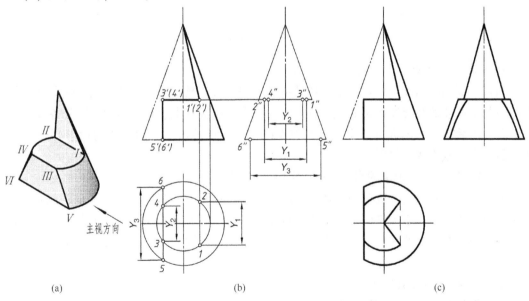

图 3-26　圆锥被截切

3. 平面与圆球相交

平面与圆球相交，其截交线是圆，这个圆如果平行于投影面，投影仍然是圆；这个圆如果垂直于投影面，投影为直线；这个圆倾斜于投影面，投影为椭圆。截交线的形状取决于截平面相对于投影面的相对位置。

【例3-16】 试求半圆球切槽后的水平、侧面投影，如图3-27(b)所示。

分析：半圆球被两个侧平面和一个水平面截切，其截交线均为圆弧，截交线的正面投影积聚在各截平面的正面投影上，积聚成直线段。水平面切半圆球产生的圆弧其水平投影反映实形，即1̂3和2̂4，而侧面投影积聚成直线段；两个侧平面切半圆球产生的圆弧其侧面投影反映实形，其水平投影积聚成直线段12、34。

作图步骤如图3-27(b)所示。需注意：半球的左右转向轮廓线在水平截平面以上部分已被切去，因此该部分的侧面投影不应画出。两侧平面与水平面的交线 I II、III IV 被左边球体部分遮住，其侧面投影3″4″不可见，画成虚线。由于截交线都处在半圆球朝上的球面上，所以其水平投影都可见，画成粗实线。

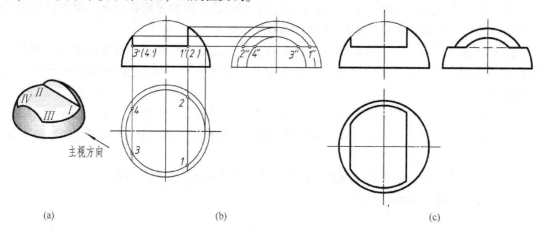

(a)　　　　　　　　(b)　　　　　　　　(c)

图3-27　半球切槽的投影图

4. 平面与复合回转体相交

当截平面同时与复合回转体中的各基本形体相交时，复合回转体截交线实际上是由截平面与各基本形体的截交线组合而成。解题时应该先分析各基本形体的形状，区分各形体的分界位置，然后逐个形体进行截交线分析与作图，并注意各形体之间交线的投影与可见性分析，最后完成截交线的投影。

【例3-17】 画出顶尖的水平投影［图3-28(b)］。

分析：顶尖零件为一复合回转体(它的表面由圆锥面、大圆柱面和小圆柱面组成)，被水平面所截而成。由于圆锥面上截交线为双曲线，圆柱面上截交线为平行两直线，所以复合回转体上截交线由双曲线和直线组成。这里需要注意大圆柱和小圆柱上两平行线的间距是不同的。

作图步骤［图3-28(b)］：

(1) 作圆锥面上的截交线。水平面与圆锥面的截交线为一双曲线。它的水平投影反映实形；正面投影积聚在该截平面的正面投影上。先求截交线上特殊点 I、II、III 的正面投影 1′、2′、3′，找出侧面投影，进而确定水平投影1、2、3，连成双曲线。

(2) 作圆柱面上的截交线。截平面与圆柱面截交线为平行两直线，它的正面投影也积聚在直线上；水平投影反映实形。

①与大圆柱形成的两直线，位置在点 *II*、*III* 处，直接可求。

②求点 *IV*（4，4′，4″）和点 *V*（5，5′，5″），为小圆柱截交线位置，左视图在虚线圆上。

③过2、3、4、5分别作直线，即得截交线，如图 3-28（b）所示。

（3）判别可见性，完善轮廓。锥柱、柱柱相交部位，水平面之上被截切，其水平投影中相应的粗实线应擦除，画成虚线，如图 3-28（c）所示。

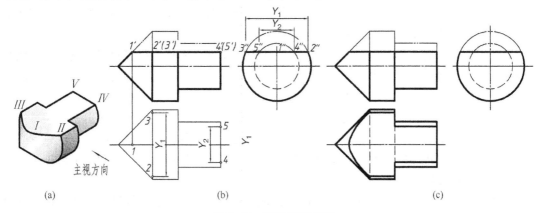

图 3-28　顶尖的截交线

第四节　两回转体表面相交

两个立体相交后形成的形体称为相贯体，其表面交线称为相贯线，如图 3-29 所示。相贯线的形状取决于立体的形状、大小以及相贯体之间的相对位置。

立体与立体表面相交，通常分为如下三种情况：

（1）平面立体与平面立体相贯，如图 3-29（a）所示。

（2）平面立体与曲面立体相贯，如图 3-29（b）所示。

（3）曲面立体与曲面立体相贯，如图 3-29（c）所示。

工程上应用最多的是曲面立体与曲面立体相贯中的两回转体表面相交的情况（如三通管），因此，本节着重讨论两回转体表面相交。

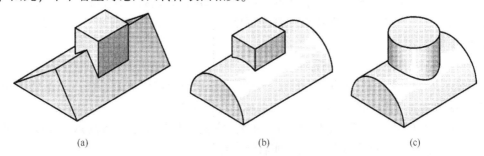

图 3-29　两立体表面相交

相贯线具有下列性质：

（1）相贯线是两立体表面的共有线，也是两立体表面的分界线。

（2）一般情况下，相贯线是封闭的空间曲线或折线。特殊情况下，为平面曲线或直线。

两回转体按照轴线的之间的相对位置，可分为正交、斜交和偏交三种形式。正交指的是两轴线互相垂直相交；斜交指的是两轴线倾斜相交；偏交指的是两轴线不相交，如两轴线平行、垂直不相交和倾斜不相交等。

本节重点研究的是两回转体表面正交相贯的情况。

相贯线是两个立体表面的共有线，相贯线上的点是两个立体表面上的共有点。求作相贯线的过程就是求作两立体表面一系列共有点的过程。

相贯线上的点通常分为特殊点和一般点，所谓的特殊点就是指能够确定相贯线的形状和范围的点，如回转体转向轮廓线上的点，对称相贯体在其对称面上的点以及相贯线上最上、最下、最前、最后、最左、最右的极限点等。

相贯线的求作过程，一般是先求出相贯线上特殊点的投影，然后按需作出一些相贯线上一般点的投影，最后依次光滑连接各点，并判断可见性。在判断可见性时应注意：只有当相贯线同时位于两回转体的可见表面上时，该部分的相贯线才是可见的，否则就不可见。

一、求作相贯线的方法

求作回转体表面相贯线的基本方法有表面取点法、辅助平面法、辅助球面法三种，这里只介绍前两种方法。

1. 表面取点法

当相交两立体表面某个投影具有积聚性时（如圆柱），相贯线的一个投影必积聚在这个投影上，即相贯线的一个投影为已知，求相贯线即归结为求其他两个投影的问题。这样就可利用积聚投影特性进行表面取点，直接求得相贯线的投影，这种方法叫表面取点法，亦叫积聚性法。

【例 3-18】 求作两直径不等的实体圆柱正交相贯的相贯线，如图 3-30 所示。

分析：圆柱正交相贯通常可分为如下三种情况：实体圆柱与实体圆柱正交相贯；实体圆柱与空心圆柱正交相贯；空心圆柱与空心圆柱正交相贯。本题是实体圆柱与实体圆柱正交相贯的情况。

两圆柱轴线正交，小圆柱与大圆柱完全相贯，相贯线为前后和左右都对称的封闭空间曲线，如图 3-30（a）所示。相贯线的水平投影和侧面投影分别落在两个圆柱的积聚投影（圆）上，为已知投影，因此，只需求相贯线的正面投影。用已知两投影求得相贯线上若干点的正面投影，然后将这些点依次光滑连接并判断可见性，即可得到相贯线的正面投影。

作图步骤：

（1）作出相贯线上特殊点的投影。

① 求点 $Ⅲ$（3，$3'$，$3''$）和点 $Ⅵ$（6，$6'$，$6''$）。点 $Ⅲ$ 为相贯线上的最前点、最低点和左右转向点；点 $Ⅵ$ 为相贯线上的最后点、最低点和左右转向点。

② 求点 $Ⅳ$（4，$4'$，$4''$）和点 $Ⅴ$（5，$5'$，$5''$）。它们是相贯线上的最高点。其中点 $Ⅳ$ 又为最左点和前后转向点，点 $Ⅴ$ 为最右点和前后转向点。

（2）作出相贯线上一般点的投影。$1'$、$2'$ 即为相贯线上的一般点 $Ⅰ$、$Ⅱ$ 的正面投影；其水平投影 1、2 和侧面投影 $1''$、$2''$ 分别积聚在水平投影圆上和侧面投影圆上。

需要时，还可求得相贯线上其他一般点的投影。

（3）依次光滑连接各点，并判别可见性。由于相贯体前后对称，相贯线正面投影前一半曲线4′-3′-5′与后一半曲线5′-（6′）-4′重合，用实线画出；交点4′、5′为该曲线可见与不可见的分界点。

（4）将两圆柱看作一个整体，补上或去掉有关部分的转向轮廓线。两圆柱的前后转向轮廓线的正面投影均画到4′、5′为止。即相贯线一旦产生，转向轮廓线即被融合掉了。

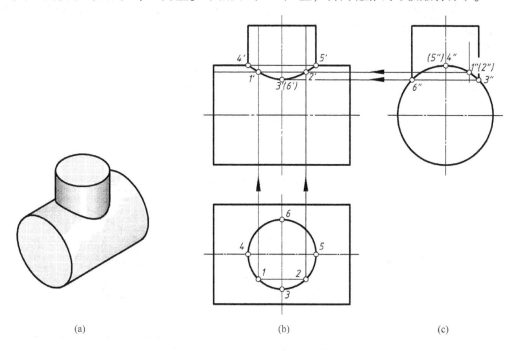

(a)　　　　　　　　　　(b)　　　　　　　　　　(c)

图3-30　求两圆柱正交相贯线

【例3-19】　求作两空心圆柱正交相贯的相贯线，如图3-31所示。

分析：该题圆柱正交相贯的三种形式全具备，即实体圆柱与实体圆柱正交相贯，实体圆柱与空心圆柱正交相贯；空心圆柱与空心圆柱正交相贯。

实体圆柱与实体圆柱正交相贯的相贯线的作法在上例已经作出，本题是将上例两圆柱同时挖空，因此其相贯线除了已有两外实体圆柱面形成的以外，水平和垂直两空心圆柱在内部（空心圆柱与空心圆柱）、垂直方向的空心圆柱孔与水平的外部实体圆柱面（实体圆柱与空心圆柱）都要形成相贯线，如图3-31（a）所示。其各部分相贯线的求法与例3-18相同，注意判别可见性，如图3-31（b）所示。

这里注意：内圆柱面与外圆柱面（空心圆柱与实体圆柱）只有在出口处会形成相贯线（孔口相贯），除此之外，内外圆柱面均不会产生相贯线，读者可自行分析。

作图步骤：略。

从上面两例不难看出，圆柱正交相贯通常可分为如下三种形式：实体圆柱与实体圆柱正交相贯，如图3-32（a）所示；实体圆柱与空心圆柱正交相贯，如图3-32（b）所示；空心圆柱与空心圆柱正交相贯，如图3-32（c）所示。

不论它们是哪种形式，其相贯线的形状和作图方法都是相同的。

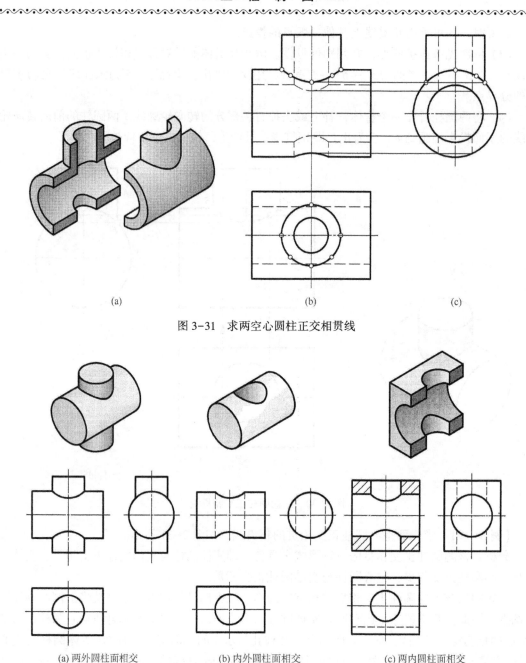

(a)　　　　　　　　　　　　　(b)　　　　　　　　　　　　(c)

图 3-31　求两空心圆柱正交相贯线

(a) 两外圆柱面相交　　　　　(b) 内外圆柱面相交　　　　　(c) 两内圆柱面相交

图 3-32　两圆柱面相交的三种形式

2. 辅助平面法

辅助平面法是利用三面共点的原理，求两个回转体表面的若干个共有点，从而求出相贯线的方法。假想用一个辅助平面截切相交的两立体，此辅助平面会分别与两立体形成截交线，这两条截交线的交点即为三个面的共有点，当然，也是相贯线上的点。当两立体不是柱柱正交相贯情况时，辅助平面法是求相贯线的常用方法。

辅助平面的选取要遵循截平面与两立体截切后所产生的交线简单易画的原则，一般使截交线的投影为圆或直线。为此，常选投影面平行面或投影面垂直面为辅助面。

用辅助平面法求相贯线，一般按如下步骤进行：

（1）根据已知条件分析相贯体的两基本形体的相对位置和它们对投影面的位置，分析相贯线的投影是否有积聚性，以利选择辅助平面；

（2）求相贯线在各投影图上的特殊点的投影，如极限点、转向点等；

（3）在适当位置求一般点的投影；

（4）依次光滑连接各点，并判别可见性。

【例 3-20】　求轴线正交的圆柱与圆锥的相贯线，如图 3-33 所示。

分析：圆柱面轴线为侧垂线，相贯线的侧面投影积聚在圆上，采用一系列的水平面或过锥顶的侧垂面作为辅助平面可求出相贯线的正面投影和水平投影。

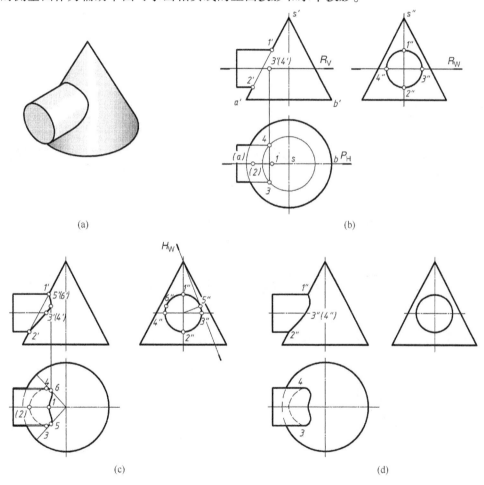

图 3-33　求圆柱与圆锥的相贯线

作图步骤：

（1）作出相贯线上的特殊点的投影。

过锥顶作正平面 P，与圆锥交于两条前后转向轮廓线 SA、SB，与圆柱也交于两条前后转向轮廓线，两者交于 I、II 两点，即为相贯线上的最高点、最低点，如图 3-33(b) 所示。

再作水平面 R，与圆柱交于两条上下转向轮廓线，与圆锥交于一水平圆，两者交于 III、IV 两点，即为相贯线的上下转向点，如图 3-33(b) 所示。

作侧垂面 H 与水平圆柱相切，与圆锥交于两直线，与圆柱切于一直线，两者交于 V 点，即为相贯线上的最右点，VI 点为其前后对称点，亦为最右点，如图 3-33(c) 所示。

（2）作出相贯线上的一般点的投影。

根据需要，选取任意位置的水平面作为辅助平面，可求出相贯线上足够数量的一般点。本例省略。

（3）依次光滑连接各点，并判别可见性。

相贯线前后对称，所以正面投影重合为一条曲线，用实线画出。在上半圆柱面上的相贯线其水平投影可见，即 3-1-4 段可见，而 3-2-4 段不可见，画成虚线。圆锥面有部分底圆被圆柱面挡住，其水平投影也应画成虚线。

（4）将圆柱与圆锥看成一个相贯的整体，去掉或补上部分转向轮廓线。如图 3-33(d) 所示，正面投影图中，$1'$、$2'$ 两点间不能画线；水平投影图中，圆柱面上下转向轮廓线的水平投影应画到 3、4。

二、相贯线的简化画法

（1）当两圆柱正交且直径不等时，其相贯线在与两圆柱轴线所确定的平面平行的投影面上的投影可以用圆弧近似代替。如图 3-34(a) 所示，相贯线的正面投影用圆弧代替，该圆弧以大圆柱半径 R 为半径，圆心在小圆柱轴线上，且过 $1'$ 和 $2'$，圆弧偏向大圆柱的轴线方向。

（2）当两圆柱直径相差很大时，相贯线投影可用直线代替，如图 3-34(b) 所示。

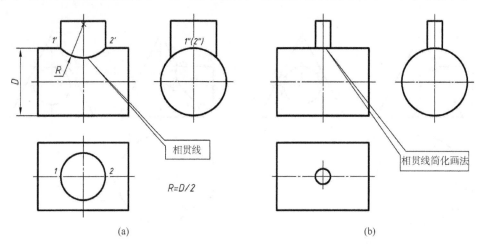

图 3-34 相贯线的简化画法

三、相贯线的特殊情况

两曲面立体的相贯线，一般情况下为封闭的空间曲线，特殊情况下可能为平面曲线或直线，且可以直接作出。下面介绍几种常见的相贯线的特殊情况。

（1）当两个回转体相贯且同时外切于一个球面时，其相贯线为两个椭圆。如果两轴线同时平行于某投影面，则这两个椭圆在该投影面上的投影为相交两直线，如图 3-35 所示。

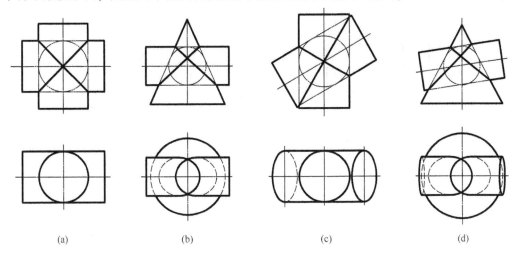

图 3-35　两个回转体外切于一个球面的相贯线

（2）当两回转体同轴相交时，相贯线为垂直于回转体轴线的圆。如果轴线垂直于某投影面，相贯线在该投影面上的投影为圆；在与轴线平行的投影面上的投影为直线，如图 3-36 所示。

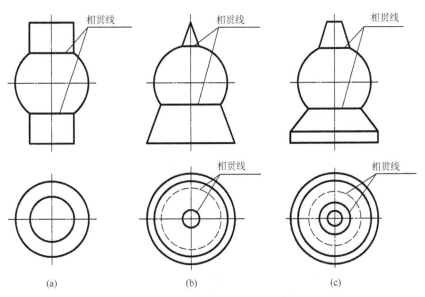

图 3-36　同轴回转体相交的相贯线

（3）两轴线平行的圆柱相交及共顶的圆锥相交，其相贯线为直线，如图 3-37 所示。

【例 3-21】　试用相贯线的简化画法求由圆柱体形成的相贯线，如图 3-38 所示。

分析：立体是由四个圆柱体两两正交组成的相贯体，其表面交线均可用如图 3-34（a）所示的相贯线的简化画法来求。注意，求解时应首先判断圆柱体的大小关系。

作图步骤：略。

【例 3-22】　试求如图 3-39 所示立体的左视图。

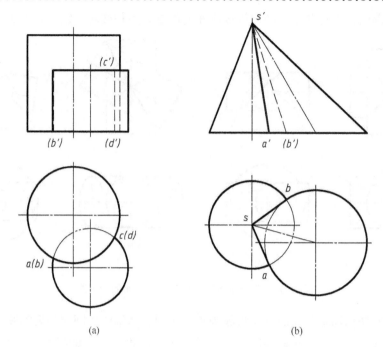

(a)   (b)

图 3-37 两轴线平行的圆柱及共顶的圆锥相贯线

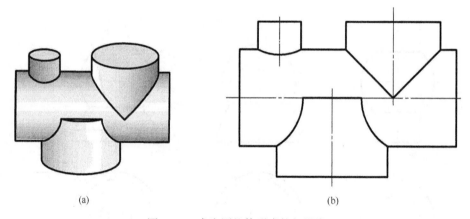

(a)   (b)

图 3-38 求由圆柱体形成的相贯线

分析：图示立体可以想象为圆柱被挖切产生，如图 3-39(a)所示，挖切前立体为实心圆柱 I，首先被从上向下挖出空心圆柱 II，其次从前向后挖切圆柱槽 III，最后从前向后挖通孔 IV，从主、俯视图可以看出，圆柱 II 和 IV 其直径相同。所以，该题左视图关键是要画出各圆柱表面形成的相贯线，需要注意相贯线的可见性及偏向方向。

作图步骤：

（1）补全完整圆柱 I 的左视图，当被挖切圆柱 II 后，由于其轴线互相平行，因此不产生相贯线。

（2）从前向后挖半圆柱槽 III，前后两端将碰到圆柱 I，形成的相贯线可见且偏向主体圆柱轴线；中心部位将与圆柱 II 相交，相贯线不可见且向上偏，如图 3-39(b)所示。

（3）从前向后挖圆柱 IV，前后两端将碰到圆柱 I，形成相贯线可见且仍然偏向主体圆柱轴线；中心部位将与圆柱 *II* 相交，相贯线不可见，且由于其直径相等，相贯线投影为互相垂直两直线，如图 3-39(b)所示。

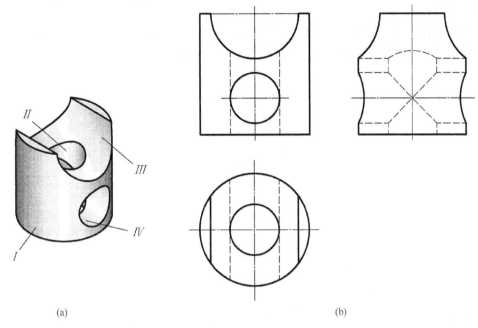

(a)   (b)

图 3-39　柱柱相贯线

四、复合相贯线

前面介绍了两个回转体相交时，相贯线的作图方法。实际工程上的机件还会出现多个立体相交的情况，三个或三个以上立体相交时形成的表面交线称为组合相贯线。组合相贯线虽然相对复杂一些，但各段相贯线分别为两个立体表面的交线。各段相贯线的共有点称为结合点，结合点是相交的三个表面的共有点，也是各段相贯线的分界点。

求作组合相贯线时，应首先判断由哪些基本体相交，分析它们的相对位置关系，各相邻的两立体相交产生的相贯线的形状如何，然后分别求出各相邻两个立体的相贯线。

【例 3-23】　图 3-40 所示为三个回转体相交的情况，试求其相贯线。

分析：直立圆柱与左端水平圆柱的直径相等，它们的相贯线为特殊相贯线，由于两者是部分相交，故相贯线是一段椭圆弧，其正面投影为一直线段，水平投影积聚在直立圆柱的水平投影(圆)上，其侧面投影积聚在左端水平圆柱的侧面投影(圆)上；直立圆柱的直径小于右端水平圆柱的直径，其相贯线是一段空间曲线，该曲线的正面投影向水平圆柱轴线方向弯曲，其水平、侧面投影分别积聚在直立圆柱的水平投影(圆)、右端水平圆柱的侧面投影(圆)上；直立圆柱与水平大圆柱的左端面相交，截交线为平行于直立圆柱轴线的两直线。综上可知，三个回转体的相贯线是由特殊相贯线(椭圆弧)、两条直线、一段空间曲线组成。该相贯线前后对称。

作图步骤[图 3-40(b)]：

(1) 求特殊相贯部分。直立圆柱和左边水平小圆柱相交，形成特殊相贯。相贯线为椭圆弧，其水平、侧面投影已知，可由 2、9 求出 2″、9″，由此求出 2′、9′。连接 1′2′，即为其正面投影(直线)。

（2）求中间部分的截交线。直立圆柱与右边水平大圆柱的左端面相交，形成截交线。由水平投影3、8求出3″、8″，由此可求出3′、8′。连接2′3′、3″2″、8″9″。即为该截交线的正面、侧面投影。

（3）求出右边的一般相贯线。右边水平圆柱与直立圆柱部分相贯。由该段相贯线的水平、侧面投影可求出其正面投影，亦可用相贯线的简化画法来求。

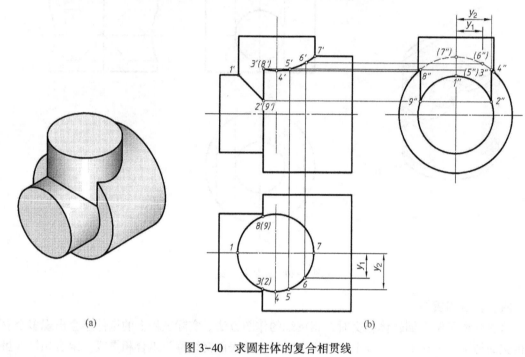

(a)　　　　　　　　　　　　(b)

图 3-40　求圆柱体的复合相贯线

第四章　组合体的三视图及尺寸注法

组合体可以看做是机器零件经部分工艺结构简化后的几何模型，通常为复杂的立体，可以看作是由若干个基本体(或简单体)，通过叠加或切割等组合方式而形成的立体。本章将应用前述的基本投影理论，运用形体分析和线面分析等方法，重点介绍组合体三视图的画法、组合体的尺寸标注和组合体三视图的读图方法。

第一节　组合体的分析方法

一、组合体的组合方式

组合体按其形成的方式，可分为叠加型、切割(包括穿孔)型和综合型三类。

叠加型组合体是由若干个基本体堆砌或合拼而成，如图 4-1(a)所示的立体是由矩形板 I、II 和 III 叠加而成的。

切割型(包括穿孔)组合体是由一个基本体被切割或挖切掉某些简单形体而形成，如图 4-1(b)所示的立体是由柱体 I 逐步切掉 II、III、IV、V、VI 五个部分后，再从左向右挖去一个圆柱孔 VII 所形成的。

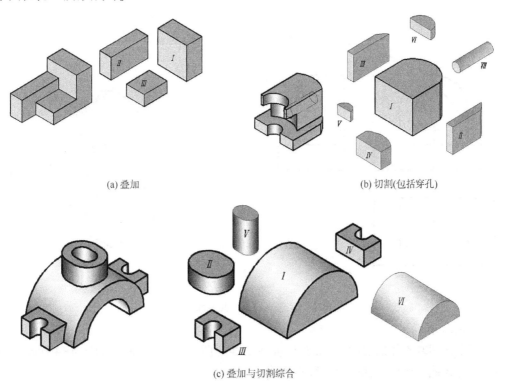

(a) 叠加

(b) 切割(包括穿孔)

(c) 叠加与切割综合

图 4-1　组合体的组合方式

综合型组合体是由基本体叠加和切割两种方式的综合体，如图 4-1(c)所示的立体是由半圆柱 Ⅰ、长圆柱 Ⅱ 及两个对称的底板 Ⅲ、Ⅳ 叠加后再挖去形体 Ⅴ、Ⅵ 形成的。

1. 叠加

组合体的叠加可分为三种形成方式：叠合、相切和相交。

(1) 叠合

叠合是指两基本体的表面互相重合。

当两基本体除叠合处外，具有公共表面(共平面或共曲面)时，即为平齐共面，如图 4-2 所示，在视图中两个基本体平齐处不可画出分界线；反之，若两基本体除叠合处外，无公共表面，如图 4-3 所示，在视图中两个基本体间必须画出分界线。

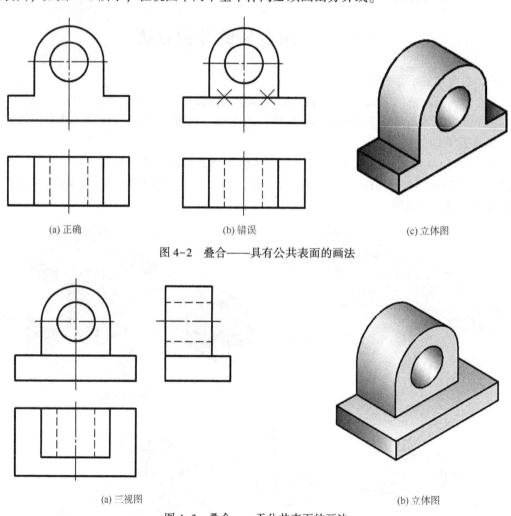

(a) 正确　　　　　　　(b) 错误　　　　　　　(c) 立体图

图 4-2　叠合——具有公共表面的画法

(a) 三视图　　　　　　　　　　　　　(b) 立体图

图 4-3　叠合——无公共表面的画法

(2) 相切

相切是指两基本体的表面(平面与曲面或曲面与曲面)光滑过渡。如图 4-4 所示，相切处不存在轮廓线，所以在视图上一般不画分界线。

需要注意的是，当曲面与曲面(如两圆柱面)相切，且公共切面垂直于某一投影面时，在该投影面的投影上应画出相切处的转向轮廓线的投影，如图 4-5(a)所示；除此以外的任何情况均不应画出切线，如图 4-5(b)所示。

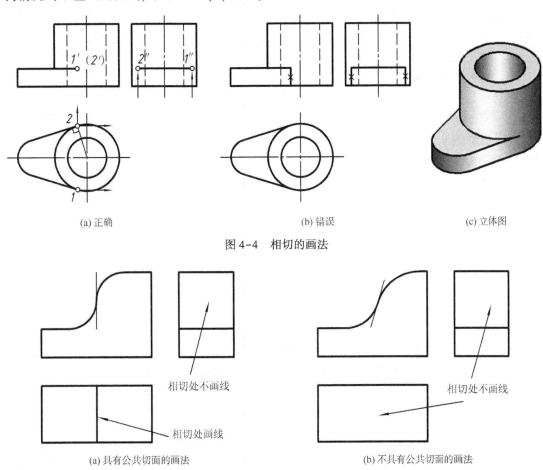

(a) 正确　　　　　　　　(b) 错误　　　　　　　　(c) 立体图

图 4-4　相切的画法

(a) 具有公共切面的画法　　　　　　　　(b) 不具有公共切面的画法

图 4-5　特殊相切的画法

（3）相交

当两形体邻接表面相交时，在相交处一定会产生交线，应画出交线的投影，如图 4-6 所示。

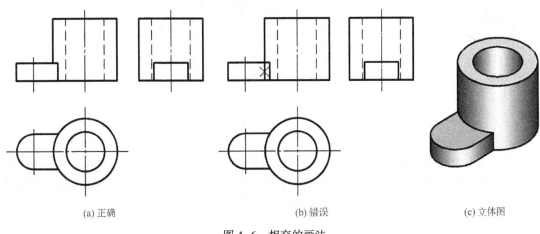

(a) 正确　　　　　　　　(b) 错误　　　　　　　　(c) 立体图

图 4-6　相交的画法

2. 切割(包括穿孔)

当基本体被平面或曲面截切后会产生不同形状的截交线或相贯线，当基本体被穿孔或挖切时，也会产生不同形状的截交线或相贯线。截交线和相贯线的画法在前面的章节中已经讲述过，在此不再叙述。

二、组合体的分析方法

组合体是一个相对复杂的立体，研究组合体的目的就是为了画图、读图以及对其进行尺寸标注。对于初学者来说，画组合体视图和读组合体视图是一个难度极大的学习过程，其原因就是没有掌握和运用好组合体绘图和读图的分析方法。因此，正确地研究组合体的分析方法就显得尤为重要。

组合体分析方法可分为形体分析法和线面分析法。

1. 形体分析法

组合体是由若干个基本体，通过一定的组合方式而形成的立体，因此，在绘制和阅读组合体视图的过程中，可以假想地把组合体分解成若干个基本体，并分析和确定这些基本体的形状、组合方式和相对位置等，这种分析组合体的方法称为形体分析法。

图 4-7 是一个支座，它主要由主体圆柱、耳板、底板和凸台组成。由于底板的前、后面与主体圆柱表面相切，所以在主、左视图中相切处不画线；底板顶面在主、左视图上的积聚性投影应画到相切处为止。耳板的前、后面及底面与圆柱体表面相交，相交线必画；其上表面与圆柱体上表面平齐，在俯视图中分界线的投影不能画。主体圆柱与前方凸台内外表面均相交，将产生相贯线，相贯线在左视图中的投影可用简化画法画出。

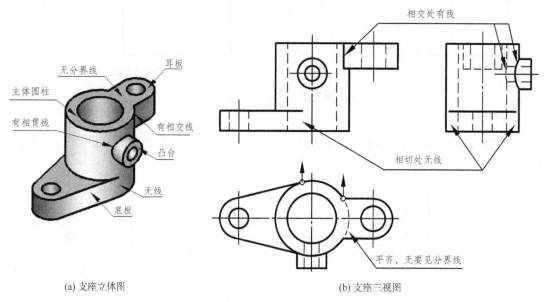

(a) 支座立体图　　　　　　　　　　(b) 支座三视图

图 4-7　形体分析法画图示例

从上面对支座的形体分析可看出，形体分析法是一种化繁为简的解题思路，只要正确掌握和运用好形体分析法，任何复杂的组合体，其画图、读图和尺寸标注的问题都将变得相对简单和容易。形体分析法是进行组合体画图、读图和尺寸标注的最基本方法。

2. 线面分析法

线面分析法是指在绘制或阅读组合体视图时，对比较复杂的组合体通常在采用形体分析法的基础上，对不宜表达或读懂的局部，还要结合线、面的投影分析，如分析形体的表面形状，形体上面与面的相对位置、表面交线等，来帮助表达或读懂这些局部的形状。

综上所述，在分析组合体时，一般采用形体分析为主、线面分析为辅的解题思想，将组合体由繁化简、由难化易，最终达到组合体的绘图、尺寸标注以及读图的目的。

第二节　组合体三视图的画法

一、叠加类型为主的组合体三视图画图步骤

下面以图 4-8 所示的轴承座为例，说明组合体三视图的画图方法与步骤。

（1）形体分析与线面分析

首先把组合体分解为几个基本形体，并确定形体间的组合方式、表面交线和相对位置等。

图 4-8（a）所示的轴承座可以分解为五个基本体：Ⅰ—底板、Ⅱ—套筒、Ⅲ—支撑板、Ⅳ—肋板和 Ⅴ—凸台，如图 4-8（b）所示。这五个部分是按叠加方式组合在一起的。凸台与套筒是两个正交相贯的空心圆柱体，在它们的内外表面上都有相贯线；底板、支撑板和肋板是不同形状的平板；支撑板的两个侧面在上端与套筒的外圆柱面相切，在下端与底板的左、右侧面相交，支撑板后面与底板后面共表面，即平齐；肋板的左、右侧面与套筒的外圆柱面相交；整个轴承座左右方向对称。

（2）视图的选择

在三视图中，主视图最为重要。选择主视图，就是要解决组合体的放置和投影方向两个问题。

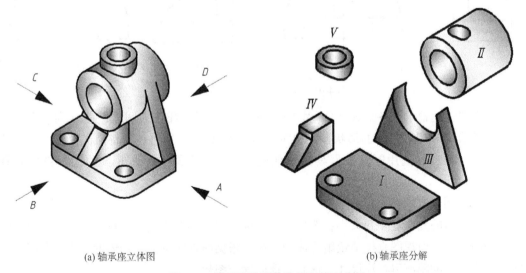

(a) 轴承座立体图　　　　　　　　　　　　(b) 轴承座分解

图 4-8　轴承座的形体分析与线面分析

主视图一般应较明显地反映出组合体在形状和结构上的主要特征，因此，通常是将最能反映组合体形状特征和位置特征的视图作为主视图，其余的视图选择应在完整、清晰的前提

下进行。按照这个原则，主视图的投影方向(或组合体的摆放位置)按如下方式选择：

① 按自然位置放置。

人们习惯于从物体的自然摆放位置去观察，物体的摆放一般遵循稳定性原则。对组合体而言，通常选择底板(面积大、稳定性好)在下，或回转体的轴线垂直于投影面等位置。由此，应排除倒置和横放的各种位置，而获得如图4-8(a)所示的摆放方案，这符合组合体的位置特征原则。

② 力求使组合体主要组成部分的主要平面平行于投影面，或轴线垂直与投影面。

主要平面平行于投影面后，将使投影获得实形。由此，可排除轴承座的主要组成部分套筒的前、后端面不平行于投影面(正立投影面或侧立投影面)或轴线不垂直于投影面(正立投影面或侧立投影面)的各种倾斜位置，而获得如图4-8(a)所示的A、B、C、D四个方向选择，这符合组合体的形状特征原则。

③ 使视图中的细虚线(不可见轮廓线)尽可能少。

主视图中的细虚线尽可能少，也是组合体的形状特征原则的体现。A、B、C、D四个方向对应的主视图如图4-9所示。将B向与D向视图作比较，D向视图细虚线较多，不如B向视图清晰，选择B向；将A向和C向视图作比较，从理论上效果相同，两个方向都能将轴承座的结构层次表达清楚，即轴承座各组成部分的相对位置特征比较明显。但是，当C向作为主视图，其左视图细虚线较多，使得左视图不符合清晰的原则。因此，选择A向。

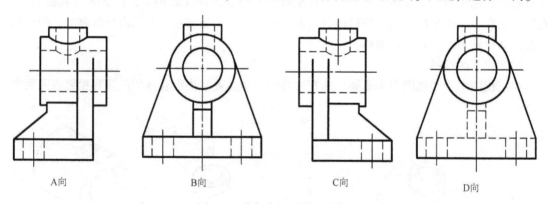

图4-9 分析主视图的投影方向

A向视图表达轴承座各组成部分(基本体)的相对位置特征较为明显，而B向视图表达轴承座各组成部分(基本体)的形状特征相对明显，即A向和B向各有特点，都适合作为主视图，因此，在实际选用时可根据具体情况进行选择。本例中，选B向为主视图的投影方向。

(3) 选比例，定图幅

根据组合体的复杂程度和大小，选择符合国标规定的画图比例。尽量选用1：1的比例，以便于画图，并可由视图直接估量组合体的大小。根据所选比例和组合体的大小，并考虑在视图间留出适当的距离以标注尺寸，据此来选取标准图幅。

(4) 画底稿

对于叠加类型为主的组合体，为迅速而正确地画出组合体三视图，应将该组合体进行形体分析，分解成几个基本体，而后逐一画出各基本体。

各基本体的画图顺序一般为：先主（主要基本体）后次（次要基本体）。对轴承座而言，底板和套筒均可作为主要的基本体，本例选择底板为主要的基本体。画图顺序为：底板、套筒、支撑板、肋板，最后为凸台。

对某一特定的基本体画图时，首先画出基本体的基准，然后采取先整体后局部，先外（外部轮廓）后内（内部轮廓）的画图顺序。如底板的画图顺序应为：

① 画底板的基准，如图 4-10(a)所示；

② 画长方体三视图（整体）；

③ 画圆角（局部）；

④ 最后画两圆孔（局部或内部），如图 4-10(b)所示。

再如套筒的画图顺序应为：

① 画套筒的基准；

② 画外部圆柱三视图；

③ 画内部圆柱三视图，如图 4-10(c)所示。

对支撑板、肋板和凸台的绘制，如图 4-10(d)~(f)所示，其绘图顺序也应遵循：定基准，然后先整体后局部、先外后内的绘图顺序。

在逐个画基本体时，应同时画出该基本体的三个视图，这样既能保证各基本体之间的相对位置和投影关系，又能提高绘图速度。

需要注意的是：各基本体（套筒、支撑板、肋板和凸台）与主要基本体（底板）间，同方向基准之间的直接或间接尺寸，即为各基本体在该方向上的定位尺寸。如套筒后端面与底板的后端面之间的距离，恰是套筒的宽度基准和底板的宽度基准之间的距离，此尺寸就是套筒在宽度方向的定位尺寸；套筒高度方向的基准（轴线或套筒的上下对称中心线）与底板高度方向的基准（底板的下端面）之间的尺寸，即为套筒高度方向的定位尺寸；套筒的长度方向基准与底板长度方向基准重合（左右对称线），此时不必标注长度方向定位尺寸。

在进行形体分析的同时，对形状较复杂的局部，适当地结合线面分析，帮助想象和表达。例如，支撑板的两个侧面与套筒相切，在相切处为光滑过渡，所以切线（12，$1''2''$）不应画出，如图 4-10(d)所示；肋板与套筒外表面是相交关系，所以交线（平面与圆柱面的截交线）的侧面投影 $5''6''$ 一定要准确画出，如图 4-10(e)所示；又由于套筒与肋板及支撑板融合成一体，所以在左视图中，套筒外表面的最下素线只剩前、后的两小段，而在俯视图中肋板和支撑板相接处的细虚线（67）不应画出，如图 4-10(e)所示；套筒外表面与支撑板相融处的最左素线（ab）和最右素线（cd）不应画出，如图 4-10(d)所示。

（5）检查、加深

底稿画完后，按形体逐个仔细检查，看每部分形体的投影是否画全；彼此之间的相对位置是否正确；各基本体之间的组合方式（叠合、相切、相交）是否表达无误；投影面垂直面、一般位置面的投影是否符合投影规律等。校核完毕，修改并擦去多余的线条后，就可按国标规定的线型进行加深。当几种图线重合时，一般按"粗实线、细虚线、细点画线、细实线"的顺序取舍，如图 4-10(g)所示。

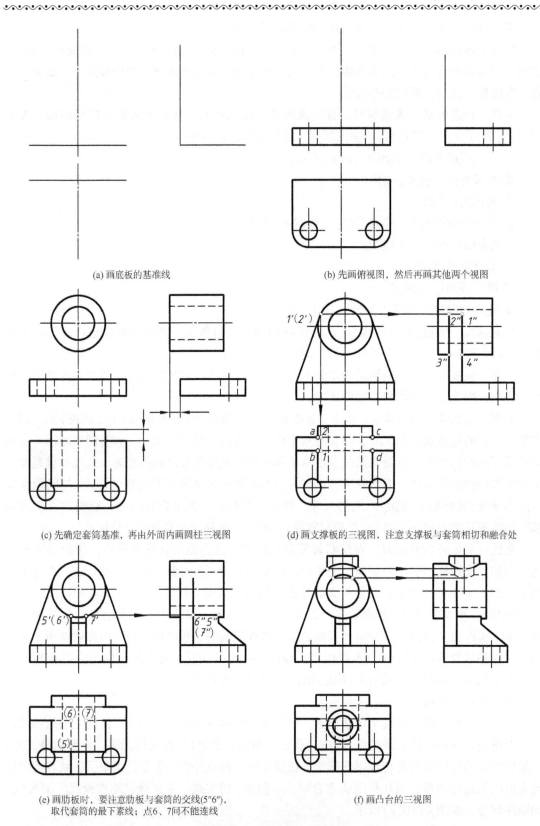

(a) 画底板的基准线

(b) 先画俯视图，然后再画其他两个视图

(c) 先确定套筒基准，再由外而内画圆柱三视图

(d) 画支撑板的三视图，注意支撑板与套筒相切和融合处

(e) 画肋板时，要注意肋板与套筒的交线(5″6″)，
取代套筒的最下素线；点6、7间不能连线

(f) 画凸台的三视图

图 4-10　组合体的画图方法

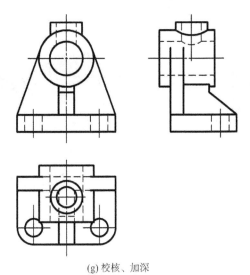

(g) 校核、加深

图 4-10　组合体的画图方法(续)

二、切割类型的组合体三视图画图步骤

以图 4-11(a)所示组合体为例说明切割类型组合体三视图画图步骤。

（1）形体分析

图 4-11(a)所示的组合体可以看作是由长方体切去左上方的三角块，又从左到右对中挖去一个四棱柱而成，如图 4-11(b)所示，此时长方体可看成原始的基本形体。

对于切割类型组合体的分析方法与上述的叠加类型立体的分析方法基本相同，只不过各个形体是一块块切割下来而已。

（2）视图选择

选择图 4-11(a)中箭头所指方向为主视图投影方向。

（3）选比例，定图幅

以 1∶1 的比例确定图幅。

（4）画底稿

本例为切割类型的组合体，画图的顺序为：先画出原始基本体长方体的三视图(通常先画出基准线布图，然后按照先整体后局部、先外后里的顺序画图)，如图 4-11(c)所示；再逐一画出被挖切的基本体在原始基本体上形成的交线(截交线或相贯线)的投影，如左上角切掉的三角块在长方体上形成的长方形交线，是由一个正垂面切割长方体形成的截交线，因此画图时，只需将该截交线的投影画出即可，如图 4-11(d)所示；同理，四棱柱在原始基本体长方体上形成的交线，是由两个正平面和一个水平面截切长方体而形成的截交线，画图时，将 3 处截交线的投影画出，如图 4-11(e)所示。

（5）检查，加深

全面检查，并结合线面分析如类似性等验证是否漏线或多线，如图 4-11(f)所示。

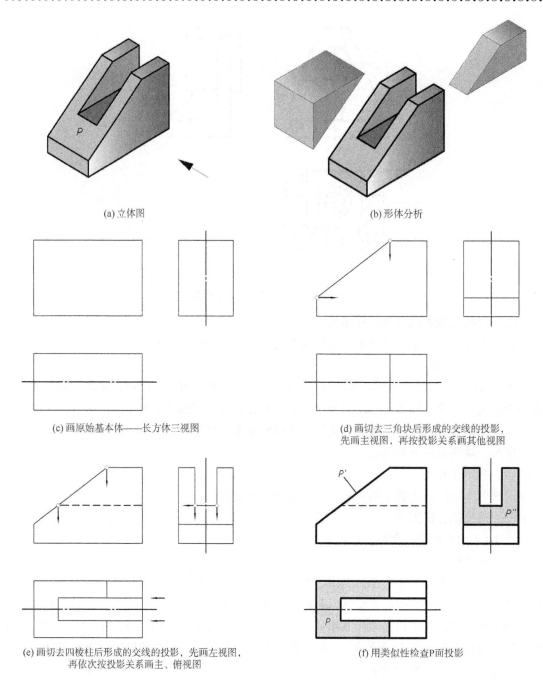

(a) 立体图

(b) 形体分析

(c) 画原始基本体——长方体三视图

(d) 画切去三角块后形成的交线的投影，先画主视图，再按投影关系画其他视图

(e) 画切去四棱柱后形成的交线的投影，先画左视图，再依次按投影关系画主、俯视图

(f) 用类似性检查P面投影

图 4-11　切割类型组合体的三视图

第三节　组合体尺寸标注

视图只能表达组合体的形状，而其各部分的真实大小和准确的相对位置，必须通过所标注的尺寸来确定。

一、组合体尺寸标注的基本要求

标注组合体尺寸时，要使所标注的尺寸满足以下三个方面的要求：

(1) 正确　所注尺寸必须符合国家标准中有关尺寸注法的规定。

(2) 完整　所注尺寸必须把物体各部分的大小及相对位置完全确定下来，不能多余，也不能遗漏。

(3) 清晰　尺寸布局要清晰恰当，既要便于看图，又要使图面清楚。

二、基本体的尺寸标注

由于组合体是由各个基本体叠加或由原始基本体(或简单体)通过切割而形成的。因此，首先要掌握各个基本体的尺寸标注。

1. 常见基本体的尺寸标注

表 4-1 列出了常见基本体的标注方法。

表 4-1　常见基本体的尺寸注法

尺寸数量	一个尺寸	两个尺寸	三个尺寸
回转体尺寸标注			

尺寸数量	两个尺寸	三个尺寸	四个尺寸
平面立体尺寸标注			

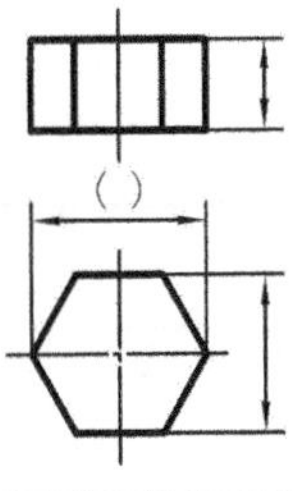

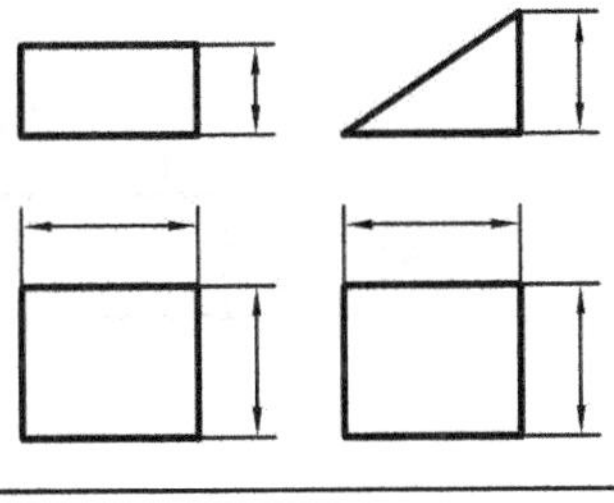

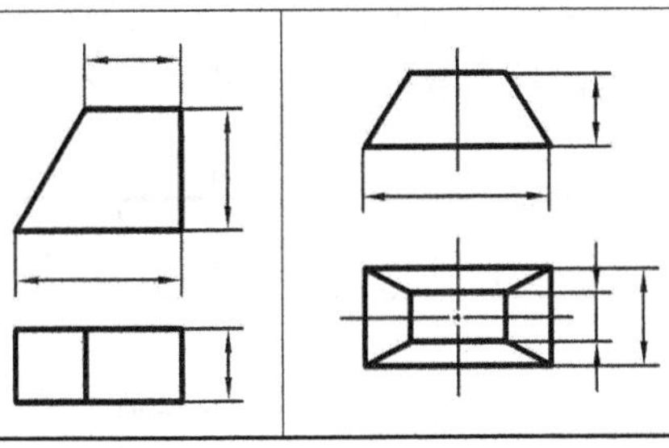

2. 截切和相贯体的尺寸标注

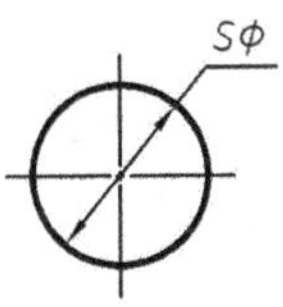

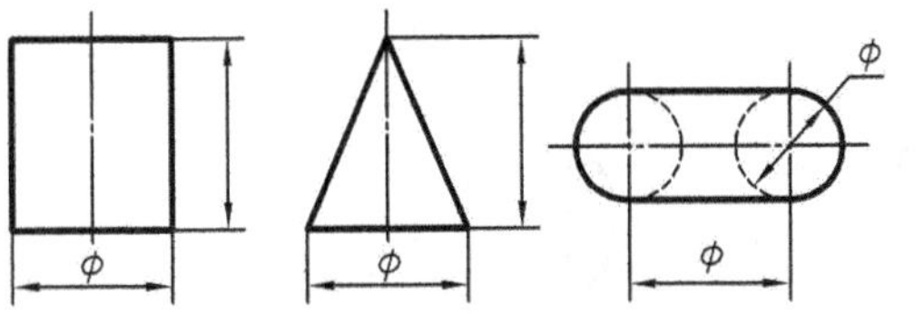

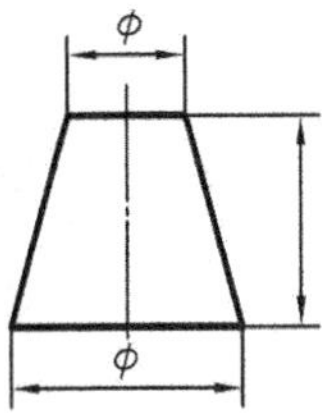

当基本体被截切(包括带有缺口的基本体)或是基本体相贯，在其表面产生交线时，不要直接标注交线的尺寸，而应标注截面的定位尺寸和产生交线的各形体之间的定位尺寸，这是因为，只要把截面的位置确定和相贯的各个基本体之间的相对位置确定，截交线或相贯线的形状是唯一的，与截交线和相贯线上所标注的尺寸大小无关。

常见的球、圆柱被平面截切后的形体以及两圆柱体相贯的相贯体的尺寸标注正误对比见表 4-2。

3. 常见板类零件的尺寸标注

对于一些薄板零件(如底板、法兰盘等)，它们通常可看成简单的组合体，即由两个以上的基本体组成。因此，标注时除了标注基本体的定形尺寸外，还应标注各基本体的定位尺寸。

表 4-2　截切和相贯体的尺寸标注正误对比

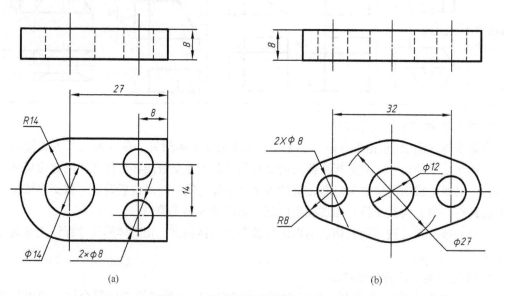

图 4-12 列出了几种常见板类零件的尺寸注法，因为每块板在左(或右)方向都有回转面，所以各个板的总长尺寸都不必标注。

图 4-12　常见板类零件的尺寸标注

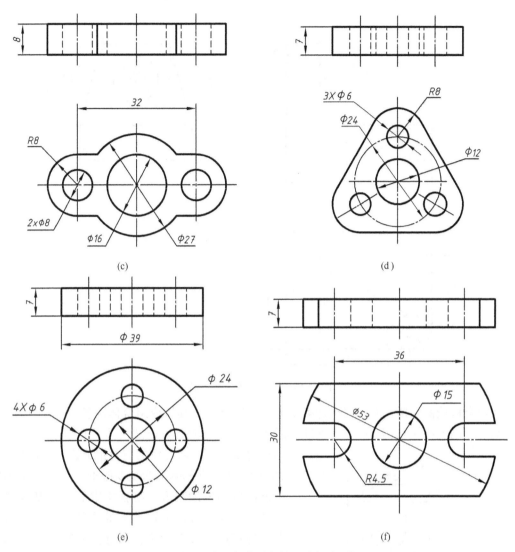

图 4-12　常见板类零件的尺寸标注(续)

三、组合体的尺寸标注

1. 尺寸标注要完整

在图样上，一般要标注三类尺寸，即定形(大小)尺寸、定位尺寸和总体尺寸。

(1) 定形尺寸

确定组合体中各个形体的形状及大小的尺寸称为定形尺寸，如图 4-13 中物体的长、宽、高尺寸，圆的直径、半径尺寸和角度尺寸等。由于各基本几何形体的形状特点各异，所以定形尺寸的数量也不相同。

(2) 定位尺寸

确定组合体中各基本体之间相对位置的尺寸称为定位尺寸，如图 4-13 和图 4-14 中带有"＊"的尺寸。

尺寸标注的起点称为尺寸基准。各基本体之间的定位尺寸一般都应从各基本体自身的相应基准处开始标注。尺寸基准通常选基本体上的对称中心线、轴线、端面或较长的轮廓线等。

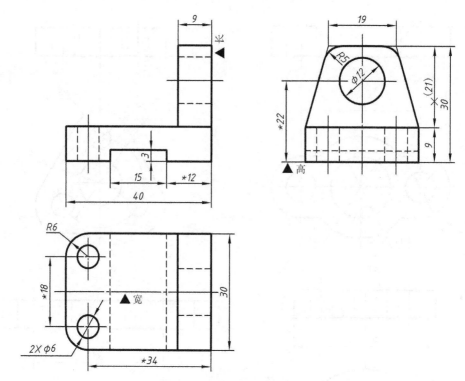

图 4-13　组合体的尺寸标注

跟组合体绘图一样，对于以叠加类型为主的组合体，其形成组合体的各个基本体在长、宽、高各方向上都应有相应的尺寸基准，因此，在组合体尺寸标注时，同一方向上可能出现多个基准，其中组合体的主要组成部分(主要基本体)的三个方向的基准为主要基准；其余各基本体的基准皆为辅助基准。组合体中的各个基本体与主要基本体同方向上尺寸基准间的距离，即为该基本体在这一方向的定位尺寸。通常除主要基本体外，各基本形体在长、宽、高方向上都有一个定位尺寸，即长度方向定位尺寸、宽度方向定位尺寸和高度方向定位尺寸。主要基准是组合体尺寸标注的参照体系，因此主要基本体的定位尺寸不必标注。

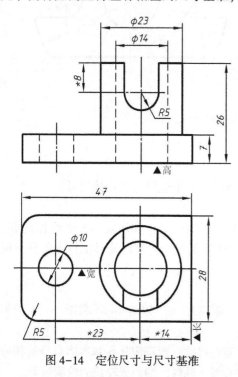

图 4-14　定位尺寸与尺寸基准

对于切割类型的组合体，原始的基本体(被切割的基本体)在长、宽、高三个方向上的基准即为主要尺寸基准。被截切的基本体只在原始的基本体上产生截交线，因此在标注时，只需将截平面的位置确定即可，见表 4-2；对于回转体形成的孔或槽，标注时可将这些孔或槽看成实体(或基本体)来处理，跟叠加类型组合体的各个基本体定位尺寸标注相同，具有长、宽、高三个方向定位尺寸，如图4-14所示图形上端的U形槽，长度定位尺寸为14，高度定位尺寸为8，宽度定位尺寸与主要基准重合。

在图4-13中，用符号"▲"与"长"、"宽"或"高"组合，分别表示了物体长度方向、宽度方向和高度方向的尺寸基准。长度方向上，以底板的右端面为基准，标注了前后通槽的长度定位尺寸12，两个小圆孔的长度定位尺寸34；在宽度方向上物体对称，因此，以物体前后对称面为基准，标注了两个小圆孔的宽度定位尺寸18（而不标两个"9"）；以底板的底面为高度方向的尺寸基准，标注了立板圆孔的高度定位尺寸22。

图4-14是同一方向具有多个基准的例子。在长度方向上以底板的右端面为主要基准标注了圆柱的定位尺寸14，又以圆柱对称中心线为辅助基准标注了圆孔的定位尺寸23。

（3）总体尺寸

为了解组合体所占空间大小，一般需要标注组合体的外形尺寸，即总长、总宽和总高尺寸，称为总体尺寸。有时，各形体的尺寸就反映了组合体的总体尺寸，如图4-13和图4-14中底板的长和宽就是该组合体的总长和总宽，此时，不必另外标注。否则，在加注总体尺寸的同时，就需要对已标注的形体尺寸进行适当的调整，以免出现多余尺寸。如图4-13中，当加注物体的总高尺寸30后，就去掉了立板高度尺寸21。

特殊情况下，为了满足加工要求，既要标注总体尺寸，又要标注定形尺寸。如图4-15中，底板的四个圆角可能与小孔同心［图4-15（a）］，也可能不同心［图4-15（b）］，但标注尺寸时，孔的定位尺寸、圆角的定形尺寸及板的总体尺寸都要标注出来。当圆角与小孔同心时，这样标注就产生了多余尺寸，此时一定要确保所标注的尺寸数值没有矛盾。此外，底板上直径相同的孔，注尺寸时只注一次，而且要注上数量，如$4 \times \phi 8$；相同的圆角也只注一次，可标注数量也可不注，如图中的$R6$（也可标注为$4 \times R6$）。

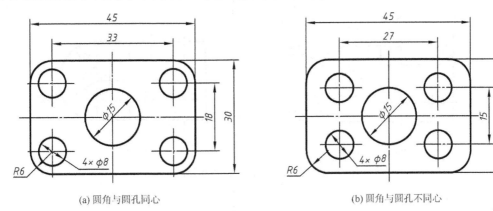

(a) 圆角与圆孔同心　　　　　　　　　　　　　(b) 圆角与圆孔不同心

图4-15　尺寸标注的特殊情况

当组合体的一端或两端不是平面而是回转面时，该方向上一般不直接标注总体尺寸，而是标注回转面轴线位置的定位尺寸和回转面的定形尺寸（ϕ或R），如图4-16中立板的尺寸注法。

2. 尺寸标注要清晰

（1）对于同一基本体，定形、定位尺寸应尽量集中标注，而且应标注在反映该基本体特征最明显的视图上。如图4-13中底板的尺寸，除了高度和前后通槽的尺寸标注在主视图上，其余尺寸都集中标注在反映形位特征明显的俯视图上；立板的大部分尺寸则集中标注在

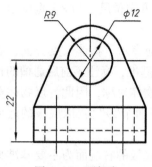

图 4-16 顶部为
回转面的立板

反映它的形状特征明显的左视图上。图 4-16 立板的尺寸标注也是集中标注在形状特征明显的视图上的实例。

（2）尺寸应尽量标注在视图外部，如图 4-17 所示。此外，与两视图有关的尺寸尽量注在两相关视图之间，如图 4-17（a）中的尺寸 100。

（3）同一方向上连续的几个尺寸尽量布置在一条线上，如图 4-18 中的对比。

（4）同轴回转体的直径 φ 尽量注在非圆视图中（底板上的圆孔除外），如图 4-19 所示。

（5）对于带有缺口的形体，缺口部分的定形尺寸应尽量标注在反映其真实形状的视图上，如图 4-20 所示，圆弧的半径 R 一定要标注在投影为圆的视图上。

（6）应尽量避免尺寸线与尺寸线或尺寸界线相交，同一方向的尺寸应按大小顺序标注，小尺寸标在内，大尺寸标在外，如图 4-21 所示。

在实际标注尺寸时，当不能同时兼顾上述各条清晰标注尺寸的原则时，就要在保证尺寸正确、完整的前提下，统筹安排，合理布置。

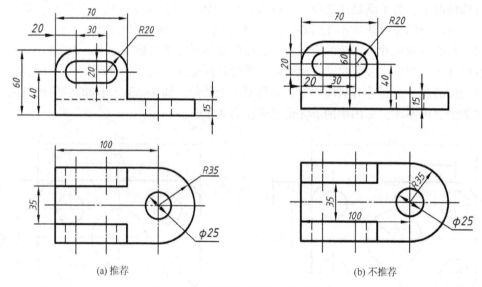

图 4-17 尺寸尽量标注在图形外部

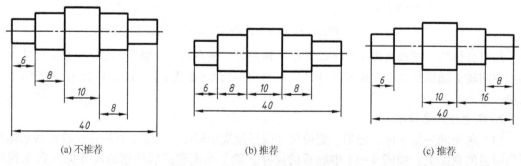

图 4-18 同一方向连续尺寸的注法

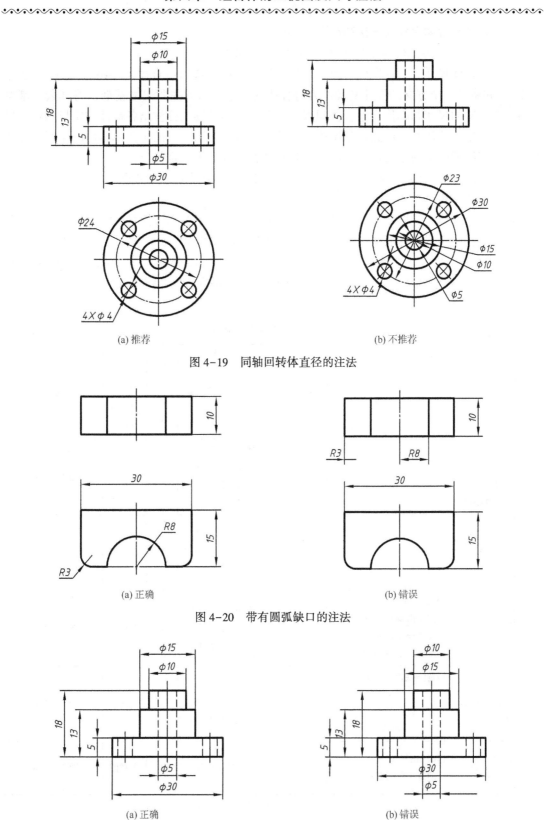

(a) 推荐

(b) 不推荐

图 4-19 同轴回转体直径的注法

(a) 正确

(b) 错误

图 4-20 带有圆弧缺口的注法

(a) 正确

(b) 错误

图 4-21 尺寸界线尽量不与尺寸线相交

四、标注组合体尺寸的方法和步骤

1. 以叠加类型为主的组合体尺寸标注的方法和步骤

标注组合体尺寸时，首先要对组合体进行形体分析，选出组合体主要组成部分（主要基本体），并将其三个方向的尺寸基准作为组合体的三个方向的主要尺寸基准，将其余各基本体的三个方向的尺寸基准作为组合体间接尺寸基准，然后逐个标注出各形体的定形和定位尺寸，最后调整总体尺寸。注意：基本体的间接尺寸基准与同方向的主要基本体的主要尺寸基准之间的直接或间接的距离尺寸，即为各基本体在该方向上的定位尺寸。

下面以图4-8(a)所示轴承座为例，具体说明标注组合体尺寸的步骤。

（1）形体分析

首先对组合体进行形体分析，把它分解为几个部分，了解和掌握各个部分的空间形状和彼此之间的相对位置，然后从空间角度的"立体"出发，初步判断要限定各形体的大小及位置需要几个定形尺寸、几个定位尺寸。本例的轴承座可以分解为五个部分：Ⅰ—底板、Ⅱ—套筒、Ⅲ—支撑板、Ⅳ—肋板及Ⅴ—凸台。各部分的形状及定形尺寸、定位尺寸如表4-3和图4-22(a)所示。

表4-3　轴承座尺寸分析　　　　　　　　　　　　　　　mm

各基本形体	定 形 尺 寸		定 位 尺 寸		尺寸数量	多数尺寸集中标注位置	参考图例
	必须标注的尺寸	不必注的重复尺寸	必须标注的尺寸	不必注或重复的尺寸			
底板Ⅰ	长90、宽60、高15 圆角R15 小孔2×φ16	无	孔定位长60 定位宽45	整个底板的三个方向的定位尺寸（在尺寸基准上）	7	俯视图	图4-22(b)
套筒Ⅱ	内径φ30 外径φ50 筒长50	无	定位高65 定位宽10	定位长（轴线在长度定位基准上）	5	左视图	图4-22(c)
支撑板Ⅲ	厚度12	长(=底板长) 高（由圆筒大小、位置及底板高度确定） 半径(=圆筒外径50/2)	无	定位长（对称） 定位宽（平齐） 定位高（叠加）	1	左视图	图4-22(c)
肋板Ⅳ	厚度14 打折处宽23 高20	宽(=底板宽-支撑板厚) 高（由圆筒大小、位置及底板高度确定） 半径(=圆筒外径50/2)	无	定位长（对称） 定位宽（叠加） 定位高（叠加）	3	左视图	图4-22(d)
凸台Ⅴ	内径φ18 外径φ28	高（由圆筒大小及凸台的定位高确定）	定位高32 定位宽29	定位长（对称）	4	主视图	图4-22(d)

续表

各基本形体	定　形　尺　寸		定　位　尺　寸		尺寸数量	多数尺寸集中标注位置	参考图例
	必须标注的尺寸	不必注的重复尺寸	必须标注的尺寸	不必注或重复的尺寸			
调整总体尺寸	总长=底板长 90(无须再注) 总宽=底板宽 60+圆筒定位宽 10=70(不注，因为 60 和 10 是生产上直接要用的尺寸，有利于底板的定形和圆筒的定位) 总高=圆筒定位高 65+凸台定位高 32=97(需加注，并去掉凸台定位高 32) 如图 4-22(e)所示					综上所述，轴承座的尺寸总数为 7+5+1+3+4+1-1=20 个，如图 4-22(f)所示	

（2）选择尺寸基准

尺寸基准包括主要尺寸基准和辅助尺寸基准。尺寸标注时，首先选择主要尺寸基准，然后选择辅助尺寸基准。主要尺寸基准为组合体的主要组成部分（主要基本体）的基准，辅助尺寸基准为除主要基本体以外的各基本体的尺寸基准。对于轴承座，主要的基本体可以选择套筒，也可选择底板，本例选择底板为主要的基本体。对底板进行形状分析可知，底板左右对称，所以选择左右对称中心线为长度方向的主要尺寸基准；前后不对称，理论上前后任一端面作为主要宽度基准都可以，但是在画底板三视图时，为了方便布图，选择底板后端面作为宽度基准，因此在尺寸标注时，基准的选择应尽可能地与绘图时选择的基准相同，因此选用底板的后端面作为宽度方向的主要基准；底板上、下各一个端面，选择下端面作为高度方向的尺寸基准，理由同上。主要基准的选择，如图 4-22(b)所示。辅助基准的选择跟轴承座各基本体绘图时选择的基准相同，不再赘述。

（3）逐个标注各形体的定形及定位尺寸

根据步骤（1）形体分析的结果，按照"先主后次"的顺序，逐个在视图中标注各形体的定形及定位尺寸。标注时要考虑其中有无重复或不必标注的尺寸；各形体尺寸在视图中的标注位置是否清晰、明了（多数尺寸要按"集中标注在形状特征明显的视图中"这一原则进行布置）。本例中各形体的尺寸分析见表 4-3，尺寸标注情况如图 4-22(b)、(c)、(d)所示。

（4）调整总体尺寸

标注完各基本形体的尺寸后，整个组合体还要考虑总体尺寸的调整。除特殊情况[如本例中的总长（已标注），总宽（不必标注）]，一般情况下都需进行调整（如本例中的总高），如表 4-3 及图 4-22(e)所示。

（5）检查

按正确、完整、清晰的要求对已注尺寸进行检查，如有不妥，则作适当修改或调整，这样才完成了尺寸标注的全部工作，如图 4-22(f)所示。

【例 4-1】　标注图 4-23(a)所示支座的尺寸。

（1）形体分析

支座可分解为四个部分：Ⅰ直立圆筒、Ⅱ底板、Ⅲ右耳板和Ⅳ凸台。初步分析各形体的定形尺寸和形体间的定位尺寸如图 4-23(b)及表 4-4 所示。

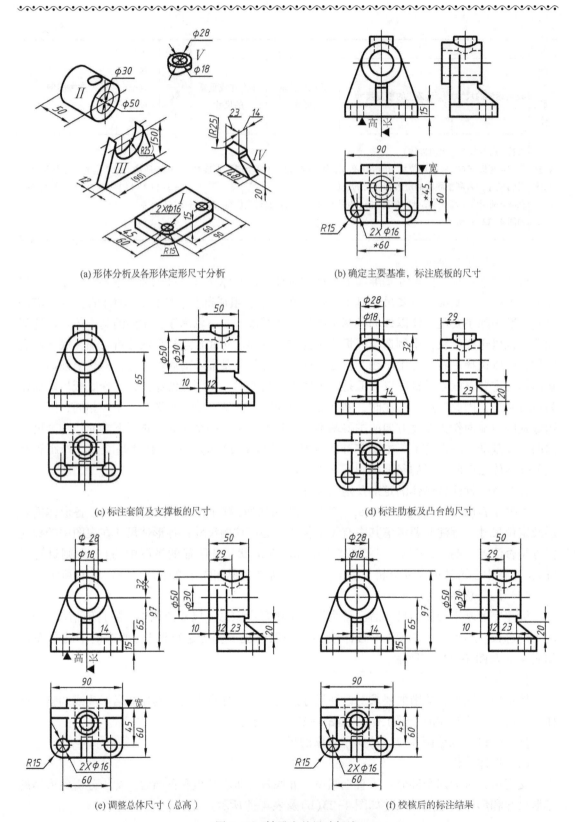

(a) 形体分析及各形体定形尺寸分析

(b) 确定主要基准，标注底板的尺寸

(c) 标注套筒及支撑板的尺寸

(d) 标注肋板及凸台的尺寸

(e) 调整总体尺寸（总高）

(f) 校核后的标注结果

图 4-22　轴承座的尺寸标注

表 4-4　支座尺寸分析

各基本形体	定　形　尺　寸		定　位　尺　寸		尺寸数量	多数尺寸集中标注位置	参考图例
	必须标注的尺寸	不必标注的重复尺寸	必须标注的尺寸	不必标注或重复的尺寸			
圆筒 I	高 35 内径 φ20 外径 φ30	无	无	圆筒三个方向的定位尺寸(在尺寸基准上)	3	左视图	图 4-23(c)
底板 II	孔径 φ8 左圆角 R8 高度 10	长、宽(由圆筒大小、底板的定位长及左圆角 R8 确定) 右圆角(= 圆筒外径 30/2)	定位长 30	定位宽(对称) 定位高(平齐)	4	俯视图	图 4-23(d)
右耳板 III	孔径 φ8 右圆角 R9 高度 10	长(由圆筒大小、耳板的定位长确定) 左圆角(= 圆筒外径 30/2)	定位长 22	定位宽(对称) 定位高(平齐)	4	俯视图	图 4-23(d)
凸台 IV	内径 φ6 外径 φ12	宽(由圆筒大小及凸台定位宽确定)	定位宽 20 定位高 23	定位长(对称)	4	左视图	图 4-23(e)
调整总体尺寸	总长 = 8+30+22+9 = 69(不注,因为两端均为回转面) 总宽 = 30/2+20 = 35　(不注,因为一端为回转面) 总高 = 圆筒高 = 35　(无须再注)				综上所述,支座的尺寸总数为 3+4+4+4 = 15 个,如图 4-23(f)所示		

（2）选择尺寸基准

因为圆筒是支座的主要组成部分(主要基本体),因此圆筒的基准即为主要基准,其他各基本体的基准均为辅助基准。由于圆筒左右对称、前后对称,所以选择左右对称线、前后对称线作为长度方向和宽度方向的主要尺寸基准;圆筒上下各一个端面,选择下端面(底面)作为高度方向主要尺寸基准。主要尺寸基准的选择如图 4-23(c)中所示。其他各基本形体的各方向上的基准均为辅助尺寸基准,基准的选择不再赘述,同一方向上的辅助尺寸基准与主要尺寸基准直接或间接的距离尺寸即为各基本体在该方向上的定位尺寸。

（3）逐个标注各形体的定形尺寸和定位尺寸

各形体的定形尺寸和定位尺寸标注如表 4-4 及图 4-23(c)、(d)、(e)所示。

（4）调整总体尺寸

本例中的总体尺寸无需调整。如表 4-4 所示。

（5）检查

最终结果如图 4-23(f)所示。

2. 切割类型的组合体尺寸标注的方法和步骤

标注切割类型组合体尺寸时,首先要对组合体进行形体分析,找出组合体被切割前的原始基本体作为组合体主要组成部分(主要基本体),并将其三个方向的尺寸基准作为组合体的三个方向的主要尺寸基准,标注原始基本体的定形尺寸(无需标注原始基本体的定位尺寸),然后直接或间接标注出各截面相对于主要尺寸基准的位置尺寸;对于挖切(孔或槽)类型,可把挖切掉的部分看成基本体,标注其定形、定位尺寸;因为原始基本体各个方向的最大尺寸即为总体尺寸,因此无需再标注总体尺寸。

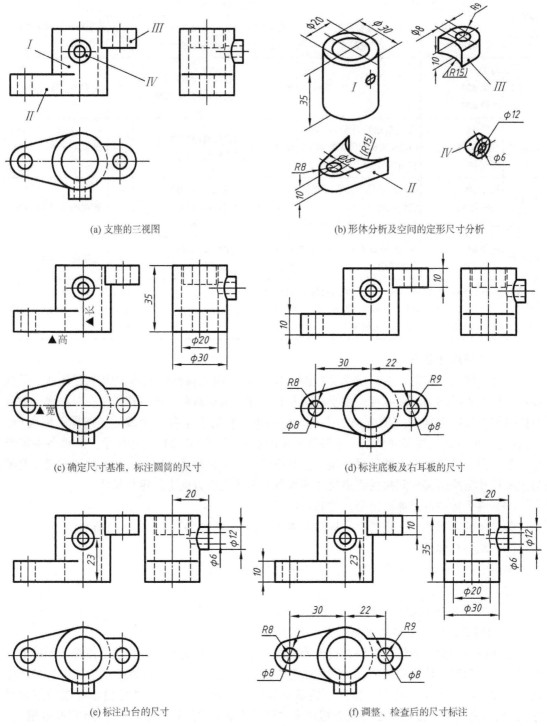

(a) 支座的三视图

(b) 形体分析及空间的定形尺寸分析

(c) 确定尺寸基准，标注圆筒的尺寸

(d) 标注底板及右耳板的尺寸

(e) 标注凸台的尺寸

(f) 调整、检查后的尺寸标注

图 4-23　支座的尺寸标注

【例4-2】 标注图4-24(a)所示组合体的尺寸。

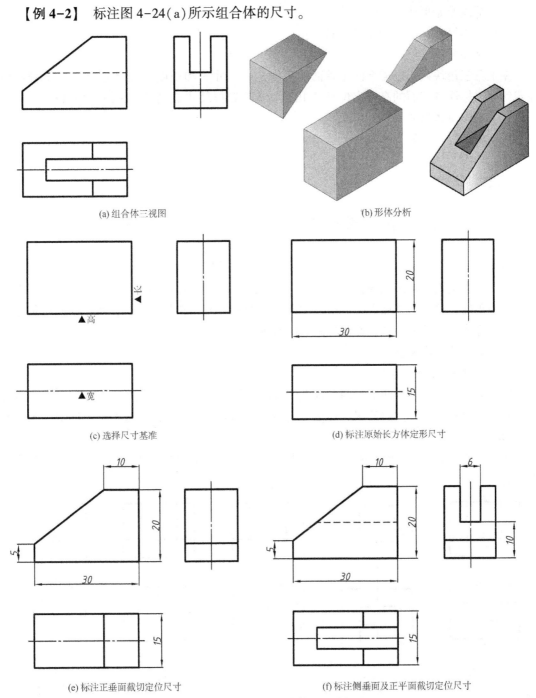

(a) 组合体三视图

(b) 形体分析

(c) 选择尺寸基准

(d) 标注原始长方体定形尺寸

(e) 标注正垂面截切定位尺寸

(f) 标注侧垂面及正平面截切定位尺寸

图4-24 切割类型组合体的尺寸标注

(1) 形体分析

组合体可分解为三个部分：Ⅰ原始基本体——长方体、Ⅱ左上切割三角块和Ⅲ中上部切割丝棱柱，如图4-24(b)所示。

(2) 选择尺寸基准

因为原始形体为长方体，故长方体尺寸基准即为组合体主要基准，如图4-24(c)所示。

（3）标注原始形体的定形尺寸

原始形体尺寸标注如图 4-24(d)所示。

（4）标注截面定位尺寸

左上角三角块截切处需标注正垂面的高度定位尺寸 5 和长度定位尺寸 10；中上部四棱柱截切处需标注各截面的高度定位尺寸 10，和宽度定位尺寸 5，如图 4-24(e)和(f)所示。

（5）调整总体尺寸

截切类型组合体的总体尺寸无需调整。

（6）检查

最终结果即为图 4-24(f)所示。

第四节　看组合体三视图的方法和步骤

看图和画图是学习本课程的两个重要环节。画图是把空间的物体用正投影的方法表达在平面上；而看图则是运用正投影的方法，根据已画好的平面视图想象出空间物体的结构形状。要想正确、迅速地读懂视图，必须掌握读图的基本要领和基本方法，培养空间想象能力和空间构思能力，反复实践，逐步提高看图水平。

一、看图的基本要领

1. 把几个视图联系起来分析

物体的形状往往需要两个或两个以上的视图共同来表达，一个视图只能反映三维物体两个方向的形状和尺寸，因此看图时仅仅根据一个视图或不恰当的两个视图是不能唯一确定物体的形状的。

如图 4-25 所示的几组视图，其主视图完全相同，但俯视图不同，对应的物体的形状就不相同。

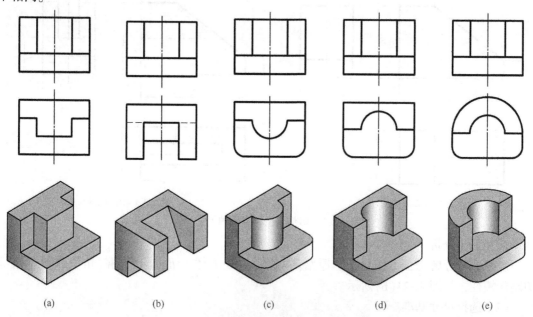

图 4-25　一个视图不能唯一确定物体的形状示例图

如图4-26(a)和(b)所示，虽然主、左视图都一样，但随着俯视图的不同，物体的形状也不同，见图4-25(a)和(c)中的立体图。

由此可见，看图时必须几个视图联系起来进行分析，才能准确确定物体的空间形状。

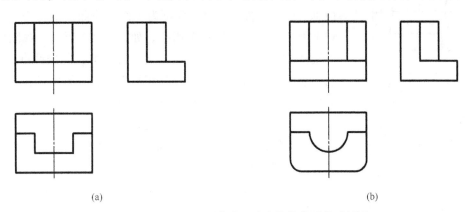

(a)　　　　　　　　　　　　　　　　(b)

图4-26　两个视图不能唯一确定物体的形状示例图

2. 抓住特征视图

所谓的特征视图，就是把物体的形状特征和位置特征反映最充分的那个视图。一般来说，主视图最为反映物体的形状和位置特征，因此读图时一般先从主视图入手，再结合其他几个视图，能较快地识别出物体的形状。但是，物体的形状千变万化，组成物体的各个形体的形状特征，也不是总集中在一个视图中，可能分布在各个视图中，如图4-26(a)和(b)的俯视图所示的方形和半圆形，它们在俯视图中反映出了形状特征，读图时再结合其他视图，就可以很快地想象出该局部的形状。如图4-27所示的支架是由四个形体叠加而成的，主视图反映形体 I 、IV 的特征，俯视图反映形体 III 的特征，左视图反映形体 II 的特征。在这种情况下，如果要看整个物体的形状，就要抓住反映形状特征较多的视图(本例为主视图)，而对于每个基本形体，则要从反映它形状特征的视图着手。

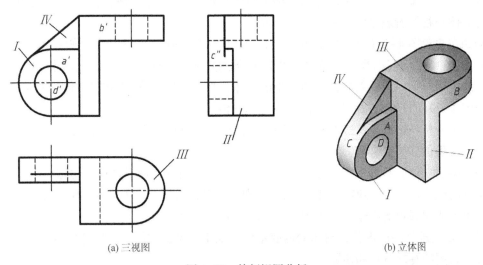

(a)三视图　　　　　　　　　　　　　　(b)立体图

图4-27　特征视图分析

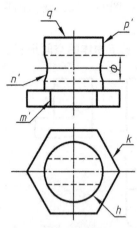

图 4-28　线框和图线的含义

3. 明确视图中的封闭线框和图线的含义

（1）视图中封闭线框的含义

视图中的每一个封闭线框，都表示物体上一个不与该投影面垂直的面的投影，这个面可为平面、曲面，也可为曲面及其切平面，甚至可能是一个通孔。如图 4-27 所示，视图中的封闭线框 a' 表示物体上的平面 A 的正面投影；封闭线框 b'、c'' 分别代表物体上两个圆柱面及其切平面 B、C 的投影；而图中的圆形线框 d' 则表示圆柱通孔 D 的投影。

视图上相邻的封闭线框，通常表示错开（上下、前后或右）的相邻面或相交面，如图 4-27（a）所示的线框 a' 和 b'。若线框内仍然有线框，通常表示两个面凹凸不平或具有通孔，如图 4-27（a）所示的 a' 和 d'，以及图 4-28 中的线框 k 和 h，这就是常说的"框中有框，非凸即凹"的情形。

（2）视图中图线的含义

以图 4-28 为例，视图中图线的含义有以下三种：

① 表示两个表面交线的投影。主视图中的直线 m' 是六棱柱两侧面交线的投影；图中的 n' 是竖直圆柱面与圆柱通孔的交线——相贯线的投影；q' 是竖直圆柱面与顶面交线的投影。

② 表示有积聚性面的投影。俯视图中 k 是六棱柱侧面（铅垂面）的积聚性投影；h 是竖直圆柱面的积聚性投影。而主视图中的 q' 还可代表竖直圆柱顶面的积聚性投影。

③ 表示曲面的转向轮廓线的投影。主视图中的 p' 即为竖直圆柱面的正视转向轮廓线的投影。

4. 善于进行空间构思

（1）构思是一个不断修正的过程

掌握正确的思维方法，不断把构思结果与已知视图对比，及时修正有矛盾的地方，直至构想的立体与视图所表达的立体完全吻合为止。

例如在想象图 4-29（a）所示的组合体的形状时，可先根据已知的主、俯视图进行分析，想象成图 4-29（b）或（c）所示的立体，再默画所想立体的视图，与已知视图对照是否相符，不符合时，则根据二者的差异修改想象中的形体，直至想像形体的视图与原视图相符。由此可见，图 4-29（d）所示才是已知视图所表达的立体。

这种边分析、边想象、边修正的方法在实践中是一种行之有效的思维方式。

（2）构思的立体要合理

构思出的立体应具有一定的强度和工艺性等，下面列举几种不合理的构思情况。

① 两个形体组合时要连接牢固，不能出现点接触或线接触，如图 4-30（a）、（b）、（c）所示；也不能用假想的面连接，如图 4-30（d）所示。

② 不要出现封闭的内腔，封闭的内腔不便于加工造型，如图 4-30（e）所示。

二、看图的基本方法和步骤

1. 形体分析法

看图与画图类似，仍以形体分析和线面分析为主要方法。一般从反映物体形状特征较多的主视图入手，分析该物体由哪些基本形体所组成，然后运用投影规律，逐个找出每个基本形体在其他视图中的投影，从而想象出各个基本体的形状、相对位置及组合形式，最后综合想象出物体的整体形状。

下面以座体的三视图(图 4-31)为例，说明看图的具体步骤。

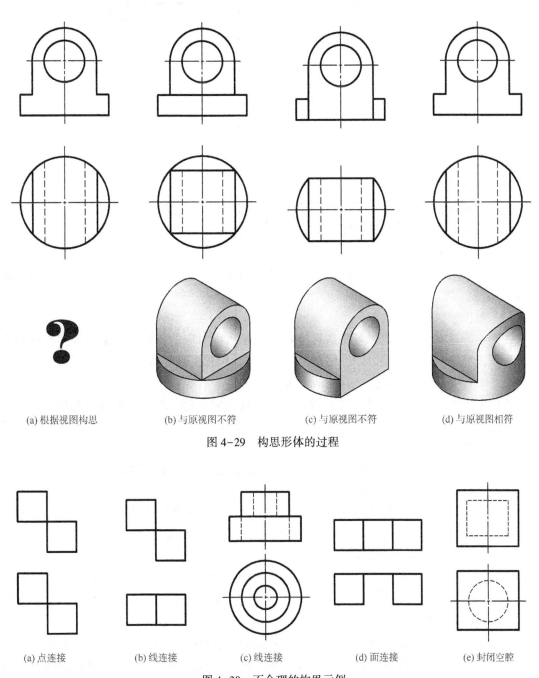

(a) 根据视图构思　　(b) 与原视图不符　　(c) 与原视图不符　　(d) 与原视图相符

图 4-29　构思形体的过程

(a) 点连接　　(b) 线连接　　(c) 线连接　　(d) 面连接　　(e) 封闭空腔

图 4-30　不合理的构思示例

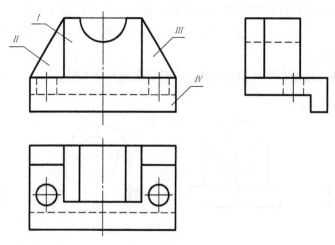

图 4-31　座体的三视图

（1）抓住特征，分线框

一般情况下，主视图是反映组合体形状特征和位置特征较明显的视图，因此在读图时，通常从主视图入手，结合其他视图，将主视图划分为几个主要的封闭线框，注意每个封闭线框一般为组合体的组成部分——基本体的投影。

如图 4-31 所示，从反映座体形状特征较多的主视图入手，对照其他视图，可把该座体分为 I 、II 、III 、IV四个部分。

（2）对投影，想形状

按照投影规律，分别找出各基本形体在其他视图中对应的投影，想象出各基本体的形状。看图的顺序与画图时类似，也是先看主要形体，后看次要形体；先看外部轮廓，后看局部细节；先看容易看懂的部分，后看难于确定的部分。

本图中，我们先看形体 I 。按照投影关系，找出它在俯、左视图中对应的投影，其中主视图为它的特征视图，配合其他两个视图可知，形体 I 是一个长方体挖切掉半个圆柱所形成的，如图 4-32（a）所示。

同样方法，我们可以通过对照形体 II 和III 的其余投影，确定形体 II 和III 是左右对称的两个三棱柱，如图 4-32（b）所示。

形体IV为底板，左视图表示了它的形状特征，再结合俯视图和主视图可以看出，形体IV为带有弯边，且左右对称位置上有两个小圆孔的长方体，如图 4-32（c）所示。

（3）看位置，综合起来想整体

所有基本形体的形状都确定后，再根据已知的三视图，判断各个形体的组合方式（叠加或挖切）和相对位置（上或下、左或右、前或后），把各基本形体的形状、位置信息综合起来，整个组合体的形状就清楚了。

本例中，形体 I 在最上方，三棱柱 II 和III 分别位于形体 I 的左右两侧，且从俯视图和左视图均可看到三个形体后表面是平齐的，形体IV为底板，位于最下面，其后表面也与其他形体是平齐关系。这样综合起来，即能想象出组合体的整体形状，如图 4-32（d）所示。

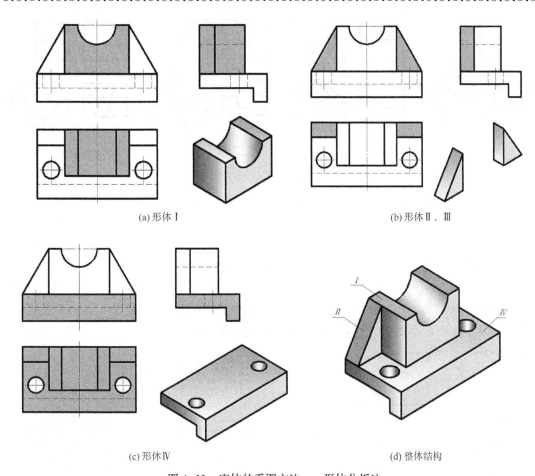

(a) 形体Ⅰ　　　　　　　　　　　　　(b) 形体Ⅱ、Ⅲ

(c) 形体Ⅳ　　　　　　　　　　　　　(d) 整体结构

图 4-32　座体的看图方法——形体分析法

2. 线面分析法

对于复杂组合体，在应用形体分析法的基础上，对不易表达或难于读懂的局部，还应结合线、面的投影，分析物体表面的形状、物体面与面的相对位置及物体的表面交线等，来帮助表达或读懂这些局部，这种方法叫线面分析法。

（1）分析面的形状

图 4-33(a)中有一个"L"形的铅垂面，图 4-33(b)中有一个"⊥"形的正垂面，图 4-33(c)中有一个"凹"字形的侧垂面，它们的投影除了在一个视图中积聚为一条直线外，在其他两个视图中都为空间实形"L"、"⊥"及"凹"字的类似形。图 4-33(d)中有一个梯形的一般位置平面，它在三个投影面上的投影皆为梯形。

（2）分析面的相对位置

如前所述，视图中每个封闭线框都代表组合体上的一个面的投影，相邻的封闭线框通常表示物体的两个表面的投影，这两个面一般是有层次的，或相交、或平行；而嵌套的封闭线框表示两个面非凸即凹（包括通孔）。两个面在空间的相对位置还要结合其他视图来判断。下面以图 4-34 为例说明。

在图 4-34(a)中，比较面 *A*、*B*、*C* 和 *D*。由于俯视图中所有图线都是粗实线，所以只

101

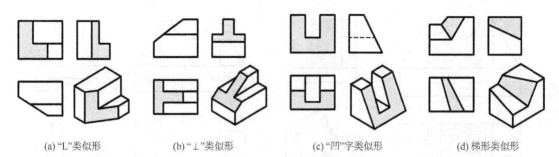

(a) "L"类似形　　　(b) "⊥"类似形　　　(c) "凹"字类似形　　　(d) 梯形类似形

图 4-33　斜面的投影为类似形

可能是 D 面凸出在前，A、B、C 面凹进在后；再比较 A、C 和 B 面，由于左视图中有细虚线，结合主、俯视图，则可判断是 A、C 面在前，B 面在后。左视图的右边是条斜线，因此 A、C 面是斜面(侧垂面)；细虚线是条竖直线，因此它表示的 B 面为正平面。判断出面的前后关系后，即能想象出该组合体的形状，如图 4-34(b)所示。

在图 4-34(c)中，由于俯视图左、右出现细虚线，中间有两段粗实线，所以可判定 A、C 面在 D 面之前，B 面在 D 面的后面。又由左视图中有一条倾斜的细虚线可知，凹进去的 B 面为一斜面，且与 D 面相交。图 4-34(d)所示为该形体的立体图。

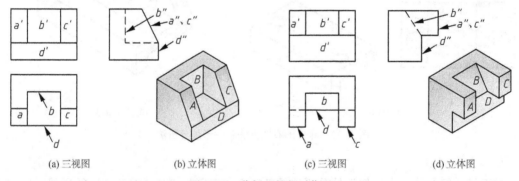

(a) 三视图　　　(b) 立体图　　　(c) 三视图　　　(d) 立体图

图 4-34　分析面的相对位置

【例 4-3】　已知图 4-35(a)所示滑块的三视图，试分析其空间形状。

运用形体分析法，从滑块的主视图和左视图可以看出，它的外形轮廓基本上是一矩形，俯视图左端是矩形，右端为半圆，因此滑块的原始形体可看成是由长方体与半个圆柱体所组成，然后经过逐步切割而形成的，整个形体前后具有对称性。其具体结构，需要进行线面分析。首先分析主视图中的五个封闭线框 Ⅰ、Ⅱ、Ⅲ、Ⅳ、Ⅴ 所表示的物体表面的形状。

图 4-35(b)中，主视图中的封闭线框 Ⅰ 即多边形 1′2′3′4′5′6′，与俯视图中的两条前后对称的水平直线及半圆相对应(图中只标注出前一半)，由此可判断线框 Ⅰ 是一个由半圆柱面及两个与之相切的正平面组成的 U 形曲面。

图 4-35(c)中，主视图中的线框 Ⅱ 是三角形，与俯视图中的两条水平线、左视图中的两条竖直线相对应，所以线框 Ⅱ 表示两个前后对称的正平面，主视图中的线框 Ⅱ 反映该面实形。

图 4-35(d)中，主视图中的线框 Ⅲ 与俯视图中的两条斜线、左视图中的两个同主视图类似的四边形相对应，故线框 Ⅲ 表示两个前后对称的铅垂面，主视图及左视图中的四边形

皆为该面空间实形的类似形。图中的线段 *Ⅶ Ⅷ*(78，7′8′，7″8″)是一条铅垂线，是线框 *Ⅱ*、*Ⅲ* 所示表面的交线。

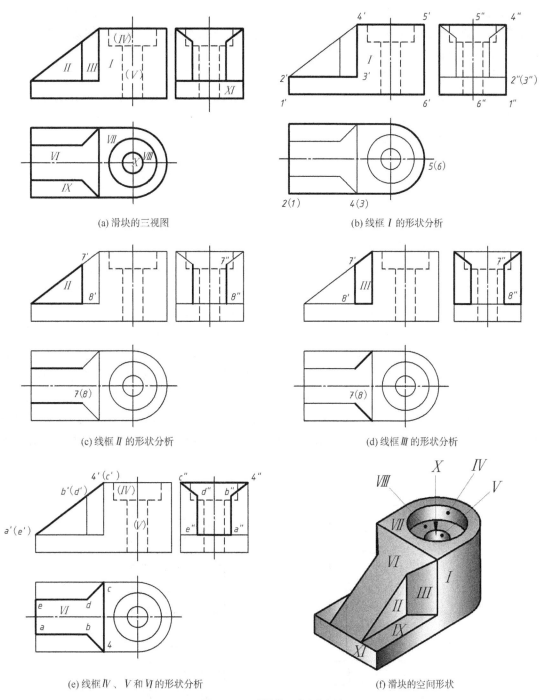

(a) 滑块的三视图　　　　　　　　　　　　(b) 线框 *Ⅰ* 的形状分析

(c) 线框 *Ⅱ* 的形状分析　　　　　　　　　(d) 线框 *Ⅲ* 的形状分析

(e) 线框 *Ⅳ*、*Ⅴ* 和 *Ⅵ* 的形状分析　　　　(f) 滑块的空间形状

图 4-35　看滑块三视图步骤

图 4-35(e)中，主视图中的线框 *Ⅳ*、*Ⅴ* 与俯视图中的同心圆、左视图中的矩形线框相对应，所以它们表示的是两个同轴阶梯孔。俯视图中的线框 *Ⅵ* 即多边形 *ab4cde*，与主视图

中的斜线 $a'4'$、左视图中的线框 $a''b''4''c''d''e''$ 相对应，表示一个六边形的正垂面，俯、左视图中的多边形皆为其空间实形的类似形。

除此之外，滑块上还有三个水平面 Ⅶ、Ⅷ、Ⅸ，如图 4-35(a) 所示，俯视图上反映它们的实形。侧平面 Ⅺ，左视图中反映其实形。俯视图中的封闭线框 Ⅹ 表示的是一通孔，即线框 Ⅴ 所对应形体。

各个面的形状分析清楚之后，还要判断各表面的相对位置。

封闭线框 Ⅶ 表示的水平面位置最高，其次是 Ⅷ、Ⅸ；平面 Ⅶ 的左面是正垂面 Ⅵ，这两个平面的交线是一条正垂线，在主视图上积聚为一个点，在俯视图中是一条直线 $4c$。

综合上述分析，即可以想象出滑块的空间形状，如图 4-35(f) 所示。

在看图和画图的过程中，形体分析法和线面分析法要结合起来应用。此外，已知组合体的两个视图，补画其第三视图，是画图与看图相结合的练习，可提高空间想象能力和空间分析能力。

【例 4-4】 如图 4-36 所示，已知架体的主、俯视图，想象其整体形状，并补画左视图。

（1）形体分析及线面分析

已知的主、俯视图外轮廓都是矩形，故可断定这是一个长方体经切割和穿孔后所形成的立体。从主视图入手，可分出 a'、b'、c' 三个线框，对照俯视图，这三个线框所表示的面可能与俯视图中的 a、b、c 相对应，如图 4-37 所示，该结论是否成立，还需进一步判断。对照主、俯视图按投影关系可知，架体分成前、中、后三层，在主视图中 b' 面上有一个小圆，与俯视图中终止于 b 面的细虚线相对应，说明小圆是一个从中层到后层的通孔，且 B 面是中层的前端面；又因前层上挖掉一个半圆柱孔，俯视图上皆为可见轮廓线，而且前层没有小孔的投影细虚线，所以 A 面是前层的前端面；则 C 面是后层的前端面。假设 C 面在 A 面之前，是否正确？如该假设成立，架体上部挖的半圆通孔在俯视图中的投影应是从后到前连续的粗实线，这与已给俯视图不符，所以该假设不成立。因此，我们前述的分析是正确的，由此可想象出架体的空间形状，如图 4-38(e) 所示。

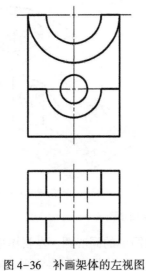

图 4-36 补画架体的左视图

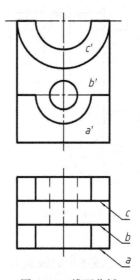

图 4-37 线面分析

（2）补画左视图

根据形体分析，按照挖切顺序，逐一补画架体的左视图，如图 4-38(a)~(f)所示。

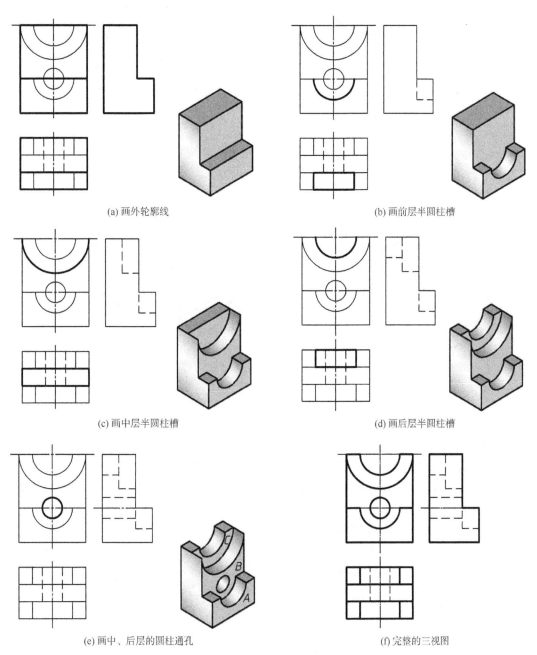

(a) 画外轮廓线

(b) 画前层半圆柱槽

(c) 画中层半圆柱槽

(d) 画后层半圆柱槽

(e) 画中、后层的圆柱通孔

(f) 完整的三视图

图 4-38　补画架体左视图的作图过程

【例 4-5】　如图 4-39 所示，已知物体主、左视图，想象其整体形状，并补画俯视图。

（1）形体分析

由图 4-39 可见，主视图只有一个封闭线框，该形体有可能是图示形状的十二棱柱，如图 4-40(a)所示。对照投影关系从左视图可知，此棱柱的前后两端被两个侧垂面各切去一部

105

分，形体分析过程如图4-40(b)所示。

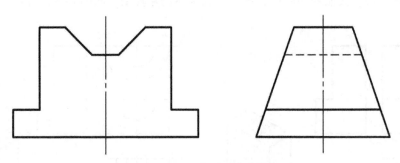

图4-39 看懂组合体，补画俯视图

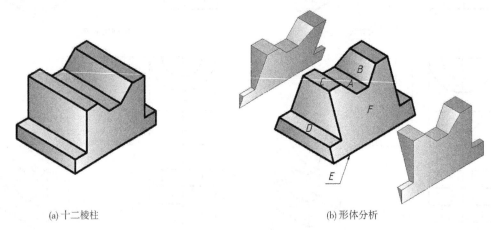

(a)十二棱柱　　　　　　　　　(b)形体分析

图4-40 形体分析过程

（2）线面分析

为准确地画出俯视图，还需进行线面分析。包络该立体的表面有六个水平面 A、C、D、E 四个侧平面，两个正垂面 B 和两个侧垂面 F，如图4-40(b)所示。其中前、后端面 F 的形状为十二边形，因为是侧垂面，所以其水平投影应与正面投影类似，皆为空间实形的类似形，是十二边形；两个正垂面 B 的形状为等腰梯形，其水平投影也为类似的梯形；六个从高到低的水平面 C、A、D、E 与正垂面 B、侧垂面 F 及四个侧平面的交线都是投影面垂直线，所以这些水平面的形状都是矩形，其边长由正面投影和侧面投影可以确定；四个侧平面的形状在左视图中反映实形，它们的水平投影皆为积聚性的竖直线。

（3）补全俯视图

按上述分析过程，先画出原始基本体十二棱柱的水平投影，如图4-41(a)所示；再做出侧垂面十二边形的类似形，如图4-41(b)所示。

（4）全面检查，加深

根据类似性检查 F 面、B 面的投影是否符合投影规律，如图4-41(c)所示。所补画的四条一般位置直线是侧垂面 F 和正垂面 B 的四条交线。

加深，如图4-41(d)所示。

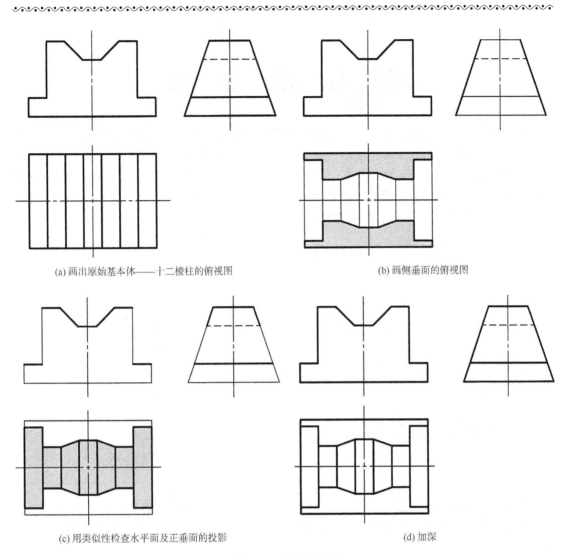

(a) 画出原始基本体——十二棱柱的俯视图　　　　　(b) 画侧垂面的俯视图

(c) 用类似性检查水平面及正垂面的投影　　　　　(d) 加深

图 4-41　补画俯视图

第五章 轴 测 图

前面所讲述的组合体的视图，是物体在相互垂直的两个或三个投影面上的正投影。正投影图是工程上应用最广的图样，它能够准确地表达出物体的形状和大小，但缺乏立体感，通常需要对照几个视图，再运用正投影原理进行阅读，才能想象出物体的形状。轴测图是将物体连同其参考直角坐标系，沿不平行于任一坐标面的方向，用平行投影法将其投射在单一投影面上所得到的图形，三视图与轴测图效果对比如图5-1所示。

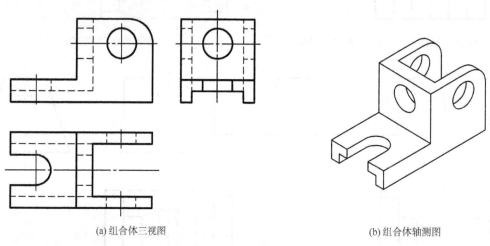

(a) 组合体三视图　　　　　　　　　　　　　(b) 组合体轴测图

图5-1　三视图与轴测图示例

轴测图能同时反映物体长、宽、高三个方向的尺寸，有较强的立体感，易于识图。但度量性较差，作图较繁琐。因而在工程上仅用来作为辅助图样，说明产品的结构和使用情况。

第一节　轴测图的基本知识

一、轴测图的形成

图5-2所示物体的正面投影只能反映长和高，水平投影只能反映长和宽，都缺乏立体感。若在适当位置设置一个投影面P，并选取合适的投射方向S，在P面上作出物体及其参考直角坐标系的平行投影，就得到一个能同时反映物体长、宽、高三个尺度的富有立体感的轴测图。P平面称为轴测投影面。

二、轴向伸缩系数和轴间角

空间直角坐标系OX、OY、OZ轴在轴测投影面上的投影O_1X_1、O_1Y_1、O_1Z_1称为轴测轴，分别简称为X_1轴、Y_1轴、Z_1轴，如图5-2所示。

直角坐标轴上的线段(或物体上与各直角坐标轴平行的线段)与轴测投影面平行时，它们在轴测投影面上的投影长度不变；如果倾斜，它们的投影长度较原线段长度变短了，其长度变化的比值称为轴向伸缩系数，用p、q、r分别表示X_1、Y_1、Z_1轴的轴向伸缩系数。由图

5-2 可知：

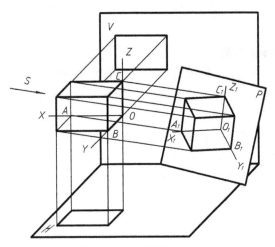

图 5-2　轴测图的形成

$$p=\frac{O_1A_1}{OA}, \quad q=\frac{O_1B_1}{OB}, \quad r=\frac{O_1C_1}{OC}$$

轴向伸缩系数$(p$、q、$r)$是由直角坐标轴$(OX$、OY、$OZ)$、轴测投影面 P 的位置和投射方向 S 决定的，它将直接影响物体轴测图的形状和大小。

两根轴测轴之间的夹角$\angle X_1O_1Y_1$、$\angle X_1O_1Z_1$、$\angle Y_1O_1Z_1$称为轴间角。轴间角的大小与轴测投影面对直角坐标轴的倾斜角度有关。

轴间角和轴向伸缩系数是画物体轴测图的作图依据。

三、轴测图的分类

轴测图分为正轴测图和斜轴测图两大类。当投射方向垂直于轴测投影面时，称为正轴测图；当投射方向倾斜于轴测投影面时，称为斜轴测图。

正轴测图按三个轴向伸缩系数是否相等而分为三种：三个轴向伸缩系数都相等的，称为正等轴测图（简称正等测）；其中只有两个轴向伸缩系数相等的，称为正二等轴测图（简称正二测）；三个轴向伸缩系数各不相等的，称为正三等轴测图（简称正三测）。同样，斜轴测图也相应地分为：斜等轴测图（简称斜等测）、斜二等轴测图（简称斜二测）和斜三等轴测图（简称斜三测）。工程中用得较多的是正等测和斜二测。本章只介绍这两种轴测图的画法。

作物体的轴测图时，应先选择轴测图的种类，从而确定各轴向伸缩系数和轴间角。轴测轴可根据已确定的轴间角，按表达清晰和作图方便来安排，Z 轴通常画成铅垂位置。在轴测图中，应用粗实线画出物体的可见轮廓。为了使画出的图形清晰，通常不画出物体的不可见轮廓，但在必要时，可用虚线画出物体的不可见轮廓。

四、轴测图的基本特性

由于轴测投影采用的是平行投影法，所以它仍保持平行投影的性质：

（1）物体上平行于坐标轴的直线段的轴测投影仍与相应的轴测轴平行。

（2）物体上相互平行的线段的轴测投影仍相互平行。

（3）物体上两平行线段或同一直线上的两线段长度之比，在轴测投影后保持不变。

第二节 正 等 测

一、轴间角和轴向伸缩系数

如图5-3(a)所示，使三条坐标轴对轴测投影面处于倾角都相等的位置，也就是将图中立方体过 O 点的对角线放成垂直于轴测投影面的位置，并以该对角线的方向为投射方向，所得到的轴测图就是正等测。

如图5-3(b)所示，正等测的轴间角都是120°，各轴向伸缩系数都相等，通过计算 $p = q = r \approx 0.82$。为了作图简便，常采用简化系数，即 $p = q = r = 1$。采用简化系数作图时，沿各轴向的所有尺寸都用真实长度量取，所画出的图形沿各轴向的长度都分别放大了约 $1/0.82 \approx 1.22$ 倍。

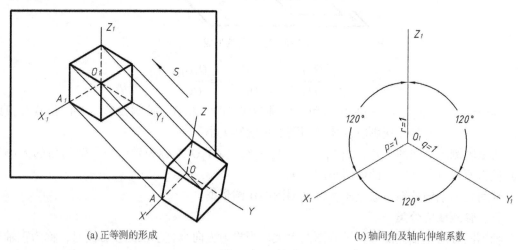

(a) 正等测的形成　　　　　　　　　　(b) 轴间角及轴向伸缩系数

图5-3　正等测

二、平面立体的正等测画法

用简化系数画物体的正等测，作图非常方便。因此，在一般情况下常用正等测来绘制物体的轴测图。

绘制平面立体轴测图的最基本的方法是坐标法。根据立体的结构特点，还可以采用切割法和组合法。

1. 坐标法

根据物体形状的特点，选定合适的坐标轴，画出轴测轴，然后按坐标关系画出物体各点的轴测图，进而连接各点即得物体的轴测图，这种方法称为坐标法。

【例5-1】　根据如图5-4(a)所示的三棱锥主、俯视图，画出它的正等测。

作图步骤如图5-4所示。

【例5-2】　根据如图5-5(a)所示正六棱柱的主、俯视图，画出它的正等测。

作图步骤如图5-5所示。

2. 切割法

对于某些带有缺口的组合体，可先画出它的完整形体轴测图，再按形体形成的过程逐一切去多余的部分而得到所求图形。

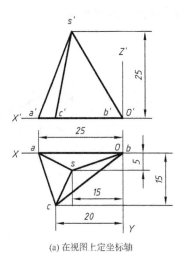

(a) 在视图上定坐标轴

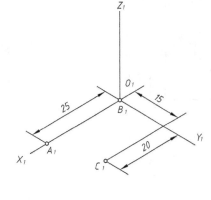

(b) 画轴测轴，根据A、B、C三点的坐标值，定出A_1、B_1和C_1

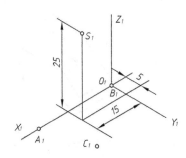

(c) 根据S点的坐标，定出S_1

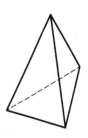

(d) 用直线连接各点，完成全图

图 5-4　作三棱锥的正等测

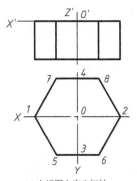

(a) 在视图上定坐标轴

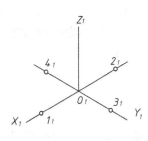

(b) 画轴测轴，并根据俯视图定轴上 1_1、2_1、3_1、4_1各点

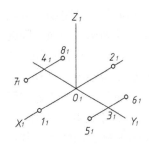

(c) 过3_1、4_1作直线平行X轴得 5_1、6_1、7_1、8_1各点

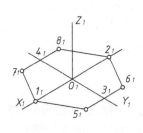

(d) 画顶面

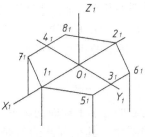

(e) 作可见棱线

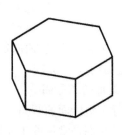

(f) 连接底边，完成全图

图 5-5　正六棱柱的正等测画法

111

【例 5-3】 根据如图 5-6(a)所示垫块的主、俯视图，画出它的正等测。

作图步骤如图 5-6 所示。

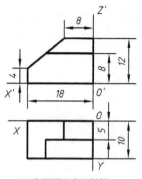

(a) 在视图上定坐标轴

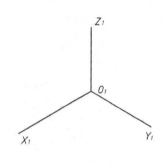

(b) 画轴测轴

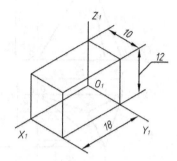

(c) 沿轴量取长18、宽10和高12，作长方体

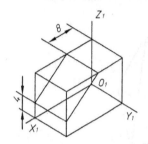

(d) 沿轴量取长8、高4，切去左上角三棱柱，得正垂面

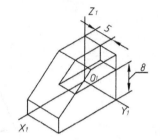

(e) 沿轴量取宽5，由上向下切；量高8，由前向后切，两面相交切去右前角四棱柱

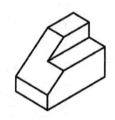

(f) 擦去多余图线，加深，完成全图

图 5-6 垫块的正等测画法

3. 组合法

用形体分析法将物体分成多个基本形体，将各部分的轴测图按照它们之间的相对位置组合起来，并画出各表面之间的连接关系，即得物体的轴测图。

【例 5-4】 根据如图 5-7(a)所示座体的主、左视图，画出它的正等测。

作图步骤如图 5-7 所示。

三、曲面立体的正等测画法

1. 平行于坐标面的圆的正等测

平行于坐标面的圆，其正等测都是椭圆，可用四段圆弧连成的近似画法画出。

以平行坐标面 XOY 面上的圆为例，其正等测图近似椭圆的作图步骤如图 5-8 所示。

图 5-9 为立方体各表面上三个内切圆的正等测椭圆，椭圆作法如图 5-8 所示。

平行于坐标面的圆的正等测椭圆的长轴，垂直于与圆平面垂直的坐标轴的轴测轴；短轴则平行于这条轴测轴。例如平行坐标面 XOY 的圆的正等测椭圆的长轴垂直于 Z_1 轴，而短轴则平行于 Z_1 轴。用各轴向简化系数画出的正等测椭圆，其长轴约等于 $1.22d$（d 为圆的直径），短轴约等于 $0.7d$。

2. 圆角的正等测

平行于坐标面的圆角，实质上是平行于坐标面的圆的一部分。因此，其轴测图是椭圆的一部分。特别是常见的 1/4 圆周的圆角，其正等测恰好是上述近似椭圆的四段圆弧中的一段。图 5-10 为圆角的简化画法。

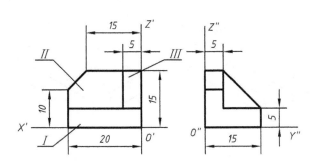

(a) 在视图上定坐标轴，并将组合体分解为3个基本体

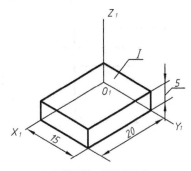

(b) 画轴测轴，沿轴量取长20、
宽15、高5，画出形体 I

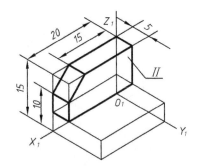

(c) 形体 II 与形体 I 三侧共面，沿轴量取
长20、宽5、高15，画出长方体，再量取
长15、高10，画出形体 II

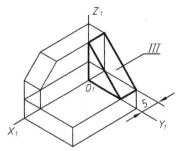

(d) 形体 III 与形体 I 、形体 II 右侧共面，
沿轴量取长5，画出形体 III

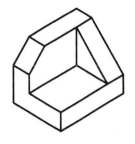

(e) 擦去多余图线，加深，完成全图

图 5-7　座体的正等测画法

(a) 在视图上定坐标轴，
作圆的外切正方形，切
点为1、2、3、4

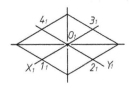

(b) 画轴测轴，沿轴量R得1_1、
2_2、3_3、4_4，作外切正方形
的轴测菱形，并作对角线

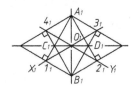

(c) 连接$A_1 1_1$、$A_1 2_1$，分别与菱
形对角线交于C_1、D_1。A_1、B_1、
C_1、D_1即为四段圆弧圆心

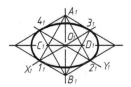

(d) 以A_1、B_1为圆心，$A_1 1_1$为
半径，作$\frown 1_1 2_1$、$\frown 3_1 4_1$；
以C_1、D_1为圆心，$C_1 1_1$为半
径，作$\frown 1_1 4_1$、$\frown 2_1 3_1$

图 5-8　近似椭圆的画法

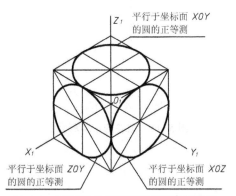

图 5-9　平行于坐标面的圆的正等测画法

113

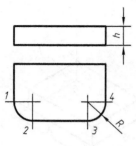

(a) 底板视图

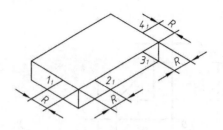

(b) 画底板轴测图，并根据圆角的半径R，在棱线上找出切点1_1、2_1、3_1、4_1

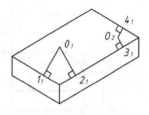

(c) 过1_1、2_1作其相应棱线的垂线，得交点O_1。过3_1、4_1作相应棱线的垂线得交点O_2

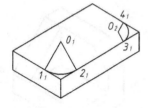

(d) 以O_1为圆心，O_11_1为半径作⌒1_12_1；以O_2为圆心，O_23_1为半径作⌒3_14_1，即得底板上顶面圆角的轴测投影

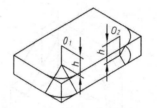

(e) 将圆心O_1、O_2下移厚度h，再用与上顶面圆弧相同的半径分别画圆弧，即得平板下底面圆角的轴测投影

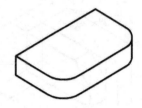

(f) 在右端作上、下小圆弧的公切线，并擦去多余的线，加深，完成全图

图 5-10　圆角的正等测画法

下面举例说明曲面立体的正等测画法。

【例 5-5】　根据圆柱的主、俯视图，画出它的正等测。

作图步骤如图 5-11 所示。

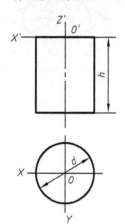

(a) 在视图上定坐标轴

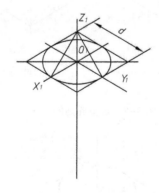

(b) 画轴测轴，作出上顶面菱形，定圆心，画出近似椭圆

(c) 将三段圆弧的圆心、切点沿Z_1轴向下平移距离h

图 5-11　圆柱的正等测画法

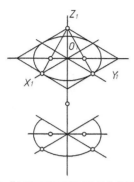

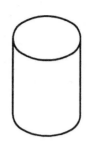

(d) 作下底面椭圆弧可见的前半部分　　　　(e) 做两椭圆公切线，擦去多余的线，加深，完成全图

图 5-11　圆柱的正等测画法(续)

【例 5-6】　根据圆台的主、左视图，画出它的正等测。

作图步骤如图 5-12 所示。

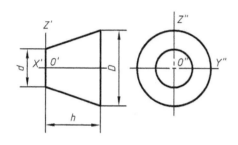

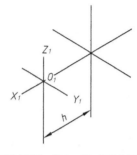

(a) 在视图上定坐标轴　　　　(b) 画轴测轴，将点 O_1 沿 X 轴平移距离 h
得后端面中心，并作轴测轴

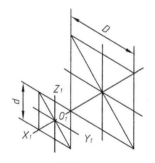

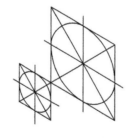

(c) 以前左右端底圆直径 d 和 D　　　(d) 作两端近似椭圆　　　(e) 做两椭圆公切线，擦去多余
为边长，作菱形　　　　　　　　　　　　　　　　　　的线，加深，完成全图

图 5-12　圆台的正等测画法

【例 5-7】　根据如图 5-13(a)所示相贯体的三视图，画出它的正等测。

作图步骤如图 5-13 所示。

四、组合体的正等测画法

画组合体的轴测图时，同样可用形体分析法。对于切割型组合体可用切割法，对于叠加型组合体仍可用叠加法，有时也可两种方法并用。画图时应注意组合体各组成部分的相对位置及由于切割或叠加而出现的交线。

115

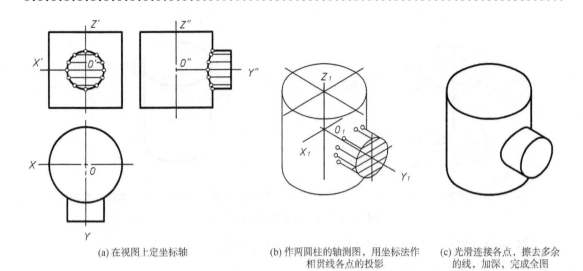

(a) 在视图上定坐标轴   (b) 作两圆柱的轴测图，用坐标法作   (c) 光滑连接各点，擦去多余
相贯线各点的投影   的线，加深，完成全图

图 5-13   两相贯圆柱的正等测画法

【例 5-8】 根据如图 5-14(a)所示轴承座的三视图，画出它的正等测。
作图步骤如图 5-14 所示。

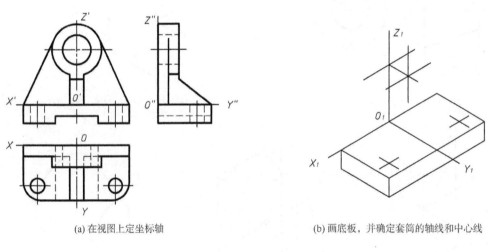

(a) 在视图上定坐标轴   (b) 画底板，并确定套筒的轴线和中心线

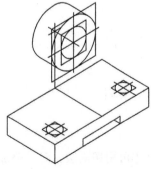 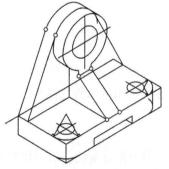 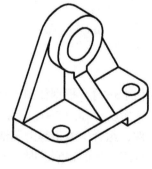

(c) 画底板上的通槽、圆孔及套筒   (d) 画支撑板、肋板和底板圆角   (e) 擦去多余的图线，加深，完成全图

图 5-14   轴承座的正等测画法

第三节 斜 二 测

一、轴间角和各轴向伸缩系数

如图 5-15(a) 所示，将坐标轴 OZ 放成铅垂位置，并使坐标面 XOZ 平行于轴测投影面，当投射方向与三个坐标轴都不相平行时，则形成斜轴测图。在这种情况下，轴测轴 X_1 和 Z_1 仍为水平方向和铅垂方向，轴向伸缩系数 $p=r=1$，物体上平行于坐标面 XOZ 的直线、曲线和平面图形在正面轴测图中都反映实长和实形；而轴测轴 Y_1 的方向和轴向伸缩系数 q，则随着投射方向的变化而变化，当取 $q \neq 1$ 时，即为正面斜二测。

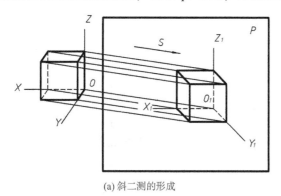

(a) 斜二测的形成   (b) 轴间角及轴向伸缩系数

图 5-15 斜二测

本节只介绍一种常用的正面斜二测。图 5-15(b) 表示了这种斜二测的轴间角和各轴向伸缩系数：$\angle X_1 O_1 Z_1 = 90°$，$\angle X_1 O_1 Y_1 = \angle Y_1 O_1 Z_1 = 135°$；$p=r=1$，$q=1/2$。通常将这种正面斜二测简称斜二测。

二、平行于坐标面的圆的斜二测

图 5-16 画出了立方体表面上的三个内切圆的斜二测：平行于坐标面 XOZ 的圆的斜二测，仍是大小相同的圆；平行于坐标面 XOY 和 YOZ 的圆的斜二测是椭圆。

作平行于坐标面 XOY 或 YOZ 的圆的斜二测时，可用八点法：先画出圆心和两条平行于坐标轴的直径的斜二测，也就是斜二测椭圆的一对共轭直径。于是就可由共轭直径按八点法作出斜二测椭圆。图 5-16 中表示了平行于坐标面 XOY 的圆的斜二测椭圆的作法。同样也可作出平行于坐标面 YOZ 的圆的斜二测椭圆。

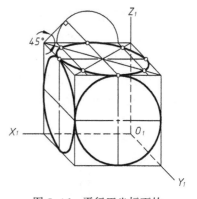

图 5-16 平行于坐标面的圆的斜二测

作平行于坐标面 XOY 或 YOZ 的圆的斜二测椭圆，也可用由四段圆弧相切拼成的近似椭圆画出。

作斜二测椭圆的方法均较麻烦，因此当物体上只有平行于坐标面 XOZ 的圆时，采用斜二测最有利。当有平行于坐标面 XOY 或 YOZ 的圆时，则避免选用斜二测画椭圆，而以选用正等测为宜。

三、画法举例

画物体斜二测的方法与作正等测相同,仅是它们的轴间角和轴向伸缩系数不同。

【例5-9】 根据如图5-17(a)所示的支架主、俯视图,画出它的斜二测。

作图步骤如图5-17所示。

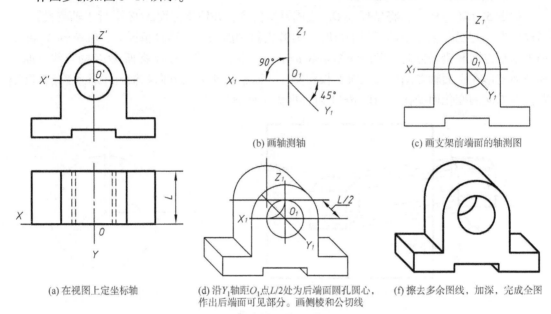

(a) 在视图上定坐标轴

(b) 画轴测轴

(c) 画支架前端面的轴测图

(d) 沿Y_1轴距O_1点$L/2$处为后端面圆孔圆心,作出后端面可见部分。画侧棱和公切线

(f) 擦去多余图线,加深,完成全图

图 5-17　支架的斜二测画法

第四节　轴测剖视图

一、轴测图的剖切方法

在轴测图上为了表达零件内部的结构形状,同样可以应用剖视方法,这种剖切后的轴测图称为轴测剖视图。一般用两个互相垂直的轴测坐标面(或其平行面)剖切,能较完整地显示其零件的内、外形状,如图5-18(a)所示。尽量避免用一个剖切平面剖切整个零件[图5-18(b)]和选择不正确的剖切位置[图5-18(c)]。

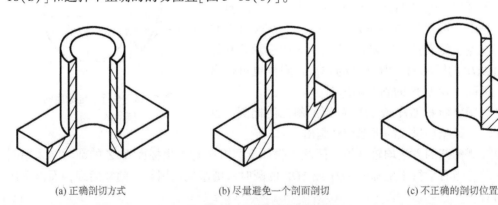

(a) 正确剖切方式

(b) 尽量避免一个剖面剖切

(c) 不正确的剖切位置

图 5-18　轴测图的剖切方法

轴测图上剖面线方向应按图5-19所示绘制。

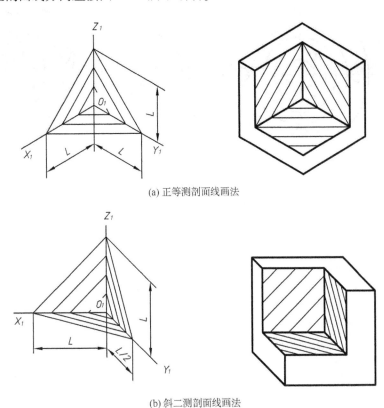

(a) 正等测剖面线画法

(b) 斜二测剖面线画法

图5-19　轴测图的剖面线画法

二、轴测剖视图的画法

轴测剖视图一般有两种画法：

（1）先把物体完整的轴测图画出，然后沿轴测轴方向用剖切平面剖开，如图5-20所示。这种方法初学时较容易掌握。

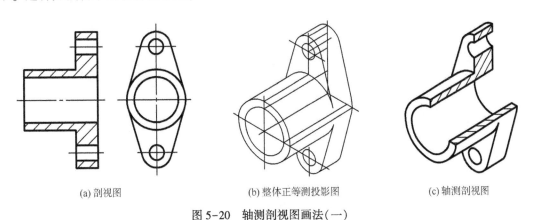

(a) 剖视图　　　　　(b) 整体正等测投影图　　　　　(c) 轴测剖视图

图5-20　轴测剖视图画法(一)

（2）先画出剖面的轴测投影，然后画出可见轮廓线，这样可减少不必要的作图线，使作图更为迅速。这种作图方法对内外结构较复杂的零件更为合适，如图5-21所示。

119

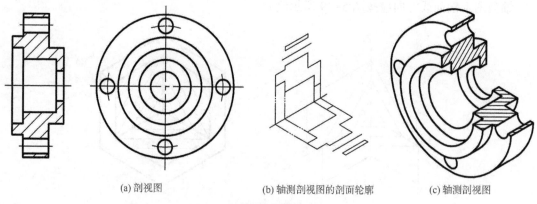

(a) 剖视图　　　　　　　(b) 轴测剖视图的剖面轮廓　　　　(c) 轴测剖视图

图 5-21　轴测剖视图画法(二)

第六章 机件的常用表达方法

前面几章介绍了正投影的基本原理和用三视图表达物体形状的基本方法。但在生产实际中，机件的形状是千差万别、各种各样的，如果仍采用三视图表达，很难把它们的内外形状准确、完整、清晰地表达出来。为了完整、清晰地表达各种机件的形状和结构，国家标准《技术制图》和《机械制图》规定了机件的各种表达方法，包括视图、剖视图、断面图、局部放大图、简化画法和规定画法等。本章将通过分析，逐一介绍机件的常用表达方法。学习时，要重点掌握各种表达方法的特点、画法、图形配置和标注方法，以便能针对不同机件进行灵活运用，准确表达形体。

第一节 视   图

视图主要是用来表达机件外部结构形状的一种表达方法。视图分为基本视图、向视图、局部视图和斜视图。

一、基本视图

在三面直角坐标投影体系第一角的三个投影面(正立投影面、水平投影面和侧立投影面)的基础上，再增设三个投影面组成一个正六面体，这六个投影面称为基本投影面。机件向基本投影面投射所得到的视图，称为基本视图(GB/T 17451—1998)。基本视图中，除了前面已经介绍过的主视图、俯视图和左视图以外，由右向左投影得到的视图称为右视图，由下向上投影得到的视图称为仰视图，以及从后向前投影得到的视图称为后视图。将六面体的正立投影面保持不变，其余投影面按图 6-1(a)箭头所指的方向旋转，展开后的各视图位置如图 6-1(b)所示，此位置称为六个视图的基本位置。

六个基本视图按照基本位置配置时，不必标注，且六个基本视图之间仍保持"长对正、高平齐、宽相等"的投影关系，即：

主、俯、仰、后视图——长对正(或长相等)；

主、左、右、后视图——高平齐；

俯、左、仰、右视图——宽相等。

注意：在运用基本视图表达机件形状时，不必将六个基本视图全部画出，而是采取"**完整、清晰的前提下，以最少的视图数量去表达**"的原则。在表达时，若视图中虚线所表示的结构在其他图形中已表达清楚时，虚线可省略不画。如图 6-2(a)所示的机件，用主、俯、左、右四个视图即可表达清楚，其他视图不必画出；且图中表达清楚的视图中的细虚线均已省略。图 6-2(b)所示的机件，只用了主、左、右三个视图将其结构形状表达清楚。

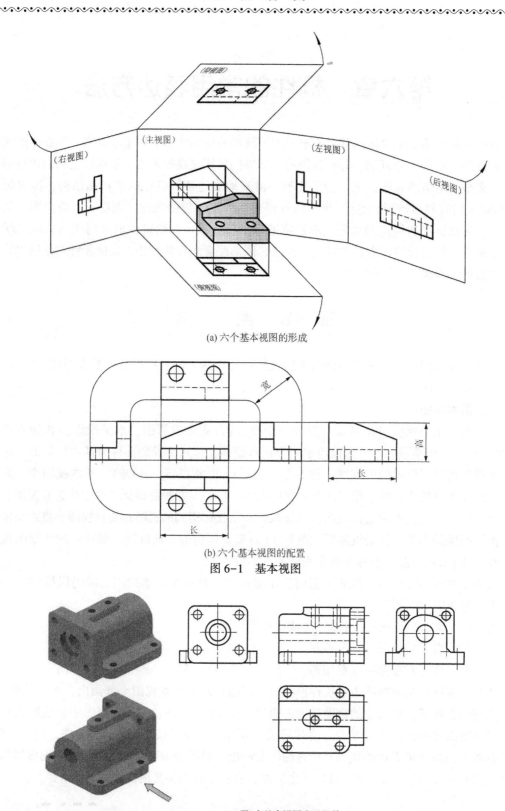

(a) 六个基本视图的形成

(b) 六个基本视图的配置

图 6-1　基本视图

(a) 用4个基本视图表达机件

图 6-2　机件的基本视图表达方案

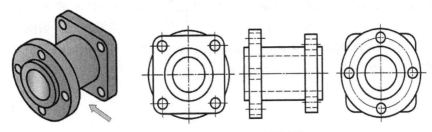

(b) 用3个基本视图表达机件

图 6-2　机件的基本视图表达方案(续)

二、向视图

向视图是可自由配置的基本视图。在实际作图过程中，由于受其他条件限制，6个基本视图有时不能按照如图 6-1(b) 所示的基本位置配置，可采用向视图配置。为看图方便，向视图应按规定进行标注：在向视图上方标注"×"("×"为大写拉丁字母，如 A、B、C 等)，在相应视图附近，用箭头指明投射方向，并标注相同的字母，如图 6-3 所示。

注意：向视图是物体的整体向基本投影面投影得到的视图；向视图在标注时，拉丁字母(如 A、B、C)应按顺序采用。

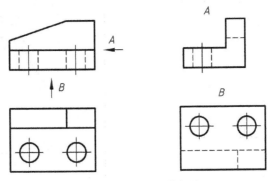

图 6-3　向视图及其标注

三、局部视图

将机件的某一部分结构向基本投影面投射所得到的视图，称为局部视图。当机件尚有局部形状没有表达清楚，而又没有必要画出完整的基本视图或向视图时，可采用局部视图来表达。

1. 局部视图的画法

压杆结构如图 6-4(a) 所示，压杆用三视图方案进行表达如图 6-4(b) 所示，从图中可以看出，耳板部分由于倾斜于基本投影面，所以在俯视图和左视图的投影中不反映实形，投影为椭圆，这将为画图、读图和尺寸标注造成极大的困难，更重要的是，这种表达方法没能把耳板的结构形状清楚地表达出来，因此，采用三视图来表达压杆的结构形状并不适合。

将压杆视为组合体，由形体分析法可将其分解为 4 个简单体：套筒、耳板、连接板和凸台。在进行结构形状表达时，可以采用将 4 个组成部分逐一分析进行视图表达，即可把压杆的结构形状表达清楚。如图 6-4(c) 所示，压杆俯视图的位置采用局部视图——表达套筒部分和连接杆宽度部分的局部形状；采用 A 向局部视图——表达凸台的局部形状。

画局部视图时，其断裂边界用波浪线或双折线绘制，如图 6-4(c) 和图 6-5A 向局部视图。当所表示的局部结构是完整的，且外轮廓线封闭时，需省略波浪线，如图 6-4(c) 中的 A 向局部视图和图 6-5B 向局部视图。绘制波浪线时，波浪线不应超出断裂机件的轮廓线，也不应画在机件的中空处。

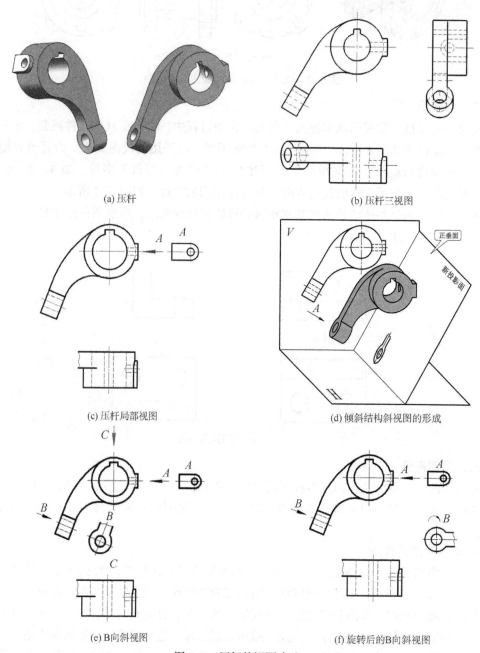

(a) 压杆

(b) 压杆三视图

(c) 压杆局部视图

(d) 倾斜结构斜视图的形成

(e) B向斜视图

(f) 旋转后的B向斜视图

图 6-4　压杆的视图表达

2. 局部视图的配置

根据《机械制图　图样画法　视图》(GB/T 4458.1—2002)规定，局部视图的配置可选用以下方式：

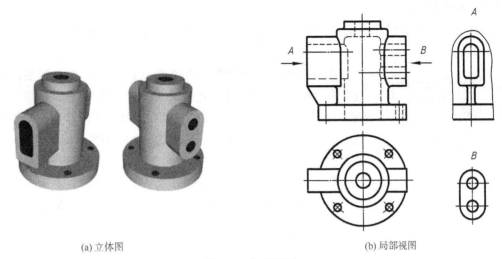

(a) 立体图　　　　　　　　　　　　　　　(b) 局部视图

图 6-5　局部视图

（1）按基本视图的配置形式配置，如图 6-4(c) 中的俯视图所示；

（2）按向视图的配置形式配置，如图 6-4(c)A 向局部视图所示；

（3）按第三角画法[《技术制图　投影法》(GB/T 14692—2008)]配置在视图上所需表示物体局部结构的附近，如图 6-6 所示。

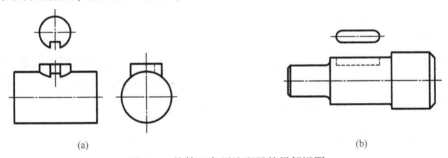

(a)　　　　　　　　　　　　　　　　　　(b)

图 6-6　按第三角画法配置的局部视图

3. 局部视图的标注

标注局部视图时，通常在其上方用大写拉丁字母标出视图的名称"×"，在相应视图附近用箭头指明投射方向，并注上相同的字母，如图 6-4(c) 所示的 A 向局部视图。当局部视图按投影关系配置，中间又没有其他图形隔开时，则不必标注，如图 6-4(c) 所示套筒和连接板部分的局部视图就省略了标注。为了看图方便，局部视图尽量配置在箭头所指的方向，必要时也允许配置在其他适当位置，但必须标注。

四、斜视图

1. 斜视图的画法

如图 6-4(a) 所示的压杆，其组成部分中的耳板，是倾斜结构，该部分在六个基本投影面中的投影都不反映实形，也不便于读图和尺寸标注。为得到它的实形，可增设一个与倾斜部分平行，且垂直于某一个基本投影面的辅助投影面，该辅助投影面和与其垂直的基本投影面构成二面投影体系，如图 6-4(d) 所示，然后，将倾斜结构向辅助投影面投射得到实形后展开，得到如图 6-4(e)B 向的视图。这种**将机件向平行于基本投影面的垂直面投影而得到**

的视图，称为斜视图。

斜视图一般是局部的斜视图，所以其断裂边界的表示方法与局部视图相同。

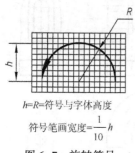

h=R=符号与字体高度

符号笔画宽度=$\frac{1}{10}h$

图 6-7 旋转符号

2. 斜视图的标注与配置

斜视图通常按向视图的配置形式配置并标注。需要注意的是：标注时，表示投射方向的箭头一定要垂直于倾斜部分的轮廓，而斜视图的名称"×"应水平书写。斜视图最好按投影关系配置，方便于读图。为符合看图习惯，也可将图形向小于 90°方向旋转。此时，标注方法如图 6-4(e)所示，旋转符号的画法如图 6-7 所示，箭头的指向应与图形的旋转方向一致；表示该视图名称的大写拉丁字母应靠近旋转符号的箭头端；必要时，可将旋转角度注写在字母后面。

第二节 剖 视 图

剖视图主要是用来表达机件内部结构形状的一种表达方法。机件在用视图表达时，不可见的结构用细虚线表示，如图 6-8(a)所示。当视图中出现细虚线与细虚线、细虚线与实线重叠，以及视图中的细虚线过多时，将影响到清晰读图和标注尺寸，此时常采用剖视图来表达。

一、剖视图的基本概念和画法

1. 剖视图的概念

剖视图是假想用剖切面(平面或圆柱面)剖开机件，移去观察者和剖切平面之间的部分，将余下的部分向投影面投射，如图 6-8(b)所示；并在剖面区域画上剖面符号，如图 6-8(c)所示；这样所得到的图形称为剖视图，如图 6-8(d)所示。

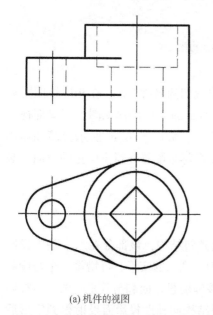

(a) 机件的视图   (b) 剖视图的形成过程

图 6-8 剖视图的概念

126

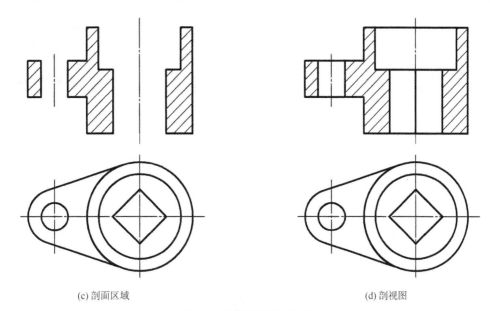

(c) 剖面区域 　　　　　　　　　　　　　　　　　(d) 剖视图

图 6-8　剖视图的概念(续)

剖切平面与机件接触的部分称为剖面区域。国标规定，在剖面区域内要画出剖面符号，不同材料的剖面符号规定如表 6-1 所示。其中金属材料的剖面符号用与水平方向或主要轮廓线成 45°、间隔均匀的细实线画出，向左或向右倾斜均可，通常称为剖面线，如图 6-9 所示。同一机件的零件图中，各剖面区域的剖面线方向和间隔必须一致。

表 6-1　剖 面 符 号

材料名称	剖面符号	材料名称	剖面符号
金属材料 (已有规定剖面符号者除外)		木质胶合板 (不分层数)	
线圈绕组元件		基础周围的泥土	
转子、电枢、变压器和 电抗器等的迭钢片		混凝土	
非金属材料 (已有规定剖面符号者除外)		钢筋混凝土	
型砂、填砂、粉末冶金、砂轮、 陶瓷刀片、硬质合金刀片等		砖	

续表

材料名称		剖面符号	材料名称	剖面符号
玻璃及供观察用的其他透明材料			格网 （筛网过滤网等）	
木材	纵剖面		液体	
	横剖面			

(a)　　　　　　　　(b)　　　　　　　　(c)

图 6-9　剖面线的角度

2. 剖视图的画法及步骤

以图 6-10(a)所示的机件为例说明画剖视图的方法与步骤：

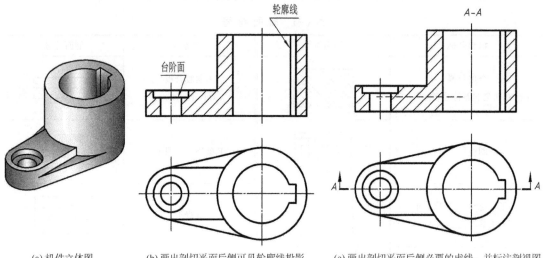

(a)机件立体图　　　(b)画出剖切平面后侧可见轮廓线投影　　　(c)画出剖切平面后侧必要的虚线，并标注剖视图

图 6-10　画剖视图的方法及步骤

（1）确定剖切面的位置

剖切面应该通过机件内部孔、槽等结构的轴线或与机件的对称面重合，且平行或垂直于某一投影面，以便使剖切后的结构的投影反映实形。

（2）画出剖切平面后侧剩余部分结构的投影

剖切平面后侧剩余部分的结构应包括可见和不可见两部分。对于可见部分的轮廓线必须

——画出，不能遗漏，其中台阶面的投影线和键槽的轮廓线，容易漏画，如图6-10(b)所示；对不可见部分的结构，如果在其他视图中已表达清楚，则细虚线应该省略，若没有表达清楚，则必须画出，如图6-10(c)所示。

需要注意的是：剖视图是假想将机件剖开后画出的图形，事实上机件并没有真的被剖开，因此，除剖视图按规定画法绘制外，其他视图仍按完整的机件画出。

(3) 画剖面符号

在剖面区域画上剖面符号，不同材料的剖面符号见表6-1所示。

(4) 剖视图的标注

为便于看图，国家标准《技术制图》中对剖视图的标注作了以下规定：

① 一般应在剖视图的上方用大写拉丁字母标注剖视图的名称"×-×"；在相应的视图上用剖切符号表示其剖切位置，其两端用箭头表示投射方向，并注上同样的字母，如图6-10(c)所示。

国标规定，剖切位置用剖切符号表示，即在剖切面起、迄和转折处画上短的粗实线[线宽(1~1.5)b，长5~10mm]，且尽可能不要与图形的轮廓线相交。

② 当剖视图按投影关系配置，中间又没有其他图形隔开时，可以省略箭头。

③ 当单一剖切平面通过机件的对称平面或基本对称的平面剖切，且剖视图按投影关系配置，中间又没有其他图形隔开时，则不必标注，如图6-11所示。

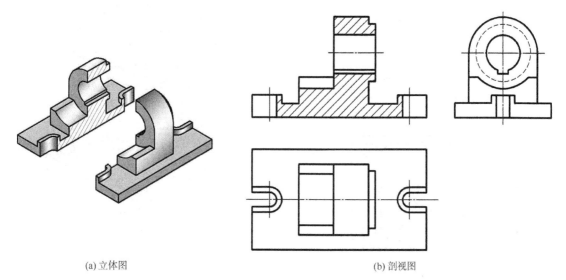

(a) 立体图　　　　　　　　　　　　　(b) 剖视图

图6-11　省略标注的剖视图

二、剖视图的种类

剖视图按剖切范围的大小可分为全剖视图、半剖视图和局部剖视图三种。

1. 全剖视图

用剖切面完全地剖开机件后所得的剖视图，称为全剖视图。

全剖视图主要用于表达内部形状比较复杂，外部结构相对简单的机件，如图6-12所示。

2. 半剖视图

当机件具有对称平面时，在垂直于对称平面的投影面上，以对称中心线为界，一半画成剖视图，另一半画成视图，这种组合的图形称为半剖视图。

半剖视图主要适用于内、外形状都比较复杂的对称机件或接近于对称的机件。如图 6-13(a)所示为一机件的主、俯视图，所表达的机件立体结构如图 6-13(b)所示。

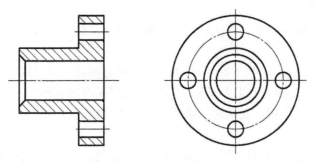

图 6-12　全剖视图

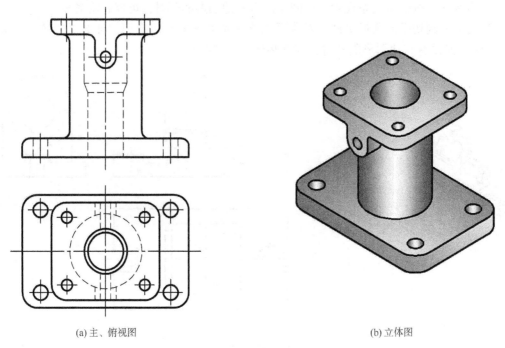

(a)主、俯视图　　　　　　　　　　　　　　　(b)立体图

图 6-13　机件的视图

通过分析可知：若主视图采用全剖视图，则机件前方的凸台就不能表达出来；若俯视图采用全剖视图，则长方形顶板的形状和四个小圆孔的位置就不能表达清楚。为了准确地表达该机件的内外结构，采用如图 6-14(a)所示的剖切方法，将主视图和俯视图都画成半剖视图，如图 6-14(b)所示。

画半剖视图时，必须注意：

（1）由于图形对称，机件内形已在半个剖视图中表达清楚，所以在半个视图中表示内形的虚线应该省略不画，如图 6-14(b)所示。

（2）半个剖视图与半个视图的分界线应是细点画线，不能画成粗实线，如图 6-14(b) 所示。当机件具有对称图形，且对称中心线处有机件的轮廓线（粗实线或细虚线）时，此种情况不宜采用半剖视图表达（其表达方法见局部剖视图）。

（3）对接近于对称的机件，其不对称部分的结构必须在其他视图中已表达清楚，才能使用半剖视图表达，如图 6-15 所示。

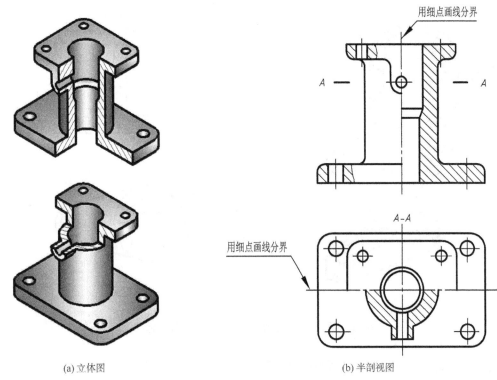

(a) 立体图

(b) 半剖视图

图 6-14　机件的半剖视图

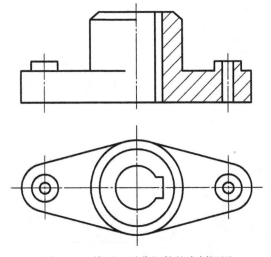

图 6-15　接近于对称机件的半剖视图

（4）国家标准规定，对于机件的肋、轮辐及薄壁等，如纵向剖切，这些结构都按不剖处

131

理，用粗实线将它与其邻接部分分开，如图 6-16 所示。

（5）在半剖视图中，标注机件被剖开部分的对称结构尺寸时，因一个尺寸界线难以画出，一般采用单尺寸界线、单箭头的标注形式，同时尺寸线应略超出对称中心线，如图 6-16(b)中，$\phi28$、$\phi14$ 和 $\phi24$ 的尺寸标注。

（6）半剖视图的标注方法与全剖视图的标注方法相同，如图 6-14(b)所示。

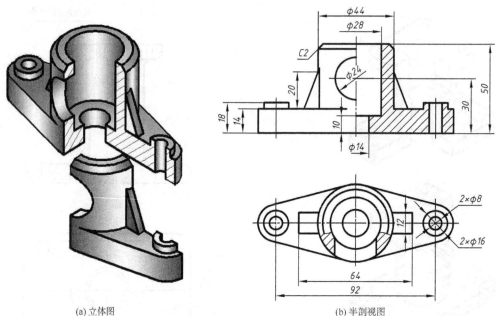

(a) 立体图　　　　　　　　　　(b) 半剖视图

图 6-16　剖视图中肋板的画法及半剖视图的尺寸标注示例

3. 局部剖视图

用剖切平面局部地剖开机件所得的剖视图称为局部剖视图，如图 6-17 所示。

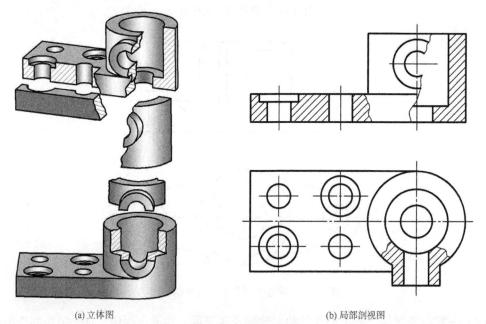

(a) 立体图　　　　　　　　　　(b) 局部剖视图

图 6-17　局部剖视图

局部剖视图常用于机件的内部和外部结构均需表达，但又不适宜采用全剖或半剖视图的情况。局部剖视图以波浪线或双折线为界，将一部分画成剖视图表示机件的内部结构形状，另一部分画成视图表达外部结构形状。

局部剖视图是一种比较灵活的表达方法，不受图形是否对称的限制，在何处剖切和剖切范围大小，可根据需要而定，运用得当可使图形简明清晰。但在一个视图中，采用局部剖视图的数量不宜过多，不然会使图形过于破碎，反而对读图不利。

当机件具有对称图形，且对称中心线处有机件的轮廓线时，不宜采用半剖视图，可采用局部剖视图来表达，如图 6-18 所示。

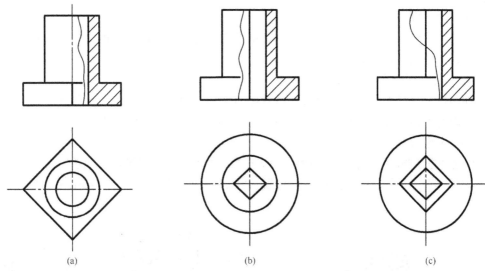

(a)　　　　　　　　　　(b)　　　　　　　　　　(c)

图 6-18　不适宜采用半剖视图的对称机件

画局部剖视图时，波浪线可看作是机件断裂边界的投影，因此波浪线不能超出视图的轮廓线或穿过中空处，如图 6-19 所示。波浪线也不能与图样上的其他图线重合，以免引起误解，如图 6-20 所示。

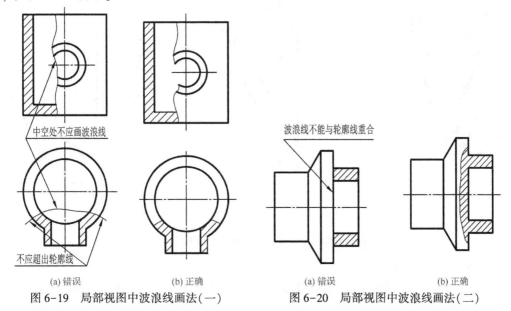

(a) 错误　　　　(b) 正确　　　　　　　(a) 错误　　　　(b) 正确

图 6-19　局部视图中波浪线画法(一)　　图 6-20　局部视图中波浪线画法(二)

当单一剖切平面的剖切位置明显时，局部剖视图可省略标注，如图6-17所示。

三、剖视图的剖切方法

由于机件结构形状不同，画剖视图时，可采取单一剖切面剖切和多个剖切面剖切的方法。单一剖切面剖切可分为单一的平面剖切和单一的柱面剖切；多个剖切面剖切分为几个平行的平面剖切、两个相交的剖切面剖切和组合的平面剖切。

1. 单一剖切面剖切方法

单一剖切面剖切法就是用一个剖切面剖开机件而获得剖视图的方法。

（1）单一平面剖切

① 单一的投影面平行面剖切

前面所讲的全剖视图、半剖视图和局部剖视图都是用单一的投影面平行面剖开机件后所得到的，这些都是最常见的剖视图。

② 单一的投影面垂直面剖切

此种剖切方法以如图6-21（a）所示的管座为例加以说明，管座的上部具有倾斜结构，为了清晰地表达上面螺孔深度和开槽部分的结构，可用一个正垂面剖切，得到图6-21（b）所示的"*B-B*"全剖视图。

采用这种方法画剖视图，所画图形一般应按投影关系配置，必要时也可将它配置在其他位置，在不致引起误解时，允许将图形旋转配置，但旋转后应标注旋转标识，如图6-21（b）所示。

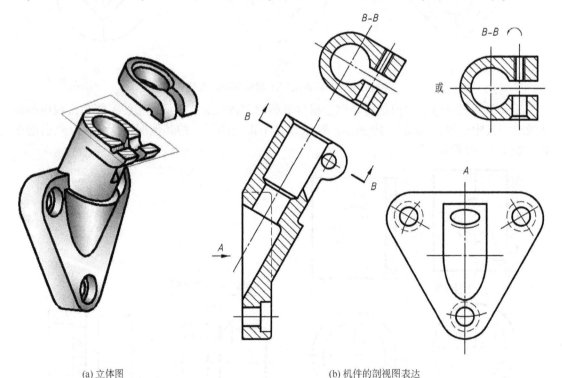

(a) 立体图　　　　　　　　　　　　　　　　(b) 机件的剖视图表达

图6-21　用一个正垂面剖切得到的管座全剖视图

（2）单一柱面剖切

图6-22中的*A-A*剖视图是用单一柱面剖开机件后得到的全剖视图。注意：此时的剖视

图为展开画法，即将柱面剖开后的结构旋转到与选定的基本投影面平行，然后再进行投影，展开绘制的剖视图应标注"×-×展开"。

2. 多个剖切面剖切方法

（1）几个平行的平面剖切

当机件上有较多的内部结构，且分布在几个互相平行的平面上时，可采用几个平行的平面剖开机件得到剖视图。如图6-23（a）所示为一个下模座，用几个相互平行的剖切平面剖切，得到全剖视图，如图6-23（b）所示。

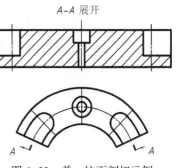

图6-22　单一柱面剖切示例

用几个平行的剖切平面剖切机件所得到的剖视图，必须按规定进行标注。标注时，在剖切平面的起、讫和转折处画出剖切符号表示剖切位置，并注上相同的字母，当转折处地方有限，又不致引起误解时，允许省略标注字母，并在起、讫处画出箭头表示投射方向。在相应的剖视图上方用相同的大写拉丁字母写出其名称"×-×"。

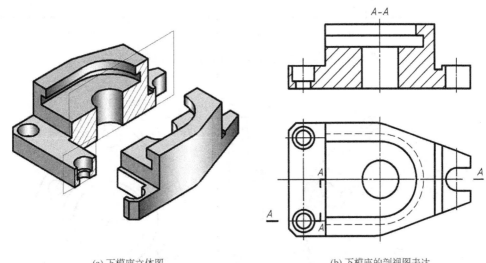

(a) 下模座立体图　　　　　　　　　　　(b) 下模座的剖视图表达

图6-23　用两个平行的剖切平面得到的下模座全剖视图

用几个平行的剖切平面剖切时，其作图还应注意以下几点：

① 两个剖切平面的转折处不应画出交线，如图6-24（a）所示；

② 剖切平面的转折处不应与图形的轮廓线相重合，如图6-24（b）所示；

③ 剖切平面的转折处要选择的合适，避免剖视图中出现不完整要素，如图6-24（c）所示。

（2）两个相交的剖切面剖切

两个相交的剖切面包括平面与平面相交的剖切面和平面与柱面相交的剖切面。这里只介绍常用的两相交剖切平面的情况。

两个相交的剖切面剖切主要用于表达具有公共回转轴线的机件的内部结构。选择该表达方法时要注意，两剖切面的交线应垂直于投影面。

135

图6-25(a)所示为一端盖，其主要形体是回转体，如采用一个剖切平面进行剖切，得到的全剖视图基本上能把内外结构的主要形状表达清楚，但机件上四个均布的小孔没有剖到，尚不能清楚地表示其形状，因此可用两个相交的剖切平面剖开机件，得到如图6-25(b)所示的全剖视图。

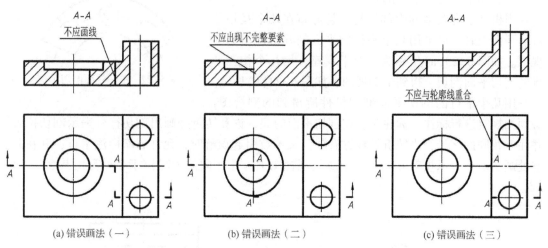

(a) 错误画法（一）   (b) 错误画法（二）   (c) 错误画法（三）

图6-24　用几个平行的剖切平面剖切画法注意事项

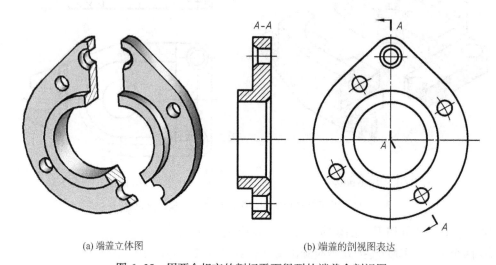

(a) 端盖立体图   (b) 端盖的剖视图表达

图6-25　用两个相交的剖切平面得到的端盖全剖视图

采用这种方法画剖视图时，首先假想按剖切位置剖开机件，然后将投影面垂直面剖开的结构绕回转轴旋转到与选定的基本投影面平行，再进行投射，如图6-25(b)中的"A-A"全剖视图。标注方式与用几个平行的剖切平面剖切所得的剖视图相同。

用两个相交的剖切平面剖切时，其作图还应注意以下两点：

① 对剖切平面后的其他结构(如孔、槽等)，一般仍按原来的位置进行投影，如图6-26(a)所示；

② 对剖切后产生的不完整要素，应将该部分按不剖绘制，如图6-26(b)所示。

（3）组合的剖切平面剖切

当机件的内部结构较为特殊或复杂，用前面的几种剖切面仍不能表达完整时，可采用组合的剖切面剖切，如图6-27(a)所示。采用这种剖切面剖切时，剖视图可采用展开画法，此时应标注"×-×展开"，如图6-27(b)所示。

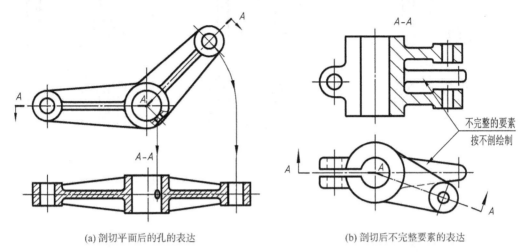

(a) 剖切平面后的孔的表达　　　　　　　　(b) 剖切后不完整要素的表达

图 6-26　用两个相交的剖切平面剖切画法注意事项

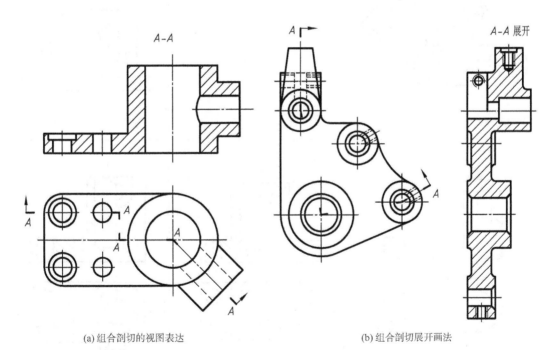

(a) 组合剖切的视图表达　　　　　　　　(b) 组合剖切展开画法

图 6-27　组合剖切画法

上面分别叙述了各种剖视图的画法以及各种剖切面的剖切方法。对于不同结构形状的机件，应根据机件的结构形状及表达的需求来确定。表6-2列出了机件采用不同剖切方法获得的剖视图的图例，供读者参考。

表 6-2　不同剖切方法获得的剖视图示例

	全剖视图	半剖视图	局部剖视图
单一剖视图	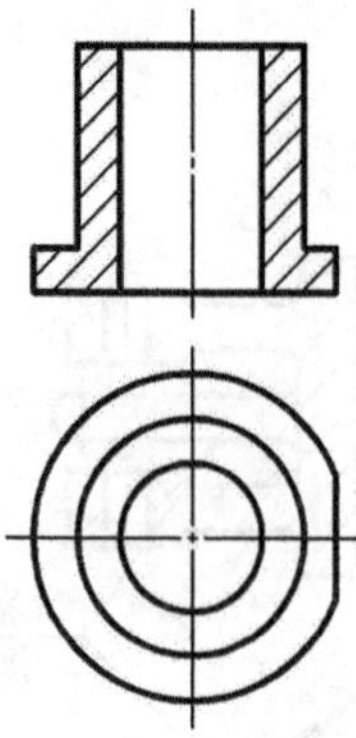	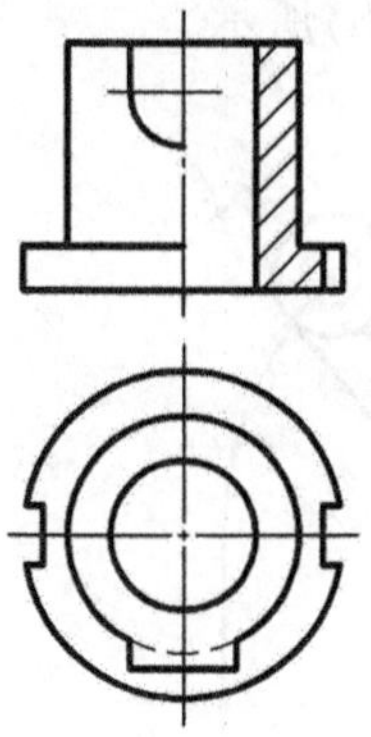	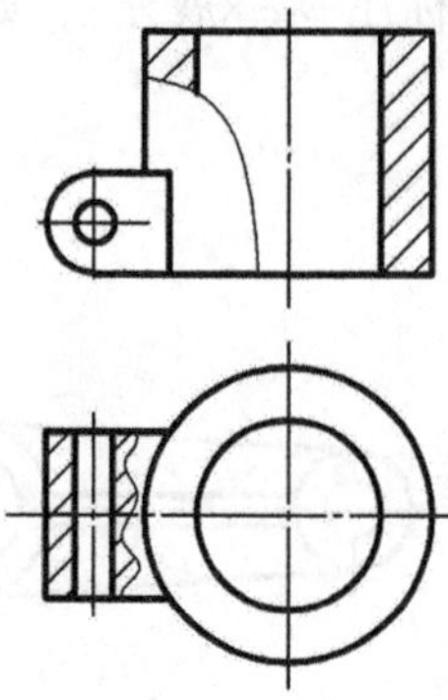
平行剖切图	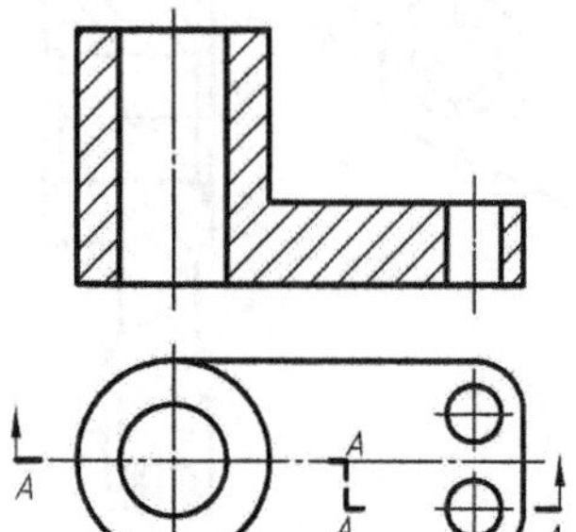	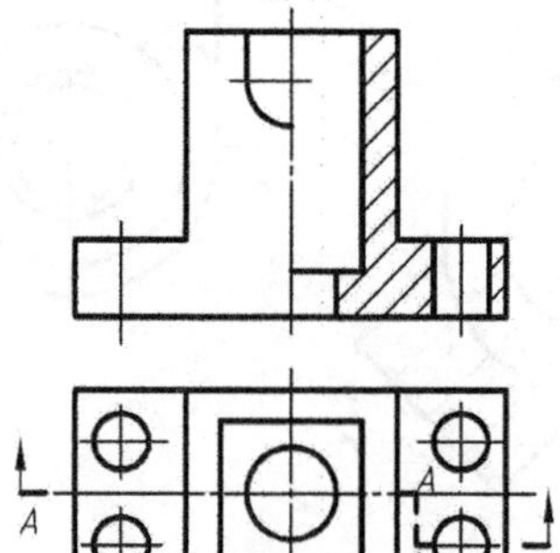	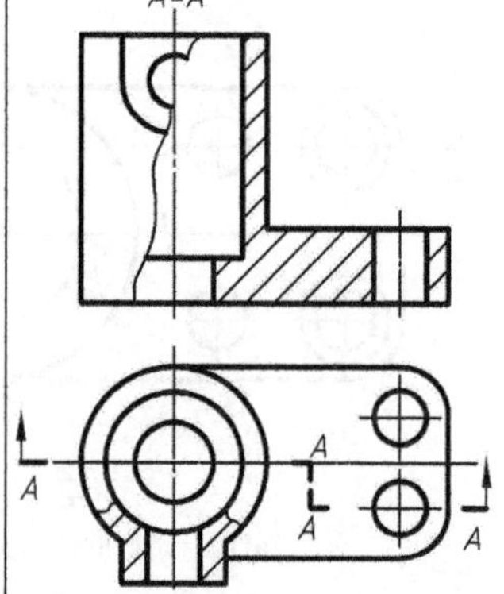

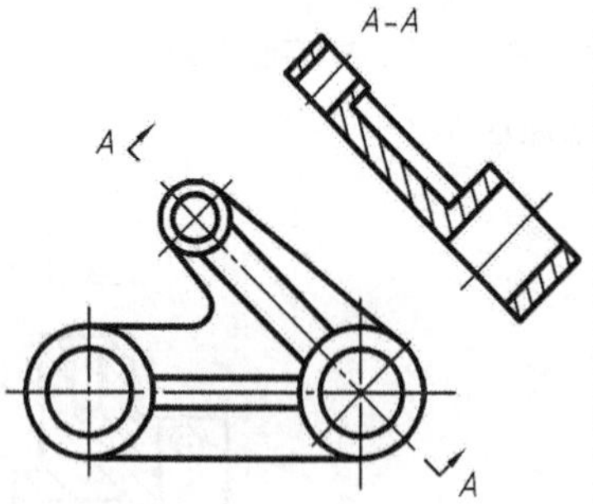

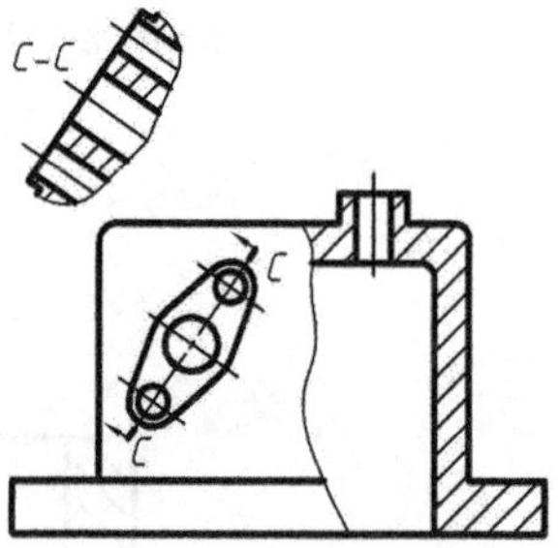

138

	全剖视图	半剖视图	局部剖视图
相交剖切图			
组合剖切图			

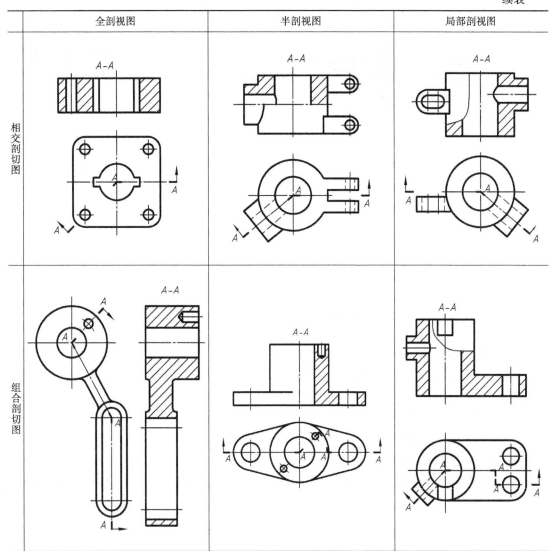

第三节　断　面　图

断面图主要是用来表达机件某部分断面结构形状的一种表达方法。

一、断面图的概念

假想用剖切面将机件的某处断开，仅画出断面形状的图形，称为断面图。断面图与剖视图的区别在于断面图仅画出断面的形状，而剖视图画出断面的形状后，还要画出断面后面可见轮廓的投影。

图6-28(a)所示的轴，左端有一键槽，右端有一孔。在主视图上能表示出键槽和孔的形状和位置，但其深度未表达清楚。如采用左视图表示，则全是大小不同的圆，而且键槽和孔的投影都为虚线，表达不清晰，可采用断面图表达更为简单明了，如图6-28(b)所示。

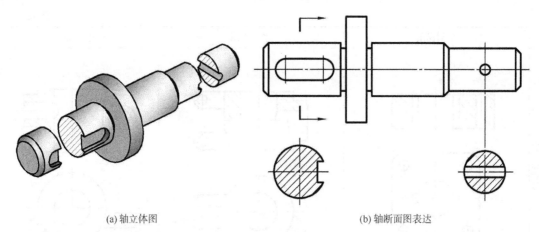

(a)轴立体图   (b)轴断面图表达

图 6-28   断面图的概念

二、断面图的种类

断面图分为移出断面图和重合断面图两种。

1. 移出断面图

画在视图外的断面图称为移出断面图，如图 6-28 所示。

（1）移出断面图的画法

移出断面图的轮廓线用粗实线绘制。为便于看图，移出断面图通常配置在剖切符号或剖切平面迹线的延长线上。剖切平面迹线是剖切平面与投影面的交线，用细点画线表示，如图 6-28（b）所示。必要时，也可以将移出断面图配置在其他适当位置。

画移出断面图应注意以下几点：

① 当剖切平面通过回转面形成的孔或凹坑的轴线时，这些结构的断面图按剖视图画出，如图 6-28（b）右侧断面和图 6-29 所示；

② 当剖切平面通过非圆孔，会导致出现完全分离的断面时，则这些结构也按剖视图画出，如图 6-30 所示；

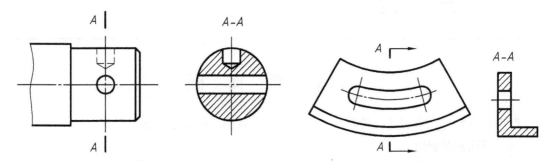

图 6-29   回转面孔处移出断面画法   图 6-30   非圆孔处移出断面画法

③ 当断面图为对称图形时，可将断面图画在视图的中断处，如图 6-31（a）所示；

④ 为了能够表示出断面的实形，剖切平面一般应垂直物体的轮廓线或通过圆弧轮廓线的中心，如图 6-31（b）所示；

⑤ 若由两个或多个相交剖切平面剖切得出的移出断面图，中间应断开，如图 6-31（c）所示。

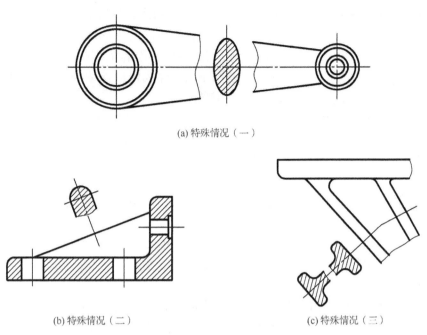

(a) 特殊情况（一）

(b) 特殊情况（二）　　　　　　　　(c) 特殊情况（三）

图 6-31　移出断面图的特殊情况

（2）移出断面图的标注

① 一般应用大写的拉丁字母标注移出断面图的名称"×-×"，在相应的视图上用剖切符号和箭头表示剖切位置和投射方向，并标注相同的字母，如图 6-29 和图 6-30 所示；

② 配置在剖切符号延长线上不对称的移出断面图，不必标字母，如图 6-28 所示；

③ 不配置在剖切符号延长线上的对称移出断面图，以及按投影关系配置的移出断面图，一般不必标注箭头，如图 6-29 所示；

④ 配置在剖切平面迹线的延长线上对称的移出断面图，以及配置在视图中断处的移出断面图，可不标注，如图 6-28 和图 6-31(a)所示。

2. 重合断面图

在不影响图形清晰的前提下，断面图也可按投影关系画在视图内。画在视图内的断面图称为重合断面图，如图 6-32 所示。

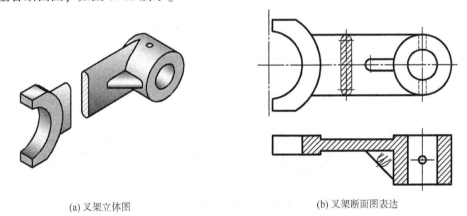

(a) 叉架立体图　　　　　　　　　　(b) 叉架断面图表达

图 6-32　重合断面图的概念

141

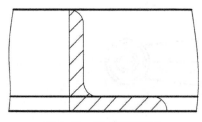

图 6-33 重合断面画法

（1）重合断面图的画法

重合断面图的轮廓线用细实线绘制。当视图中的轮廓线与重合断面图的图形轮廓线重叠时，视图中的轮廓线仍应连续画出，不可间断，如图 6-33 所示。

（2）重合断面图的标注

不对称的重合断面图在不致引起误解时可省略标注，如图 6-33 所示。对称的重合断面图不必标注，如图 6-32 所示。

第四节 局部放大图、简化画法和其他规定画法

局部放大图主要是用来表达机件某部分细小结构形状的一种表达方法。而简化画法和其他规定画法则是简化制图、减少绘图工作量、提高设计效率的一种表达方法。

一、局部放大图

当机件上某些细小结构用原图比例表达不清楚或不便于标注尺寸时，可将这些结构用大于原图形所采用的比例单独画出，称为局部放大图。局部放大图的比例是指其与机件的比例，与原图所采用的比例无关。局部放大图可以画成视图、剖视图和断面图，它与被放大部分的原表达方法无关。

局部放大图应尽量配置在被放大部位的附近，如图 6-34 所示。

当机件上仅有一个需要放大的部位时，则在该局部放大图的上方只需注明采用的比例。当同一机件上有几个需要放大的部位时，应用细实线圈出需要被放大的部位，用罗马数字按顺序标明，并在局部放大图上方标出相应的罗马数字和所采用的比例，罗马数字与比例之间的横线用细实线画出，如图 6-34 所示。局部放大图的投射方向应和被放大部分的投射方向一致，与整体联系的部分用波浪线画出。若放大部分为剖视和断面时，其剖面符号的方向和距离应与被放大部分相同，如图 6-34 所示。

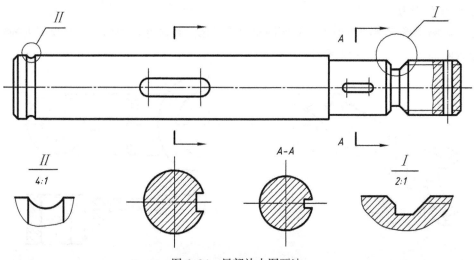

图 6-34 局部放大图画法

二、简化画法和其他规定画法

在不影响完整清晰地表达机件的前提下，为了看图方便，画图简便，国家标准《技术制图》统一规定了一些简化画法和其他规定画法，现将一些常用画法介绍如下：

（1）当机件具有若干相同结构（如齿、槽等），并按一定规律分布时，只需画出几个完整的结构，其余用细实线连接，在零件图中必须注明该结构的总数，如图 6-35 所示。

（2）机件上的滚花部分，可以在轮廓线附近用细实线示意画出一小部分网纹，并在图上或技术要求中注明这些结构的具体要求，如图 6-36 所示。

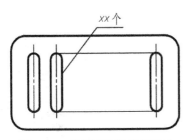

图 6-35　重复要素的简化画法

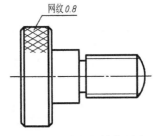

图 6-36　滚花的简化画法

（3）当机件回转体结构上均匀分布的肋、轮辐和孔等不处于剖切平面上时，可将其旋转到剖切平面上画出，如图 6-37 所示。

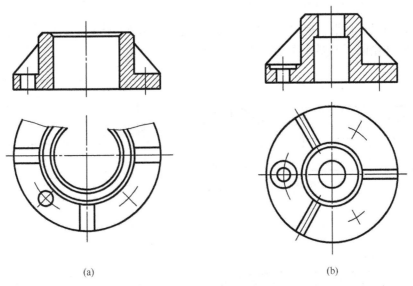

(a)　　　　　　　　　　　　　(b)

图 6-37　均匀分布的肋板和孔的简化画法

（4）若干直径相同且成规律分布的孔（圆孔、螺孔、沉孔等），可以仅画出一个或几个，其余只需表达其中心位置，在零件图中注明孔的总数，如图 6-37（a）所示。

（5）当平面在图形中不能充分表达时，可用平面符号（相交的两条细实线）表示，如图6-38所示。

（6）机件上较小的结构，如在一个图形中已表示清楚，则在其他图形中可以简化或省略，如图 6-39 所示。

（7）与投影面的倾斜角度小于或等于30°的圆或圆弧，其投影可以用圆或圆弧来代替，如图 6-40 所示。

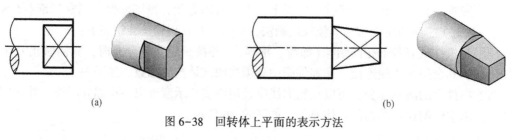

图 6-38 回转体上平面的表示方法

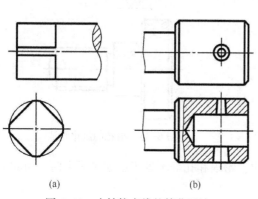

图 6-39 小结构交线的简化画法

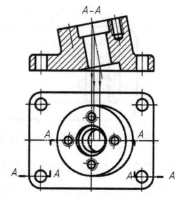

图 6-40 ≤30°倾斜圆的简化画法

（8）较长的机件且沿长度方向的形状一致或按一定规律变化时，例如轴、杆、型材、连杆等，可以断开绘制，但要标注实际尺寸，如图 6-41 所示。

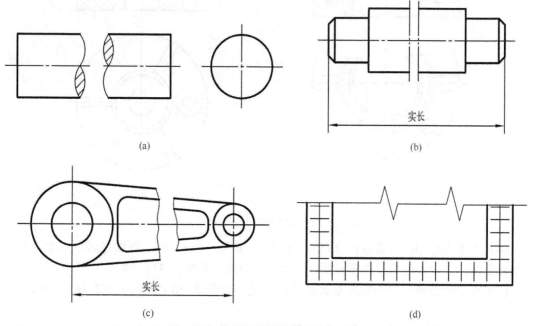

图 6-41 较长机件断开后的简化画法

（9）在不致引起误解时，对于对称机件的视图可只画一半或四分之一，并在对称中心线的两端画出与其垂直的平行细实线，如图 6-42 所示。

144

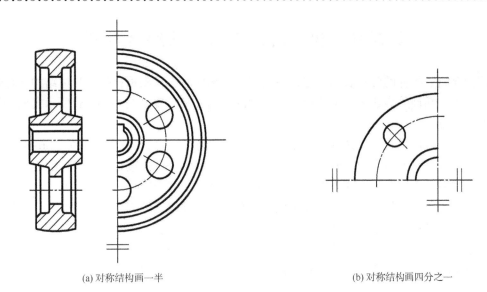

(a) 对称结构画一半   (b) 对称结构画四分之一

图 6-42　对称结构的简化画法

（10）在不致引起误解时，零件图中的移出断面允许省略剖面符号，但剖切位置和断面图的标注必须遵守移出断面标注的有关规定，如图 6-43 所示。

（11）机件上圆柱形法兰，其上有均匀分布的孔，可按图 6-44 的形式表示。

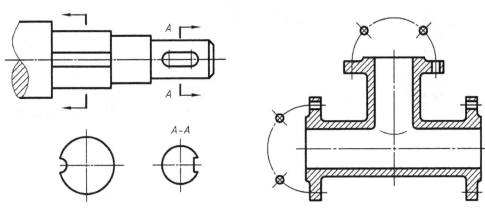

图 6-43　断面图中省略剖面符号　　　　图 6-44　法兰盘上均布孔的简化画法

（12）对机件上的小圆角，锐边的小圆角和 45°小倒角，在不致引起误解时允许省略不画，但必须注明尺寸或在技术要求中加以说明，如图 6-45 所示。

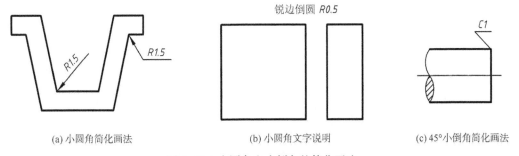

(a) 小圆角简化画法　　　　　(b) 小圆角文字说明　　　　　(c) 45°小倒角简化画法

图 6-45　小圆角和小倒角的简化画法

第五节　机件常用表达方法综合示例

前面介绍了机件的各种表达方法，在绘制机械图样时，常根据机件的具体结构综合运用视图、剖视、断面等表达方法来确定一种最优的表达方案，现以图 6-46(a)所示支架为例分析它的表达方案。

图 6-46(a)所示支架由圆柱筒、十字肋和底板组成。主视图方向选择如图 6-46(b)所示，该方向可以反映出支架底板的倾斜角度和三个组成部分的连接情况。具体的表达方案是采用一个主视图、一个移出断面图、一个局部视图和一个斜视图。

为了表达支架的外部结构、上部圆柱的通孔以及下部斜板的四个小圆柱通孔，主视图采用了两处局部剖视；为了表达顶部圆柱筒的形状以及与十字肋的连接关系，采用一个局部视图；为了表达十字肋的形状，采用一个移出断面图；为了表达斜板的实际形状、四个小圆柱通孔的分布状况，以及底板与十字肋的相对位置，采用了一个斜视图。

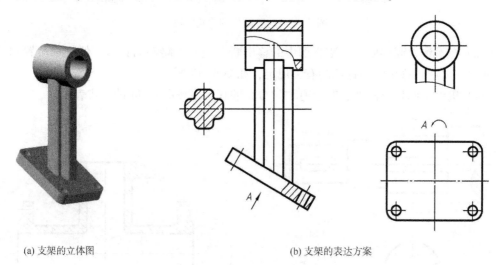

(a) 支架的立体图　　　　　　　　　　　　(b) 支架的表达方案

图 6-46　支架表达方法分析

第七章　机件的特殊表达方法

根据机件的应用频率，一般可将机件分为以下三种类型：标准件、常用件和一般零件。

标准件是结构、尺寸和加工方法、画法等均标准化、系列化的零件，如螺栓、螺母、螺钉、垫圈、键、销、滚动轴承等。标准件具有很好的互换性，在机器和设备中应用广泛，使用量大，一般由专门的标准件厂大批量地生产。除标准件和一般零件外，像齿轮、弹簧等部分结构参数标准化、系列化的零件称为常用件。

在绘图时，标准件和常用件的部分结构形状不必按真实投影绘制，只需按照国家标准采用规定的画法画出即可，可参见《机械制图》(GB/T 4459)结构画法。因此，本章重点介绍标准件和常用件的有关知识，规定画法和标记。

第一节　螺　纹

一、螺纹的形成

螺纹是指在圆柱或圆锥表面上，具有相同牙型、沿螺旋线连续凸起的牙体。螺纹牙体的顶部表面称为牙顶，螺纹牙槽底部表面称为牙底。在圆柱或圆锥外表面上所形成的螺纹称为外螺纹；在圆柱或圆锥内表面上所形成的螺纹称为内螺纹。

螺纹的加工方法很多，图 7-1(a)所示为在车床上加工螺纹的情况。将工件装卡在与车床主轴相连的卡盘上，使它随主轴作匀速圆周运动，同时使车刀沿轴线方向做匀速直线运动，当刀尖切入工件达一定深度时，就在工件的表面上车制出螺纹。螺纹还可以通过应用丝锥、板牙等加工工具，如图 7-1(b)所示，手工攻丝和套丝在工作上加工出内、外螺纹。

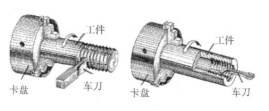
(a) 车床加工螺纹

(b) 手工加工螺纹用的工具

图 7-1　螺纹加工方法

二、螺纹的要素

内、外螺纹连接时，螺纹的以下要素必须相同。

1. 牙型

在通过螺纹轴线的断面上，螺纹的轮廓形状称为螺纹的牙型。常见的螺纹牙型有三角形、梯形、锯齿形和矩形等。螺纹的牙型不同，其作用也不相同。表 7-1 为常用标准螺纹牙型和用途说明。

表 7-1 常用标准螺纹牙型及用途

螺纹种类			螺纹特征代号	牙型放大图	说 明
连接螺纹	普通螺纹	粗牙	M		常见的连接螺纹。一般连接用粗牙，在相同大径下，细牙螺纹的螺距较粗牙的小，切深较浅，多用于薄壁或精密零件的连接
		细牙			
	管螺纹	55°非密封管螺纹	G		内外螺纹均为圆柱螺纹。螺纹副本身不具有密封性，若要求此联结具有密封性，应在螺纹以外设计密封面结构(例如圆锥面、平端面等)，在密封面内添加合适的密封介质，利用螺纹将密封面锁紧密封。适用于管子、阀门、管接头、旋塞及其他管路附件的螺纹联结
		55°密封管螺纹	R_p R_1 R_c R_2		有两种连接形式：圆柱内螺纹 R_p 与圆锥外螺纹 R_1；圆锥内螺纹 R_c 与圆锥外螺纹 R_2。圆柱内螺纹牙型与55°非密封管螺纹相同。螺纹副本身具有密封性，允许在螺纹副内添加合适的密封介质，例如在螺纹表面缠胶带、涂密封胶等。适用于管子、阀门、管接头、旋塞及其他管路附件的螺纹联结
传动螺纹	梯形螺纹		Tr		用于传递运动和动力，如机床丝杠等
	锯齿形螺纹		B		用于传递单向动力，如千斤顶螺杆

2. 公称直径

代表螺纹尺寸的直径，一般指螺纹的大径，管螺纹用尺寸代号来表示。

对内螺纹，使用直径的大写字母代号(D)；对外螺纹，使用直径的小写字母代号(d)，螺纹直径如图 7-2 所示。

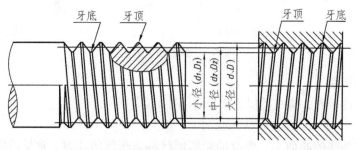

图 7-2 螺纹的直径

（1）大径(d、D)——与外螺纹的牙顶或内螺纹的牙底相切的假想圆柱或圆锥的直径(即螺纹的最大直径)。

(2) 小径(d_1、D_1)——与外螺纹的牙底或内螺纹的牙顶相切的假想圆柱或圆锥的直径(即螺纹的最小直径)。

(3) 中径(d_2、D_2)——在大径和小径之间假想有一圆柱或圆锥,其母线通过螺纹上牙厚和牙槽宽相等的地方,此假想圆柱(圆锥)称为中径圆柱(圆锥),其母线称为中径线,其直径称为螺纹的中径。

3. 线数(n)

沿一条螺旋线所形成的螺纹称为单线螺纹;沿两条或两条以上,在轴向等距离分布的螺旋线所形成的螺纹称为多线螺纹,如图7-3所示。

4. 螺距(P)和导程(Ph)

相邻两牙在中径线上对应两点间的轴向距离,称为螺距;同一条螺旋线上的相邻两牙在中径线上对应两点间的轴向距离称为导程,导程、线数和螺距的关系为:$Ph=nP$,如图7-3所示。

5. 旋向

螺纹有右旋和左旋之分。顺时针旋转时旋入的螺纹称为右旋螺纹;逆时针旋转时旋入的螺纹称为左旋螺纹。判断左旋螺纹和右旋螺纹的方法如图7-4所示,左高为左旋螺纹,右高为右旋螺纹。

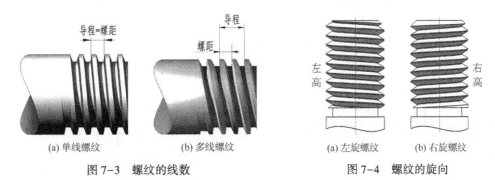

(a) 单线螺纹　　(b) 多线螺纹	(a) 左旋螺纹　　(b) 右旋螺纹
图7-3　螺纹的线数	图7-4　螺纹的旋向

三、螺纹的规定画法

为了便于制图,GB/T 4459—1995对螺纹的表示方法作了规定,螺纹的规定画法如下:

1. 外螺纹的规定画法

国标规定,螺纹的牙顶(大径)及螺纹终止线用粗实线表示,牙底(小径)用细实线表示,在平行螺杆轴线的投影面的视图中,螺杆的倒角或倒圆部分也应画出;在垂直于螺纹轴线的投影面的视图中,表示牙底(小径)的细实线圆只画约3/4圈,此时螺纹的倒角规定省略不画,如图7-5(a)所示。外螺纹终止线被剖开时,螺纹终止线只画出表示牙型高度的一小段;剖面线画到代表大径的粗实线为止,如图7-5(b)所示。

除了以上规定画法之外,为了方便绘图,通常将螺纹的小径画成大径的0.85倍。

2. 内螺纹的规定画法

在剖视图中牙底(大径)为细实线,牙顶(小径)及螺纹止线为粗实线,如图7-6(a)所示。在视图中牙底、牙顶和螺纹终止线皆为虚线,如图7-6(b)所示。在垂直于螺纹轴线的投影面的视图中,牙底(大径)仍画成3/4圈的细实线圆,并规定螺纹孔的倒角圆也省略不

画。无论是外螺纹或内螺纹在剖视图或断面图中的剖面线都应画到粗实线，如图 7-5(b)和
图 7-6(a)所示。

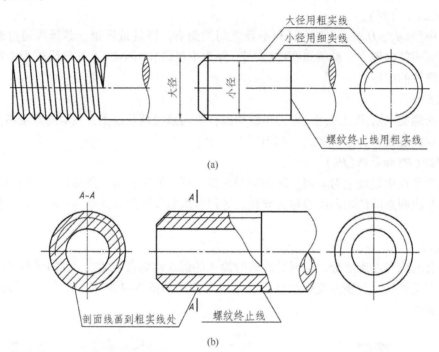

(a)

图 7-5 外螺纹的画法

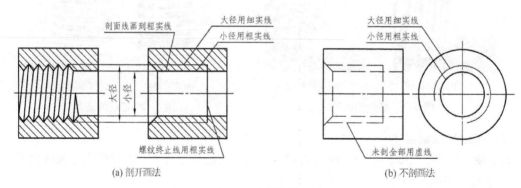

(a) 剖开画法　　　　　　　　(b) 不剖画法

图 7-6 内螺纹的画法

3. 不通螺孔的画法

绘制不穿通的螺孔时，一般应将钻孔深度与螺纹部分的深度分别画出。钻孔深度一般比
螺孔深度大 0.5D。由于钻头的刃锥角约等于 120°，因此画图时圆锥坑的锥角简化为 120°，
如图 7-7(c)所示。不通螺孔的加工方法如图 7-7(a)、(b)所示。

4. 螺纹连接的规定画法

用剖视图表示内外螺纹连接时，其旋合部分应按外螺纹的画法绘制，其余部分仍按各自
的画法表示，如图 7-8 所示。当外螺纹为实心的杆件，若按纵向剖切，且剖切平面通过其
轴线时，按不剖画出，如图 7-8(a)所示。

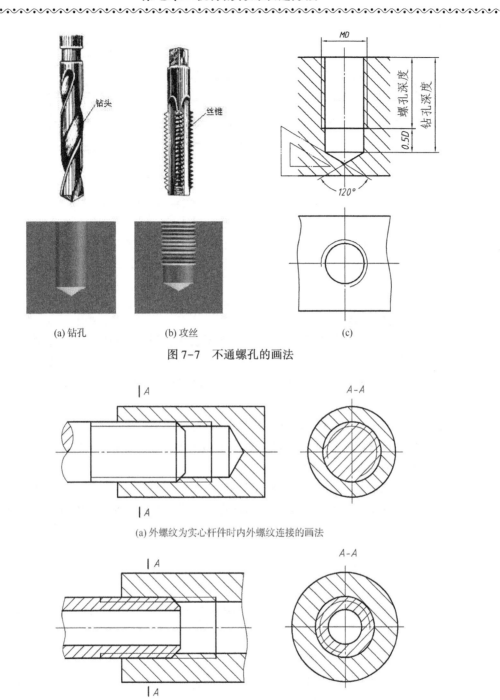

(a) 钻孔　　　　　　　　(b) 攻丝　　　　　　　　　(c)

图 7-7　不通螺孔的画法

(a) 外螺纹为实心杆件时内外螺纹连接的画法

(b) 外螺纹为空心管件时内外螺纹连接的画法

图 7-8　螺纹连接的画法

5. 螺纹牙型的表示法

当需要表示螺纹牙型时，应用局部视图或局部放大图表示几个牙型，如图 7-9 所示。

6. 螺纹孔相交的画法

螺纹孔相交时，需画出钻孔的相贯线，其余仍按螺纹画法画，如图 7-10 所示。

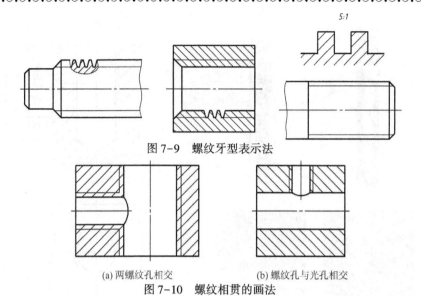

图 7-9　螺纹牙型表示法

(a) 两螺纹孔相交　　　　　　(b) 螺纹孔与光孔相交

图 7-10　螺纹相贯的画法

四、螺纹的种类及标注

在机器设备中，螺纹应用极为广泛，为了便于设计、制造和修配，国家标准对螺纹的牙型、大径和螺距作了统一的规定。当这三个因素都符合标准时，称为标准螺纹。凡牙型不符合标准的螺纹，称为非标准螺纹，如矩形螺纹。若牙型符合标准，而大径、螺距不符合标准，称为特殊螺纹。

螺纹按用途可分为：连接螺纹和传动螺纹，常用的螺纹分类见表 7-1。表 7-1 中粗牙普通螺纹和细牙普通螺纹的区别在于：螺纹大径相同而螺距不同，同一公称直径的普通螺纹，螺距最大的一种称为粗牙，其余的都称为细牙。

螺纹按国标的规定画法画出后，图中并未标明螺纹的牙型、公称直径、线数、螺距和导程、旋向等要素，为了区分不同类型和规格的螺纹，必须在图上进行相应的标注。标准的螺纹，应注出相应标准所规定的螺纹标记。

1. 标准螺纹的标记

（1）普通螺纹的标记

普通螺纹标记的内容为：

　螺纹特征代号　　尺寸代号—螺纹中、顶径公差带代号—旋合长度代号—旋向

各项内容说明如下：

① 普通螺纹的特征代号用字母"M"表示。

② 单线普通螺纹的尺寸代号为"公称直径×螺距"，对粗牙螺纹，可以省略其螺距项；多线普通螺纹的尺寸代号为"公称直径×Ph 导程 P 螺距"，公称直径、导程和螺距数值的单位为毫米。如果要进一步表明螺纹的线数，可在后面增加括号说明（使用英语进行说明。例如双线为 two starts；三线为 three starts；四线为 four starts）。

③ 公差带代号表示尺寸的允许变动范围，中径公差带代号在前，顶径公差带代号在后。各直径的公差带代号由表示公差等级的数值和表示公差带位置的字母（内螺纹用大写字母；外螺纹用小写字母）组成。如果中径公差带代号与顶径公差带代号相同，则应只标注一个公差带代号，当公称直径大于或等于 1.6mm 时，内螺纹公差带 6H 和外螺纹公差带 6g 省略不注。

④ 螺纹旋合长度分短旋合长度、中等旋合长度和长旋合长度三组，分别用符号"S"、"N"、"L"表示。中等旋合长度"N"一般不注。

⑤ 对左旋螺纹，应在旋合长度代号之后标注"LH"代号。右旋螺纹不标注旋向代号。

【示例1】　公称直径为16mm，螺距为1.5mm，导程为3mm的双线普通螺纹的标记为：M16×Ph3P1.5 或 M16×Ph3P1.5(two starts)。

下面以一细牙普通螺纹为例，说明标记中各部分代号的含义及注写规定。

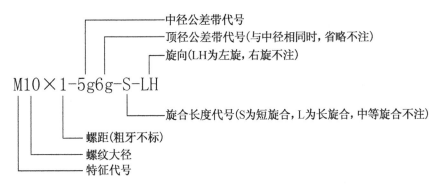

（2）梯形螺纹的标记

梯形螺纹标记的内容为：

| 螺纹特征代号 | 尺寸代号 —螺纹中径公差带代号— 旋合长度代号 |

各项内容说明如下：

① 梯形螺纹的特征代号用字母"Tr"表示。

② 单线螺纹不注线数，只注螺距；多线螺纹用"公称直径×导程(P 螺距)"表示，也不注线数。

③ 右旋螺纹不注旋向；左旋螺纹需在螺纹代号中尺寸规格之后加注"LH"，如"Tr40×14(P7)LH-8e-L"。

④ 梯形螺纹的公差带代号只标注中径公差带代号。当旋合长度为中等旋合长度时，不标注旋合长度代号；而旋合长度为长旋合时，需注出旋合长度代号"L"；特殊需要时，可注明旋合长度数值。如"Tr40×7-7e-140"。

【示例2】　公称直径36mm，导程12mm，螺距6mm，螺纹中径公差带为7e，中等旋合长度，左旋双线梯形螺纹的标记为：Tr36×12(P6)LH-7e。

（3）锯齿形螺纹的标记

锯齿形螺纹标记与梯形螺纹标记相似。其特征代号为B。

（4）管螺纹的标记

管螺纹分55°非密封管螺纹和55°密封管螺纹，它们的规定标记如下：

① 55°非密封管螺纹

55°非密封管螺纹标记的内容为：

外螺纹：| 螺纹特征代号 | 尺寸代号 | 公差等级(A 级或 B 级) |-旋向

内螺纹：| 螺纹特征代号 | 尺寸代号 | 旋向 |

各项内容说明如下：

55°非密封管螺纹特征代号用字母"G"表示,尺寸代号用英制的数值英寸表示。外螺纹的公差等级分 A 级和 B 级两种,A 级为精密级,B 级为粗糙级。内螺纹只有一种公差,所以在内螺纹的标记中不注公差等级。当螺纹为左旋时应在外螺纹的公差等级代号或内螺纹的尺寸代号之后加注"LH",右旋不注。

【示例3】 尺寸代号为 1/2,公差等级为 A 级的 55°非密封右旋外管螺纹的标记为:G1/2A。

② 55°密封管螺纹

55°密封管螺纹标记的内容为:

| 螺纹特征代号 | 尺寸代号 | 旋向 |

各项内容说明如下:

55°密封管螺纹特征代号有 Rp、R_1、Rc 和 R_2 四种,分别表示圆柱内螺纹;与圆柱内螺纹相配合的圆锥外螺纹;圆锥内螺纹;与圆锥内螺纹相配合的圆锥外螺纹。尺寸代号用英制的数值英寸表示。当螺纹为左旋时应在尺寸代号之后加注"LH",右旋不注。

【示例4】 尺寸代号为 3/4 的右旋圆柱内螺纹的标记为:Rp3/4。

2. 螺纹标记的标注方法

标准的螺纹应注出相应标准所规定的螺纹标记。公称直径以 mm 为单位的螺纹,其标记应直接注在大径的尺寸线上或其引出线上,管螺纹标记一律注在引出线上,引出线应由大径处引出。表 7-2 为标准螺纹的标注示例。

表 7-2 螺纹的标注方法

螺纹种类		标 注 示 例	标 记 说 明
普通螺纹	粗牙	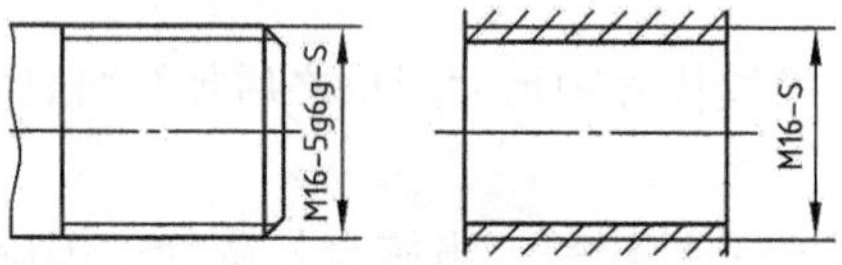 M16-5g6g-S M16-S	粗牙普通螺纹,大径 16mm,右旋;外螺纹的中径和顶径公差带代号分别为 5g、6g,内螺纹中径和顶径的公差带代号都是 6H;短旋合长度
	细牙	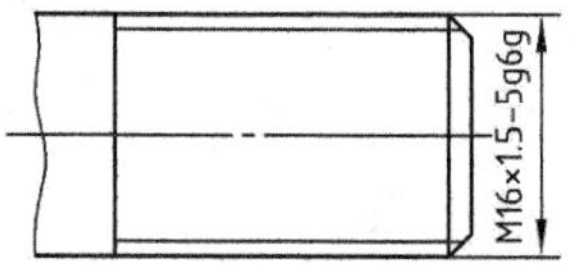 M16×1.5-5g6g	细牙普通外螺纹,大径 16mm,螺距 1.5mm,右旋;中径和顶径公差带代号分别为 5g、6g;中等旋合长度
梯形螺纹		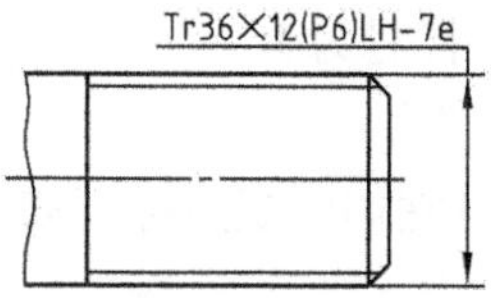 Tr36×12(P6)LH-7e	左旋梯形外螺纹,大径 36mm,螺距 6mm,双线,导程 12mm;中径公差带代号为 7e;中等旋合长度
锯齿形螺纹		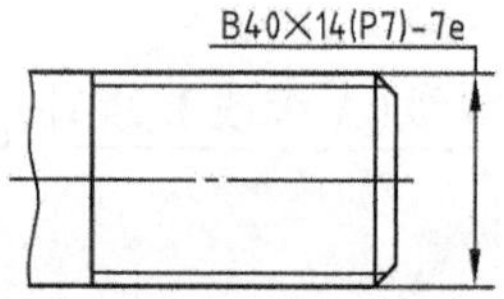 B40×14(P7)-7e	右旋锯齿形外螺纹,大径 40mm,双线,螺距 7mm,导程 14mm;中径公差带代号为 7e;中等旋合长度

续表

螺纹种类		标 注 示 例	标 记 说 明
管螺纹	55°非密封管螺纹		55°非密封管螺纹，外螺纹公差等级为 A 级，尺寸代号为 1；内螺纹尺寸代号为 1；内外螺纹均是右旋螺纹
	55°密封管螺纹		55°密封圆柱内管螺纹与 55°密封圆锥外管螺纹，尺寸代号均为 $1^1/_2$；内外螺纹都是右旋
			55°密封圆锥内管螺纹与 55°密封圆锥外管螺纹，尺寸代号均为 1；内外螺纹都是右旋

第二节　螺纹紧固件

螺纹紧固件的种类很多，常用的有螺栓、双头螺柱、螺母、螺钉、垫圈等，如图 7-11 所示。

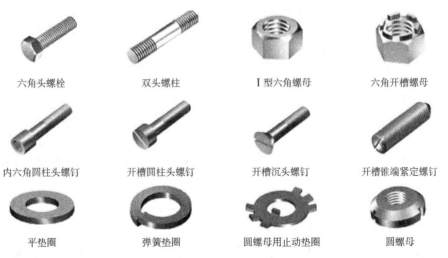

六角头螺栓	双头螺柱	Ⅰ型六角螺母	六角开槽螺母
内六角圆柱头螺钉	开槽圆柱头螺钉	开槽沉头螺钉	开槽锥端紧定螺钉
平垫圈	弹簧垫圈	圆螺母用止动垫圈	圆螺母

图 7-11　常用螺纹紧固件

常用的螺纹紧固件都是标准件，其结构、型式、尺寸和技术要求等都可以根据标记从标准中查得，不需要画出零件图。在设计时，只需注明其规定标记，外购即可。螺纹紧固件标记的一般格式如下：

| 紧固件名称 | 国标编号 | 规格 |

表 7-3 列举了常用的螺纹紧固件的标记及其说明。

表 7-3 常用螺纹紧固件标记

名称及标准编号	简 图	简化标记及说明
六角头螺栓 GB/T 5782—2016	M12 50	螺栓 GB/T 5782 M12×50 　　表示螺纹规格 d＝M12、公称长度 l＝50mm、性能等级为 8.8 级、表面氧化、产品等级为 A 的六角头螺栓
双头螺柱 b_m＝1.5d GB/T 899—1988	B型 M10 b_m　50	螺柱 GB/T 899 M10×50 　　表示两端均为粗牙普通螺纹、d＝M10、l＝50mm、性能等级为 4.8 级、不经表面处理、B 型、b_m＝1.5d 的双头螺柱
开槽圆柱头螺钉 GB/T 65-2016	M10 50	螺钉 GB/T 65 M10×50 表示螺纹规格 d＝M10、公称长度 l＝50mm、性能等级为 4.8 级、不经表面处理的 A 级开槽圆柱头螺钉
开槽沉头螺钉 GB/T 68—2016	M6 50	螺钉 GB/T 68 M6×50 　　表示螺纹规格 d＝M6、公称长度 l＝50mm、性能等级为 4.8 级、不经表面处理的 A 级开槽沉头螺钉
开槽锥端紧定螺钉 GB/T 71—1985	M8 25	螺钉 GB/T 71 M8×25 　　表示螺纹规格 d＝M8、公称长度 l＝25mm、性能等级为 14H 级、表面氧化的开槽锥端紧定螺钉
Ⅰ型六角螺母 GB/T 6170—2015	M16	螺母 GB/T 6170 M16 　　表示螺纹规格 D＝M16、性能等级为 8 级、不经表面处理、产品等级为 A 级的 Ⅰ型六角螺母
平垫圈 A 级 GB/T 97.1-2016		垫圈 GB/T 97.1 8 　　表示标准系列、公称规格为 8mm、由钢制造的硬度等级为 200HV 级、不经表面处理、产品等级为 A 级的平垫圈

一、螺纹紧固件的规定(或比例)画法

螺纹紧固件是标准件,由标准件生产厂家进行批量生产的,这些零件具有互换性,无需自己设计或加工制造,使用时按其标记选购即可。但这些零件作为机器或设备当中的零件或部件,在装配时必须画出,而这些零件又无需加工制造,因此,在画图时没必要按照实际投影绘制,为了作图方便,提高画图速度,国家标准规定,螺纹紧固件各部分尺寸(除公称长度外),通常按螺纹的公称直径 d(或 D)的一定比例画出。这种画法通常称为规定画法或比例画法。需要注意的是:比例画法作出的图形尺寸与实际尺寸是有出入的,如需获取紧固件的实际尺寸,可查阅相关标准。

下面分别介绍六角螺母、六角头螺栓及垫圈的规定(或比例)画法。

1. 螺母

螺母倒角产生的双曲线,作图时用圆弧简化,圆弧的圆心和半径,如图 7-12 所示。

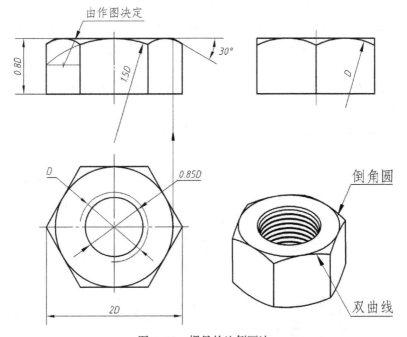

图 7-12　螺母的比例画法

2. 垫圈

垫圈各部分的尺寸仍以相配合的螺纹紧固件的大径的一定比例画出,为了便于安装,垫圈中间的通孔直径应比螺纹的大径大些,垫圈的画法如图 7-13 所示。

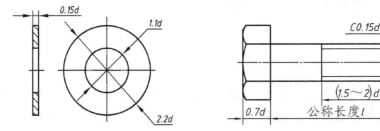

图 7-13　垫圈的比例画法　　　　　图 7-14　螺栓的比例画法

157

3. 螺栓

螺栓由头部和螺杆两部分组成，端部有倒角。六角头螺栓的头部厚度在比例画法中取 $0.7d$，其余尺寸关系和画法与螺母相同，如图 7-14 所示，螺栓的公称长度 l，参考图 7-15 （a），应按下式初步确定：

$$l \geq \delta_1 + \delta_2 + h + m + (0.2 \sim 0.3)d$$

式中，δ_1 和 δ_2 分别为被连接零件的厚度；h 为垫圈厚度；m 为螺母的最大厚度；h、m 的数值查阅相应的标准。由于螺栓是标准件，因此，其公称长度应根据计算结果，在螺栓标准的公称系列值中，选择标准长度 l。螺杆的螺纹部分和倒角的画法，如图 7-14 所示。

二、螺纹紧固件连接(装配图)的规定画法

螺纹紧固件连接(装配)通常有三种形式：螺栓连接、双头螺柱连接和螺钉连接。

在绘制螺纹紧固件连接(装配)图时，应遵守下列规定：

（1）两零件的接触面画一条线，不接触面画两条；

（2）在剖视图中，两相邻零件的剖面线方向应相反，若方向一致，间隔应不等；

（3）在剖视图中，若剖切平面通过螺纹紧固件轴线剖切时，这些标准件均按不剖处理，只画其外形。

下面详细讲解在上述规定下，螺栓连接、双头螺柱连接和螺钉连接的画法：

1. 螺栓连接的画法

螺栓连接是用螺栓、螺母和垫圈来紧固被连接零件的，如图 7-15(a)所示。

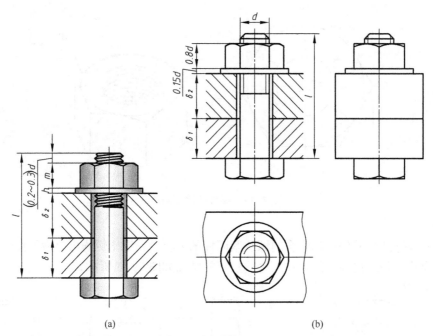

(a)　　　　　　　　　　(b)

图 7-15　螺栓连接画法

螺栓连接通常用于连接两个不太厚的零件。垫圈的作用是起着增大面积，减小压强，防止拧紧螺母时损伤被连接零件的表面的作用。被连接零件一般都加工出无螺纹的通孔，通孔的直径应稍大于螺纹大径，具体尺寸可查相应标准。

绘制螺栓连接图时，可采用两种方法：

（1）按实际尺寸绘制螺栓连接图

按选用好的螺栓、螺母、垫圈的型式、公称尺寸，查阅标准，得出螺栓、螺母、垫圈的真实尺寸绘制螺栓连接图。此种方法较繁琐，不宜采用。

（2）采用规定画法（近似画法）

规定画法，是螺栓连接常用的方法。画螺栓连接装配图时应注意以下几个问题：

① 要按照紧固件连接（或装配）的规定画法绘制；

② 被连接零件的通孔直径按 $1.1d$ 画出；

在画图时应注意，螺杆的螺纹长度为 $(1.5 \sim 2)d$ 之间，调整好长度，使得螺纹终止线低于光孔顶面，以保证拧紧螺母，使螺栓连接可靠。

③ 国家标准中规定，在画螺纹紧固件连接装配图时，可将零件上的倒角和因倒角而产生的截交线省去不画，如图 7-16(d) 所示。

螺栓连接装配图简化画法和作图步骤如图 7-16 所示。

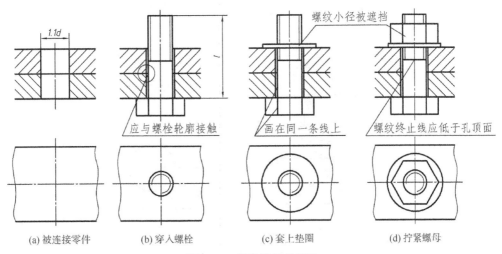

图 7-16　螺栓连接的画法

2. 螺柱连接的画法

双头螺柱连接是用双头螺柱、垫圈和螺母来固定被连接零件的。双头螺柱一般用于一个比较厚的和一个比较薄的零件之间的连接。通常厚的零件要加工出螺孔，薄的零件加工出通孔。

双头螺柱两端都有螺纹，一端完全旋入到被连接零件的螺孔内，称为旋入端；另一端用以拧紧螺母，称为紧固端。旋入端长度 b_m 及螺孔和钻孔的深度尺寸，根据螺纹大径和加工出螺孔的零件材料决定，螺孔和钻孔深度数值可查有关标准。按旋入端 b_m 不同，国家标准规定双头螺柱有以下四种：

用于：钢或青铜零件 $b_m = 1d$（标准编号为：GB/T 897—1988）

铸铁零件 $b_m = 1.25d$（标准编号为：GB/T 898—1988）

材料强度在铸铁与铝之间的零件 $b_m = 1.5d$（标准编号为：GB/T 898—1988）

铝零件 $b_m = 2d$（标准编号为：GB/T 900—1988）

画双头螺柱连接的装配图时，也要先确定双头螺柱的公称长度 l，如图 7-17(a) 所示。计算公式如下：

$$l \geqslant \delta + s + m + (0.2 \sim 0.3)d$$

式中，δ 为加工出通孔的零件厚度；s 为垫圈厚度；m 为螺母高度；s、m 的数值查相应的标准。

根据计算结果，在双头螺柱标准系列公称长度值中，选取标准长度 l。

双头螺柱连接跟螺栓连接一样，也有两种方法：按实际尺寸绘制（查标准）和规定画法。通常规定画法是其常用的方法。其规定画法如图 7-17 所示，下部按内、外螺纹旋合的画法绘制，上部类似于螺栓连接的画法。由于双头螺柱连接常用于受力较大的场合，因此常采用弹簧垫圈，以得到较好的防松效果。

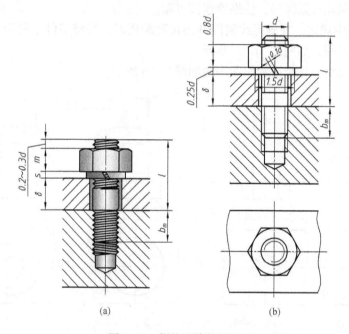

(a)　　　　　　　　　　(b)

图 7-17　螺柱连接的画法

3. 螺钉连接的画法

螺钉连接通常应用在一个比较厚的和一个比较薄的零件之间的连接。厚的零件加工出螺孔，薄的零件加工出通孔，如图 7-18 所示。螺钉连接一般用于受力不大而又不需经常拆装的连接。

画螺钉连接的装配图时，通常采用规定画法，画图时，也要先计算出螺钉的近似长度 l，再取标准值。

紧定螺钉用于固定两零件，使它们不产生相对运动。图 7-19 是紧定螺钉的连接画法。

第三节　键和销

一、键

1. 键的种类和标记

键通常用来联结轴与轴上的齿轮或皮带轮等传动零件，使它们和轴一起旋转，起传递扭矩的作用。常用的键有普通平键、半圆键和钩头楔键等，如图 7-20 所示。

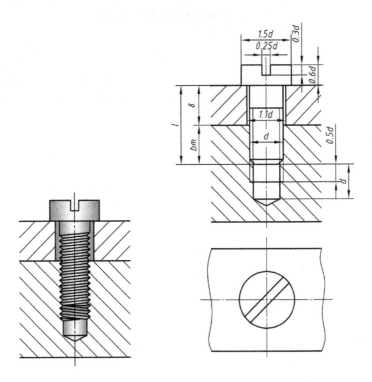

图 7-18　螺钉连接

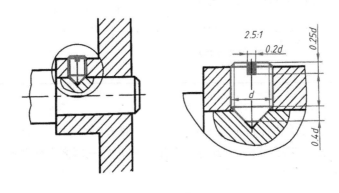

图 7-19　开槽锥端紧定螺钉

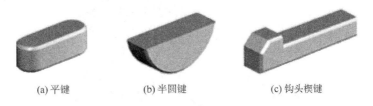

(a) 平键　　　　　　(b) 半圆键　　　　　　(c) 钩头楔键

图 7-20　常用的键

在机械设计中，键根据工作条件按标准选取，一般不需要画出其零件图。常用键的简图及标记如表 7-4 所示。

表 7-4　常用键的简图和标记举例

名　称	简　图	标记示例
普通型 平键 GB/T 1096—2003	A型	GB/T 1096 键 16×10×100 表示宽度 $b=16$mm，高度 $h=10$mm，长度 $L=100$mm 的普通 A 型平键 GB/T 1096 键 B 16×10×100 表示宽度 $b=16$mm，高度 $h=10$mm，长度 $L=100$mm 的普通 B 型平键 GB/T 1096 键 C 16×10×100 表示宽度 $b=16$mm，高度 $h=10$mm，长度 $L=100$mm 的普通 C 型平键
普通型 半圆键 GB/T 1099.1—2003		GB/T 1099.1 键 6×10×25 表示宽度 $b=6$mm，高度 $h=10$mm，直径 $D=25$mm 的普通型半圆键
钩头型 楔键 GB/T 1565—2003		GB/T 1565 键 16×100 表示宽度 $b=16$mm，高度 $h=10$mm，长度 $L=100$mm 的钩头型楔键

2. 键连接装配图画法

用键连接轴与轮，必须在轴和轮毂上分别加工出键槽(分别称为轴槽和轮毂槽)，将键嵌入，如图 7-21 所示。装配后键有一部分嵌在轴槽内，另一部嵌在轮毂槽内，这样就可以保证轴与轮一起转动。

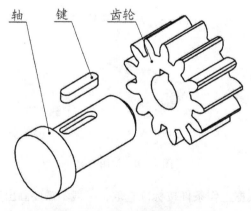

图 7-21　普通平键连接

画键连接的装配图时,首先要知道轴的直径和键的类型,根据轴的尺寸查出有关标准值,确定键的公称尺寸 b 和 h、轴和轮上的键槽尺寸以及选定键的标准长度。

(1)普通平键连接装配图的画法

普通平键有 A 型(圆头)、B 型(方头)和 C 型(单圆头)三种,连接时键的顶面与轮毂间应有间隙,要画两条线;侧面与轮毂槽和轴槽的侧面接触,只画一条线,如图 7-22 所示。

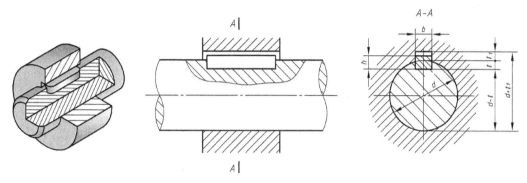

图 7-22 普通平键连接装配图画法

(2)半圆键连接装配图的画法

半圆键常用在载荷不大的传动轴上,连接情况和画图要求与普通平键类似,如图 7-23 所示。

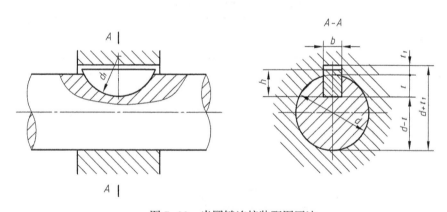

图 7-23 半圆键连接装配图画法

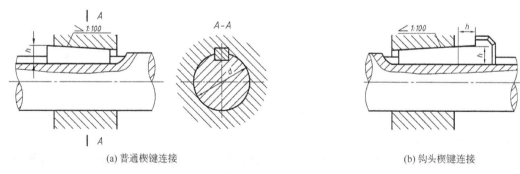

(a)普通楔键连接   (b)钩头楔键连接

图 7-24 楔键连接装配图画法

（3）钩头楔键连接装配图的画法

楔键有普通楔键和钩头型楔键两种。普通楔键又有 A 型（圆头）、B 型（方头）和 C 型（单圆头）三种；钩头型楔键只有一种。楔键顶面是 1∶100 的斜度，装配时打入键槽，依靠键的顶面和底面与轮毂槽和轴槽之间挤压的摩擦力而连接，故画图时上下两接触面应各画一条线，如图 7-24 所示。

二、销

1. 销的种类和标记

常用的销有圆柱销、圆锥销和开口销等，它们都是标准件，如图 7-25 所示。圆柱销和圆锥销通常用于零件间的连接和定位，而开口销则来防止螺母松动或固定其他零件。表 7-5 给出了三种销的简图和标记。

(a) 圆柱销   (b) 圆锥销   (c) 开口销

图 7-25　常用的销

表 7-5　常用销的简图和标记

名　称	简　图	标 记 示 例
圆柱销 GB/T 119.1—2000		销 GB/T 119.1 6m 6×30 表示公称直径 d = 6mm，公差 m6，公称长度 l = 30mm，材料为钢，不淬火，不经表面处理的圆柱销
圆锥销 GB/T 117—2000		销 GB/T 117 6×30 表示公称直径 d = 10mm、公称长度 l = 60mm、材料为 35 钢，热处理 28～38HRC、表面氧化处理的 A 型圆锥销
开口销 GB/T 91—2000		销 GB/T 91 5×50 表示公称直径 d = 5mm，长度 l = 50mm，材料为 Q215 或 Q235，不经表面处理的开口销

2. 销连接的装配图画法

图 7-26 和图 7-27 是圆柱销和圆锥销连接的装配图画法。在剖视图中，当剖切平面通过销的轴线时，销按不剖绘制；若垂直于销的轴线时，被剖切的销应画出剖面线。图 7-28 是开口销连接的画法。

164

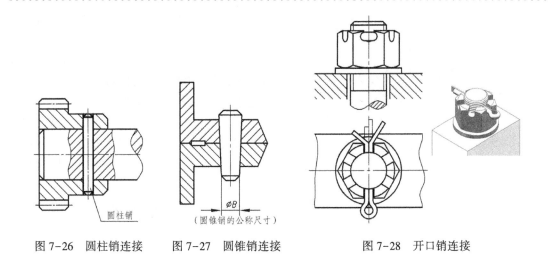

图 7-26　圆柱销连接　　图 7-27　圆锥销连接　　图 7-28　开口销连接

第四节　齿　　轮

齿轮是机械传动中广泛应用的零件，用来传递动力。一般利用一对齿轮啮合将一根轴的转动传递到另一根轴，并可以改变运动方向、转动速度和运动方式。

根据传动轴相对位置的不同，常见的齿轮传动方式有三种：圆柱齿轮传动（用于两平行轴间的传动）；圆锥齿轮传动（用于两相交轴间的传动）；蜗轮与蜗杆传动（用于两垂直交叉轴间的传动），如图 7-29 所示。

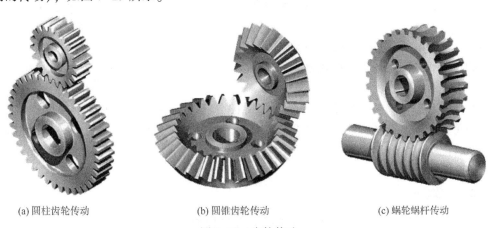

(a) 圆柱齿轮传动　　　　　　(b) 圆锥齿轮传动　　　　　　(c) 蜗轮蜗杆传动

图 7-29　齿轮传动

齿轮的轮齿部分结构尺寸已标准化，国标规定了它的简化画法，这里主要介绍圆柱齿轮各部分的尺寸及规定画法。常见的圆柱齿轮按轮齿的方向分为直齿、斜齿和人字齿等，现在以标准直齿圆柱齿轮为例来介绍。

一、直齿圆柱齿轮各部分名称和尺寸关系

直齿圆柱齿轮各部分名称和尺寸关系如图 7-30 所示。

（1）齿数（z）——齿轮的齿数。

（2）齿顶圆（直径 d_a）——通过轮齿顶部的圆。

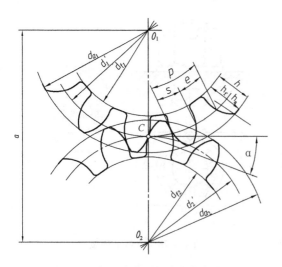

图 7-30 标准直齿圆柱齿轮各部分名称

（3）齿根圆（直径 d_f）——通过轮齿根部的圆。

（4）分度圆（直径 d）——分度圆是设计、制造齿轮时计算各部分尺寸所依据的圆，也是加工时用来分度的圆。

（5）节圆（直径 d'）——两齿轮啮合时，连心线 O_1O_2 上两相切的圆称为节圆，其直径用 d' 表示。当齿轮传动时，可以设想这两个圆是在作无滑动的滚动。对于标准齿轮来说，节圆和分度圆是一致的，即 $d' = d$。在一对相啮合的齿轮上，其两节圆的切点，称为节点。

（6）齿距（p）——分度圆上相邻两齿廓对应点之间的弧长，称为齿距。两啮合齿轮的齿距应相等。

（7）齿厚（s）、槽宽（e）——每个齿廓在分度圆上的弧长，称为齿厚。在分度圆上两个相邻齿间的弧长称为槽宽。对于标准齿轮，齿厚和槽宽相等，均为齿距的一半，即：$s = e$，$p = s + e$。

（8）齿顶高（h_a）——分度圆到齿顶圆的径向距离。

（9）齿根高（h_f）——分度圆到齿根圆的径向距离。

（10）压力角（α）——过齿廓与分度圆的交点处的径向直线与在该点处的齿廓切线所夹的锐角，如图 7-31（a）所示。

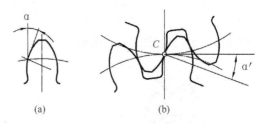

图 7-31 压角角、啮合角

（11）啮合角（α'）——在节点 P 处两齿廓的公法线与两节圆的内公切线所夹的锐角，称为啮合角，如图 7-31（b）所示。啮合角就是在 P 点处两齿轮受力方向与运动方向的夹角。

一对装配准确的标准齿轮，其啮合角等于压力角，即 $\alpha' = \alpha$。我国标准齿轮的压力角为 20°。

（12）模数（m）

由 $\pi d = pz$，得 $d = \dfrac{p}{\pi}z$，比值 p/π 称为齿轮的模数。

模数用 m 表示，即 $m = p/\pi$，则 $d = mz$。

因此模数 m 越大，其齿距就越大，齿厚也就越大。若齿数一定，模数大的齿轮，其分度圆直径就越大，轮齿也越大，齿轮能承受的力量也就大。

模数是设计和制造齿轮的基本参数，不同模数的齿轮要用不同模数的刀具加工，为了便于设计和制造，已将模数标准化，如表 7-6 所示。

表 7-6　标准模数　　　　　　　　　　　　　　　　　　　　　　　　mm

第一系列	1	1.25	1.5	2	2.5	3	4	5	6
	8	10	12	16	20	25	32	40	50
第二系列	1.75	2.25	2.75	(3.25)	3.5	(3.75)	4.5	5.5	(6.5)
	7	9	(11)	14	18	22	28	36	45

注：选用模数时，应优先选用第一系列；其次选用第二系列；括号内的模数尽可能不用。本表未摘录小于 1 的模数。

只有模数和压力角都相同的齿轮，才能相互啮合。设计齿轮时，先要确定模数和齿数，其他部分的尺寸都可由模数和齿数计算出来，轮齿各部分尺寸计算公式如表 7-7 所示。

表 7-7　标准齿轮各基本尺寸的计算公式及举例

基本参数：模数 m，齿数 z			已知：$m=2$，$z=29$
名　称	符　号	计 算 公 式	计算举例（单位 mm）
齿距	p	$p = \pi z$	$p = 6.28$
齿顶高	h_a	$h_a = m$	$h_a = 2$
齿根高	h_f	$h_f = 1.25m$	$h_f = 2.5$
齿高	h	$h = h_a + h_f = 2.25m$	$h = 4.5$
分度圆直径	d	$d = mz$	$d = 58$
齿顶圆直径	d_a	$d_a = d + 2h_a = m(z + 2)$	$d_a = 62$
齿根圆直径	d_f	$d_f = d - 2h_f = m(z - 2.5)$	$d_f = 53$
中心距	a	$a = (d_1 + d_2)/2 = m(z_1 + z_2)/2$	

二、直齿圆柱齿轮的规定画法

根据 GB/T 4459.2—2003 中的规定，直齿圆柱齿轮的画法如下：

1. 齿轮轮齿部分的画法

（1）齿顶圆和齿顶线用粗实线绘制。

（2）分度圆和分度线用细点画线绘制。

（3）齿根圆和齿根线用细实线绘制，也可省略不画；在剖视图中，齿根线用粗实线绘制。

（4）在剖视图中，当剖切平面通过齿轮的轴线时，轮齿一律按不剖处理，如图 7-32 （b）、（c）和（d）所示。

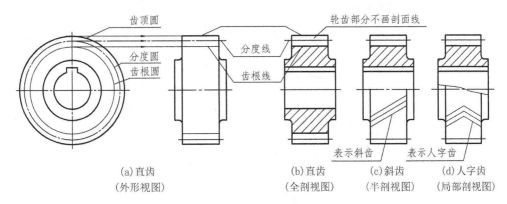

图 7-32　单个齿轮的画法

2. **单个直齿圆柱齿轮的画法**

单个齿轮的画法见图 7-32，单个齿轮的轮齿部分按上述的规定绘制，其余部分按真实投影绘制。当需要表示齿线的特征时，可用三条与齿线方向一致的细实线表示，如图 7-32 (b)、(c) 表示斜齿和人字齿。

3. **直齿圆柱齿轮的啮合画法**

两标准齿轮相互啮合时，分度圆处于相切的位置，此时分度圆又称为节圆。啮合部分的画法规定如下：

(1) 在投影为圆的视图中，两节圆相切。啮合区内的齿顶圆均用粗实线绘制，如图 7-33(a) 所示，也可省略不画，如图 7-33(b) 所示。

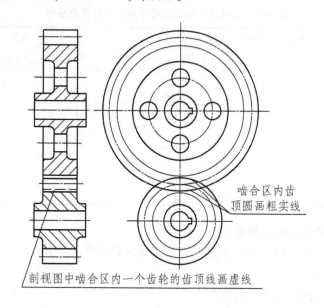

剖视图中啮合区内一个齿轮的齿顶线画虚线

啮合区内齿顶圆画粗实线

(a)

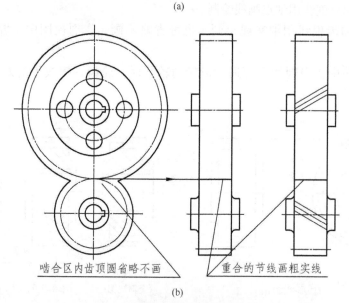

啮合区内齿顶圆省略不画

重合的节线画粗实线

(b)

图 7-33 圆柱齿轮啮合的画法

168

（2）在平行于圆柱齿轮轴线的投影面的视图中，啮合区内齿顶线不需画出，节线用粗实线绘制，如图7-33（b）所示。当画成剖视图且剖切平面通过两啮合齿轮的轴线时，在啮合区内将一个齿轮的轮齿用粗实线绘制，另一齿轮的轮齿被遮挡的部分用虚线绘制，如图7-33（a）和图7-34所示。

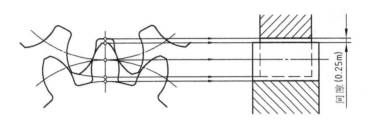

图7-34　啮合区画法

在齿轮的零件图中，除具有一般零件图的内容外，齿顶圆直径、分度圆直径和有关齿轮的基本尺寸必须直接注出，齿根圆直径不标注。齿轮的模数、齿数和压力角等参数在图样右上角的参数列表中给出，齿面的表面粗糙度代号注写在分度圆上，如图7-35所示。

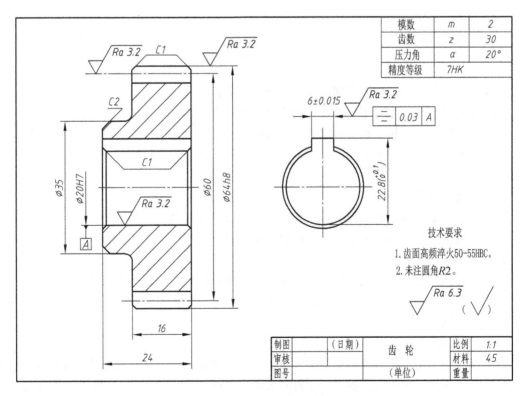

图7-35　直齿圆柱齿轮零件图

第五节 滚动轴承

滚动轴承是支撑旋转轴的组件，它具有结构紧凑、摩擦阻力小等优点，在机器中被广泛使用。

一、滚动轴承结构

滚动轴承的种类很多，但它们的结构大致相同。一般由外圈、内圈、滚动体和保持架组成，如图7-36所示。外圈安装在轴承座孔中，固定不动；内圈装在轴上，随轴转动；滚动体可作成滚珠或滚子形状装在内外圈之间的滚道中；保持架用以把滚动体相互隔开，使其均匀分布在内外圈之间。

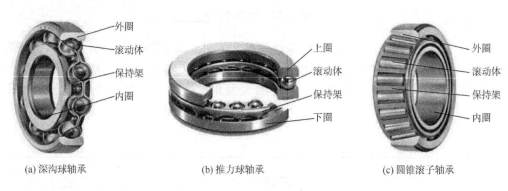

(a) 深沟球轴承　　　　　　　(b) 推力球轴承　　　　　　　(c) 圆锥滚子轴承

图7-36　滚动轴承种类

滚动轴承按其承受载荷的方向不同，可分为三类：

(1) 向心轴承——主要用以承受径向载荷，如图7-36(a)所示的深沟球轴承。

(2) 推力轴承——用以承受轴向载荷，如图7-36(b)所示的推力球轴承。

(3) 向心推力轴承——可同时承受径向和轴向的联合载荷，如图7-36(c)所示的圆锥滚子轴承。

二、滚动轴承的画法

《机械制图 滚动轴承表示法》(GB/T 4459.7—2017)中规定，滚动轴承在装配图中有三种表示法：通用画法、特征画法及规定画法。滚动轴承表示法具体规定摘要如下：

1. 基本规定

(1) 无论采用哪一种画法，其中的各种符号、矩形线框和轮廓线均用粗实线绘制。

(2) 绘制滚动轴承时，其矩形线框或外轮廓的大小应与滚动轴承的外形尺寸一致，并与所属图样采样同一比例。

2. 通用画法

在剖视图中，当不需要确切地表示滚动轴承的外形轮廓、载荷特性及结构特征时，可用矩形线框及位于线框中央正立的十字形符号表示，如图7-37所示，十字形符号不应与矩形线框接触。通用画法一般应绘制在轴的两侧，如图7-38所示，通用画法的尺寸比例，见图7-39。

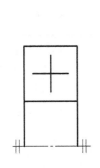

图 7-37　通用画法

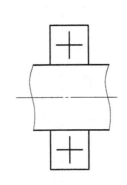

图 7-38　绘制在轴两侧的通用画法

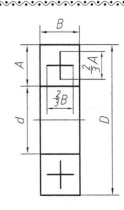

图 7-39　通用画法尺寸比例

3. 特征画法

在剖视图中，如需较形象地表示滚动轴承的结构特征时，可采用在矩形线框内画出其结构要素符号的方法表示。表 7-8 中列出深沟球轴承、圆锥滚子轴承和推力球轴承的特征画法及尺寸比例。特征画法应绘制在轴的两侧。

表 7-8　常用滚动轴承的特征画法与规定画法

轴承名称	类型代号	特征画法	规定画法
深沟球轴承 60000 型 GB/T 276—2013	6		
圆锥滚子轴承 30000 型 GB/T 297—2015	3		

171

轴承名称	类型代号	特征画法	规定画法
推力球轴承 50000 型 GB/T 301—2015	5	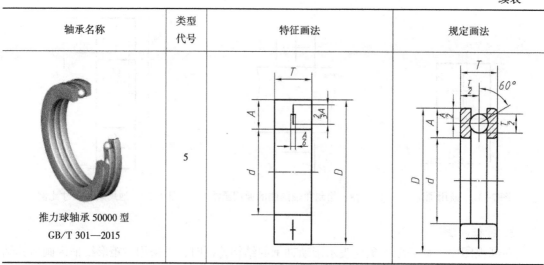	

4. 规定画法

在剖视图中，如需要表达滚动轴承的主要结构时，可采用表 7-8 的规定画法。规定画法一般绘制在轴的一侧，另一侧按通用画法绘制。在装配图中，滚动轴承的保持架及倒角可省略不画。

采用规定画法绘制滚动轴承的剖视图时，轴承的滚动体不画剖面线，其各套圈等一般应画成方向和间隔相同的剖面线，在不致引起误解时，也允许省略不画。

三、滚动轴承的代号及标记

1. 滚动轴承的代号

根据 GB/T 272—2017 规定，轴承代号由基本代号、前置代号和后置代号构成，排列顺序见表 7-9。

表 7-9　轴承代号

前置代号	基本代号				后置代号
	类型代号	尺寸系列代号		内径代号	
		宽(高)度系列代号	直径系列代号		

基本代号由轴承类型代号，尺寸系列代号和内径代号三部分自左至右顺序排列组成。

轴承类型代号：轴承代号用数字或字母表示，类型代号可查阅 GB/T 272—2017。

尺寸系列代号：由轴承的宽(高)度系列代号(1 位数字)和直径系列代号(1 位数字)左右排列组成。宽(高)度系列代号表示轴承的内、外径相同的同类轴承有几种不同的宽(高)度。直径系列代号表示内径相同的同类轴承有几种不同的外径。

内径代号：表示轴承内圈孔径，由右后两位数字表示。当轴承的内径在 20～480mm 范围内，内径代号乘以 5 即为轴承的内径 d。内径不在此范围内，内径代号另有规定，可查阅有关标准。

2. 滚动轴承的标记

滚动轴承标记由轴承名称、轴承代号和标准编号组成。

【示例1】 滚动轴承　6202　GB/T 276—2013

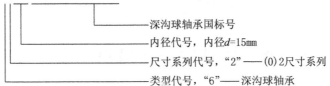

滚动轴承 6202 GB/T 276—2013

- 深沟球轴承国标号
- 内径代号，内径d=15mm
- 尺寸系列代号，"2"——(0)2尺寸系列
- 类型代号，"6"——深沟球轴承

【示例2】 滚动轴承　30306　GB/T 297—2015

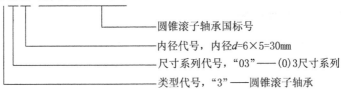

滚动轴承 30306 GB/T 297—2015

- 圆锥滚子轴承国标号
- 内径代号，内径d=6×5=30mm
- 尺寸系列代号，"03"——(0)3尺寸系列
- 类型代号，"3"——圆锥滚子轴承

第八章 零件图

第一节 零件图的作用和内容

机器或部件都是由若干个零件组装而成。表达单个零件的结构形状、尺寸大小及技术要求的图样称为零件图，它是生产中的重要技术文件，是制造和检验零件的依据。因此，一张完整的零件图应包括以下四方面内容(图8-1)。

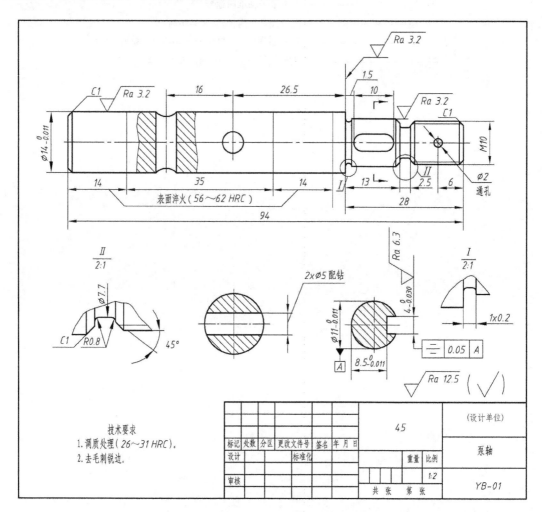

图8-1 泵轴零件图

1. 一组视图

用一组视图(包括视图、剖视图、断面图、局部放大图和简化画法等)正确、完整、清晰及简便地表达出零件的内外结构形状。

2. 完整尺寸

零件图中应正确、完整、清晰、合理地注出制造零件所需的全部尺寸。

3. 技术要求

用一些规定的代号、数字、字母和文字简明、准确地表示零件在制造和检验时应达到的要求(包括表面粗糙度、尺寸公差、几何公差和热处理等)。

4. 标题栏

在零件图右下角,用标题栏写出该零件的名称、数量、材料、比例、图号,以及设计、校核人员签名等内容。

第二节 零件图的视图表达

不同零件有不同的结构形状,表达零件首先考虑的是便于看图;其次是要根据它的结构特点,选用适当的表达方法。

一、零件图的视图选择

零件图的视图选择,就是选择适当的表达方法,将零件的结构形状正确、完整、清晰地表达出来。在便于看图的前提下,力求尽量提高各视图的表达功能,减少视图数量,简化制图。要达到这个要求,首先必须选择好主视图,然后选配其他视图。

1. 主视图的选择

主视图是零件图的核心部分,其选择的合理与否,会直接影响零件的表达效果。因此,主视图的选择应满足以下原则:

(1) 形状特征原则

主视图应较好地反映零件的结构形状特征,该原则称为形状特征原则,它是确定主视图投射方向的依据。从形体分析的角度考虑,一定要选择能将零件各组成部分的形状及其相对位置反映得最好的方向作为主视图的投射方向,使人看了主视图就能了解零件的大致形状。例如图8-2所示的轴,箭头 A 所指的投射方向,能够较多地反映出零件的结构形状,而箭头 B 所指的投射方向,反映出的零件结构形状较少,因此,应选择 A 向作为主视图的投射方向。

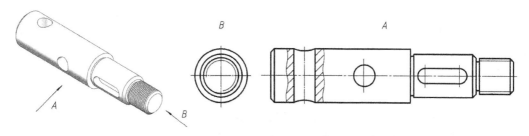

图8-2 主视图的选择

(2) 加工位置原则或工作位置原则

主视图应尽可能反映零件的加工位置或工作位置,该原则称为加工位置原则或工作位置原则,它是确定零件摆放位置的依据。加工位置是指零件在机床上加工时的装夹位置。主视图与加工位置一致，便于工人看图加工。工作位置是指零件在机器中工作时的位置。主视图与工作位置一致，便于研究图纸及对照装配图来看图和画图。

2. 其他视图的选择

当主视图确定后，还要考虑零件上哪些结构还未表达清楚，选择哪些视图来表达。其他视图的选择原则是：在完整、清晰、准确地表达出零件的结构形状的前提下，尽量采用简单的表达方法，减少视图数量，以便于看图和画图。

在选择其他视图时应注意以下几个方面的问题：

（1）对于主要结构形状，应选用基本视图表达，并恰当地运用全剖、半剖、局部剖表达零件的内部结构形状。

（2）对于外部局部的或倾斜的结构形状，可以选用局部视图或斜视图表达。

（3）对于内部结构形状，应选用剖视图或断面图表达。

（4）对于尺寸较小的结构要素，可以选用局部放大图表达。

（5）合理运用标准中规定的简化画法。

二、典型零件的视图表达

根据结构形状和加工方法，常用零件大致可分成四类：轴套类零件（轴、衬套等零件）；盘类零件（端盖、阀盖、齿轮等零件）；叉架类零件（拨叉、连杆、支座等零件）；箱体类零件（泵体、减速器箱体等零件）。

1. 轴套类零件

轴套类零件的结构特点：一般由若干段同轴回转体构成，其上常有键槽、越程槽、退刀槽以及轴肩、螺纹、中心孔等结构。

视图选择：

（1）主视图的位置和投射方向

轴套类零件主要在车床上加工，主视图应按加工位置原则和形状特征原则确定。主视图轴线水平放置，便于工人加工零件时看图。绘图时直径小的一端在右侧，键槽等结构朝前对着观察者。

（2）其他视图

轴套类零件的键槽、退刀槽、越程槽等结构可以用断面图、局部视图、局部剖视图和局部放大图等加以表达，如图 8-1 所示。

2. 盘盖类零件

盘盖类零件的结构特点：主体部分一般由回转体组成，轴向尺寸较小，径向尺寸较大。通常有键槽、轮辐、孔等结构。

视图选择：

（1）主视图的位置和投射方向

盘盖类零件的基本形状为扁平的盘状结构，毛坯多为铸件，主要在车床上加工。主视图应按加工位置原则和形状特征原则确定，轴线水平放置。

（2）其他视图

通常以左视图表达外形轮廓、孔及轮辐等结构的数量及相对位置。有时，根据需要还可以选择其他表达方法。图 8-3 为一端盖的表达方案，以反映端盖轴线的全剖视图作为主视图，表达其内形；以投影为圆的视图为左视图，表达端盖的外形及孔的分布情况。

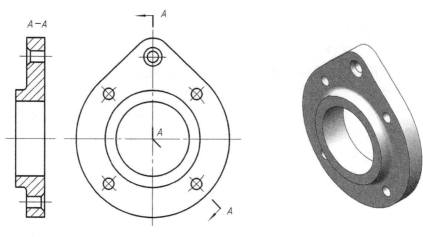

图 8-3 端盖的表达方案

3. 叉架类零件

叉架类零件的结构主要起支撑和连接作用，结构形状较为复杂，按其功能可分为工作部分、安装部分和连接部分。其中，工作部分为叉架的主体，一般为空心圆柱；安装部分常有凸台、沉孔、圆角等结构；连接部分多由薄板和肋板组成。

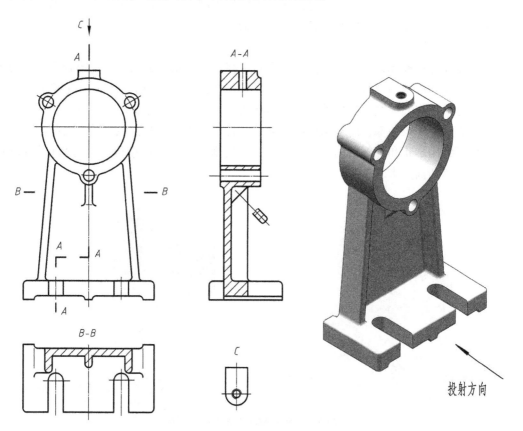

图 8-4 支架的表达方案

视图选择：

（1）主视图的位置和投射方向

叉架类零件一般是铸件，毛坯形状复杂，需要经过多种工序加工，且加工位置不易分清主次。因此，主视图应按工作位置原则和形状特征原则确定。

（2）其他视图

除了主视图之外，通常还需要一个或多个基本视图，表达主要结构。其余的次要结构还应采用局部视图、局部剖视图、斜视图、断面图、局部放大图等视图表示。

图 8-4 为支架的表达方案，主视图表达了支架的主要结构形状；俯视图取 C-C 剖视，表达了支撑肋板和底板的结构；左视图取 B-B 剖视，表达了支撑套筒的内部结构，D 向局部视图表达了顶部凸台的结构。

4. 箱体类零件

箱体类零件的结构特点：主要起支撑、容纳、保护其他零件的作用。这类零件的结构形状复杂，通常有较大的内腔、底板、肋、轴承孔、凸台、凹坑、螺孔、销孔和安装孔等结构。

视图选择：

（1）主视图的位置和投射方向

箱体类零件多为铸件，一般都经过多道工序加工制造，且各工序加工位置不尽相同。因此，主视图应按工作位置原则和形状特征原则确定。

（2）其他视图

箱体类零件一般都较复杂，常需要多个基本视图。对箱体的内部结构形状采用剖视图表示。如果箱体外部结构形状简单，内部结构形状复杂，可采用全剖视图；如果箱体具有对称平面时，可采用半剖视图；如果外部结构形状复杂，内部结构形状简单，可采用局部剖视图或用虚线表示；如果外部、内部结构都较复杂，且投影不重叠时，也可采用局部剖视图；重叠时，内部结构形状和外部结构应分别表达；对局部的外、内部结构形状可采用局部视图、局部剖视图和断面图来表示。

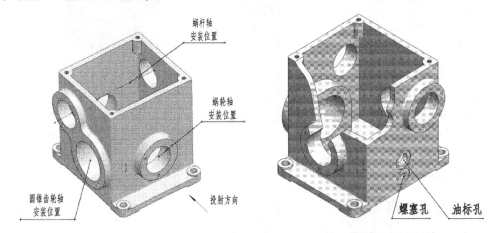

图 8-5　蜗轮减速器箱体的结构图

图 8-5 为一蜗轮减速器箱体的结构图，箱体的重要部分是传动轴的轴承孔系，用来安放支撑蜗杆轴、蜗轮轴及圆锥齿轮轴的滚动轴承。箱体底部有底板，底板上有四个安装孔；

箱壁上有两个螺纹孔，上面的螺纹孔用来装油标，下面的螺纹孔用来装螺塞；箱体上部有四个凸台和螺孔用于连接箱盖；该箱体外部结构形状前后相同，尺寸不同，左右各异，上下不完全一样；它的内部结构形状前后基本相同，左右各异，而且都较复杂，其表达方案如图8-6所示。共用了6个图形，具体为：

① 沿蜗轮轴线方向作为主视图的投射方向。主视图采用 A–A 阶梯剖视图，主要表达蜗轮轴承孔的大小和位置，圆锥齿轮轴承孔和蜗杆右轴承孔的大小、位置及其左侧外部凸台上螺纹孔的结构。

② 左视图采用 B–B 局部剖视图，主要表达蜗杆轴承孔和蜗轮轴承孔之间的相对位置，蜗轮轴承孔凸台上螺纹孔的结构，安装油标和螺塞孔及凸台的形状。

③ 在左视图的右侧，采用了一个简化画法，以表达蜗轮轴承孔凸台上螺纹的分布情况。

④ 俯视图为过左侧蜗杆轴承孔剖切的局部剖视图，该视图主要表达箱体顶部和底板的结构形状，左侧蜗杆轴承孔的大小及各轴承孔的位置，并用虚线表示箱体底板凸台的形状。

⑤ C–C 局部剖视图表达圆锥齿轮轴承孔内部凸台的形状。

⑥ D 向局部视图，表达箱体左侧外部凸台的形状和螺孔位置。

箱体的表达方案不是唯一的。可以确定多个表达方案，比较其优缺点，选择一个较优的方案，这里不再叙述。

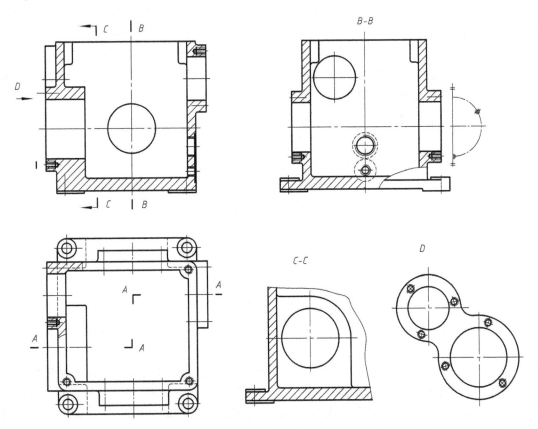

图 8-6　箱体的表达方案

第三节 零件图的尺寸标注

零件图上标注的尺寸应符合正确、完整、清晰、合理的要求。

在前面的章节中，已经介绍了如何正确、完整、清晰地标注尺寸，这里主要介绍如何合理地标注尺寸。所谓合理是指图上所注尺寸，既能满足设计要求，又能满足加工工艺要求，也就是既能使零件在部件(或机器)中很好地工作，又便于制造、测量和检验。要做到尺寸标注合理，需要较多的机械设计和加工方面的知识，仅学习本课程的知识是不够的。因此，本节仅介绍一些合理标注尺寸的初步知识。

一、尺寸基准的选择

尺寸基准就是在设计、制造和检验零件时用以确定尺寸标注起点位置的一些点、线、面。尺寸标注得是否合理，关键在于能否正确地选择尺寸基准。由于用途不同，基准可以分为设计基准和工艺基准。

设计基准是在机器工作时确定零件位置的一些点、线、面。工艺基准是在加工或测量时确定零件位置的一些点、线、面。

每个零件都有长、宽、高三个方向，因此每个方向至少应该有一个基准，这个基准一般称为主要基准；但有时根据设计、加工及测量上的要求，还要附加一些基准，这些基准称为辅助基准。主要基准和辅助基准之间应有尺寸联系。如图 8-7 所示的轴，轴向长度尺寸以端面 A 为主要基准，并以轴线作为直径方向的主要基准，同时也是高度和宽度方向的基准，右端面 B 为长度方向的辅助基准，标注尺寸 61，同时又分别以左、右螺纹退刀槽的右侧和左侧端面为长度方向的辅助基准标注尺寸 1×1。

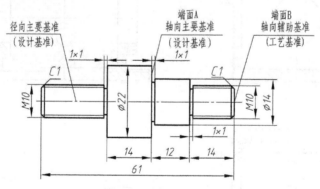

图 8-7 基准的选择

选择尺寸基准，就是在标注尺寸时，是从设计基准出发，还是从工艺基准出发。从设计基准出发标注尺寸，其优点是在标注尺寸上反映了设计要求，能保证所设计的零件在机器中的工作性能；从工艺基准出发标注尺寸，其优点是把尺寸的标注与零件的加工制造联系起来，在标注尺寸上反映了工艺要求，使零件便于制造、加工和测量。在标注尺寸时，最好是把设计基准和工艺基准统一起来。这样，即能满足设计要求，又能满足工艺要求。若两者不能统一时，所注尺寸应在保证设计要求的前提下，满足工艺要求。

二、标注尺寸的形式

根据尺寸在图上的布置特点，标注尺寸的形式有下列三种：

1. 链状法

同一方向的尺寸依次首尾相接注写成链状，如图8-8(a)所示。这种标注的优点是可以保证每一环尺寸精确度要求，缺点是每一环的误差积累在总长上。因此，链状法常用于标注中心之间的距离或对总尺寸精度要求不高但对各段尺寸精度要求较高的阶梯状零件。

2. 坐标法

同一方向的尺寸从同一基准注起，如图8-8(b)所示。这种标注的优点是不会产生累积误差，缺点是很难保证每一环的尺寸精度要求。坐标法常用于标注需要从一个基准定出一组精确尺寸的零件。

3. 综合法

综合法标注尺寸是链状法与坐标法的综合，如图8-8(c)所示。同一方向上，一部分尺寸从同一个基准注起，另一部分尺寸从前一尺寸的终点注起。这种标注兼有上述两种标注的优点，标注零件的尺寸时，多用综合法。

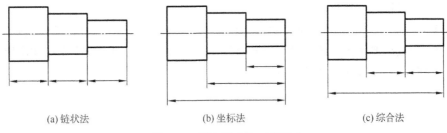

| (a)链状法 | (b)坐标法 | (c)综合法 |

图8-8 标注尺寸的三种形式

三、合理标注尺寸应注意的事项

要使图中的尺寸合理，必须在标注尺寸时，既要考虑设计要求，又要考虑工艺要求。

1. 考虑设计要求

（1）主要尺寸应直接标注

主要尺寸是指那些影响产品工作性能、精度及互换性的重要尺寸。直接标注出主要尺寸，能够直接提出尺寸公差、几何公差的要求，以保证设计要求。

（2）相关尺寸的基准和注法应一致

图8-9所示的尾架和导板，它们的凸台和凹槽（尺寸40）是相互配合的。装配后要求尾架和导板的右端面对齐，为此，在尾架和导板的零件图上，均应以右端面为基准，尺寸注法应相同。

（3）避免注成封闭尺寸链

封闭尺寸链是由头尾相接，绕成一整圈的一组尺寸组成。每一个尺寸是尺寸链中的一环，如图8-10(a)所示。这样标注尺寸在加工时往

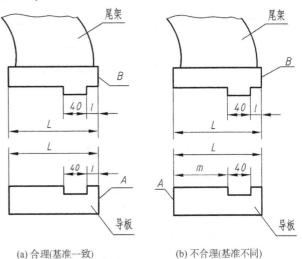

(a)合理(基准一致)   (b)不合理(基准不同)

图8-9 相关尺寸的基准和注法应一致

往难以保证,因此,实际标注尺寸时,要在尺寸链中选择一个不重要的环(称它为开环),不标尺寸,如图 8-10(b)所示。这时开环的尺寸误差是其他各环尺寸误差之和,因为它不重要,所以对设计要求没有影响。

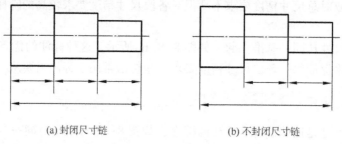

(a) 封闭尺寸链   (b) 不封闭尺寸链

图 8-10 尺寸链

2. 考虑工艺要求

(1) 按加工顺序标注尺寸

按加工顺序标注尺寸,符合加工过程,便于加工和测量。图 8-11(f)所示的轴,长度方向仅尺寸 51 为设计要求的主要尺寸,需直接注出,其余尺寸按加工顺序直接注出所需尺寸,轴的加工工序如图 8-11(a)~(e)所示。

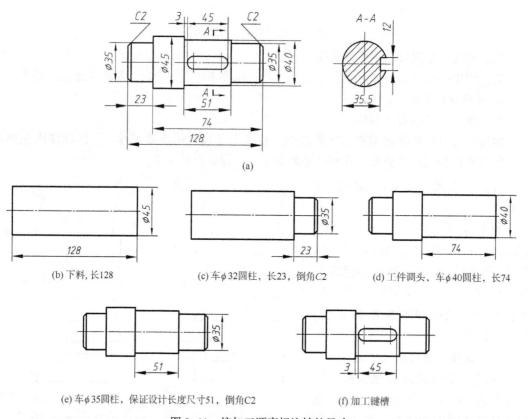

(a)

(b) 下料,长128   (c) 车φ32圆柱,长23,倒角C2   (d) 工件调头,车φ40圆柱,长74

(e) 车φ35圆柱,保证设计长度尺寸51,倒角C2   (f) 加工键槽

图 8-11 按加工顺序标注轴的尺寸

（2）按不同加工方法尽量集中标注尺寸

一个零件，一般需要经过几种加工方法（如车、铣、刨、钻、磨）才能制成。在标注尺寸时，最好将不同加工方法的有关尺寸，集中标注。

（3）同一方向的加工面与非加工面之间，只能有一个联系尺寸

图 8-12（a）中用尺寸 A 将加工面与非加工面联系起来，即加工凸缘底面时，保证尺寸 A，其余都是铸造形成的；图 8-12（b）中加工面间与非加工面之间有 A、B、C 三个联系尺寸，在加工底面时，要同时保证 A、B、C 三个尺寸会对加工造成困难。

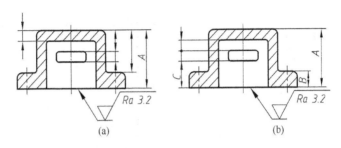

图 8-12　尺寸标注要便于测量

（4）标注尺寸要考虑测量方便（图 8-13）

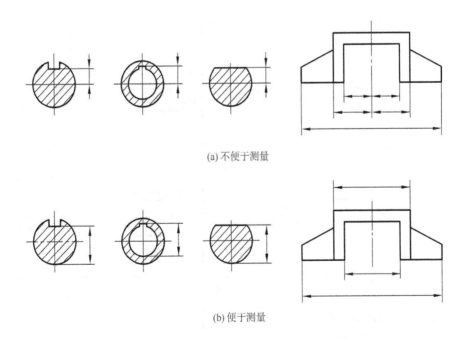

(a) 不便于测量

(b) 便于测量

图 8-13　尺寸标注要便于测量

3. 零件上常用的各种孔，其尺寸注法见表 8-1。各种孔除了用普通注法标注尺寸外，也可采用如表中所示的旁注法标注。

表 8-1 各种孔的尺寸标注

结构类型		标注示例	说　明
光孔		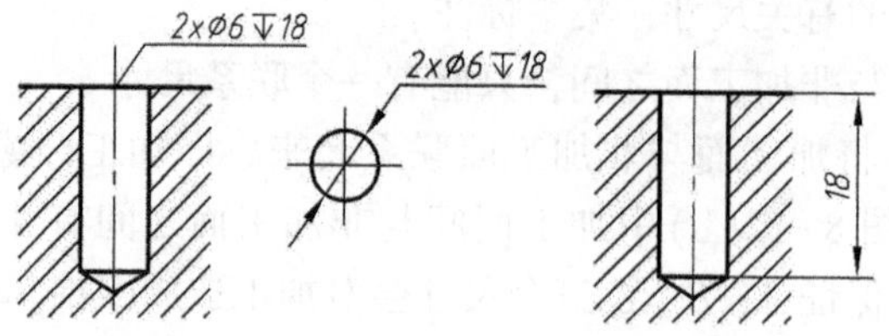	2 个公称直径为 6 的光孔，孔深 18mm
螺纹孔		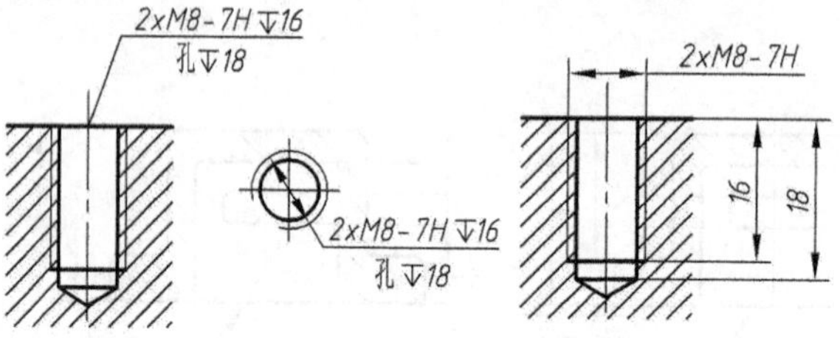	2 个公称直径为 M8 的螺纹孔，螺纹深度 16mm，孔深 18mm
沉孔	锥形	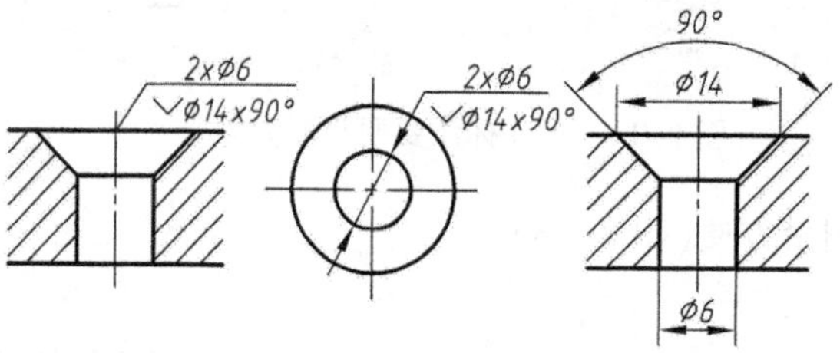	2 个直径为 φ6 的锥形沉孔，锥台大头直径 φ14，锥角 90°
	柱形	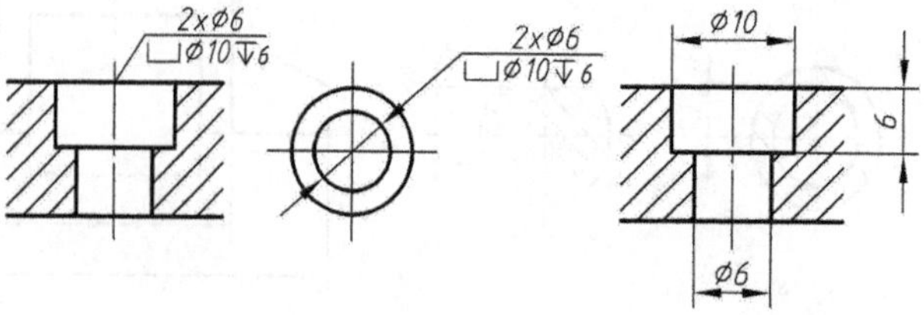	2 个直径为 φ6 的柱形沉孔，沉孔直径为 φ10，孔深 6mm
	锪平	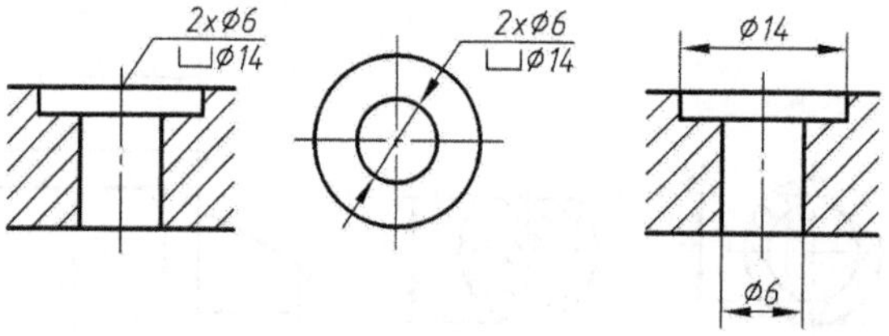	2 个直径为 φ6 的光孔，锪平圆直径为 φ14，锪平深度不标注，一般锪平到不出现毛刺为止

注：符号说明：▽表示孔深度；⊔表示沉孔或锪平；∨表示埋头孔。

四、零件图尺寸标注的方法

1. 零件图尺寸标注的方法步骤

（1）进行零件结构分析；

（2）确定主要尺寸及选择尺寸基准；

（3）其他尺寸按工艺要求和形体分析法标注。

2. 零件尺寸标注举例

【例 8-1】 支架尺寸标注，如图 8-14 所示。

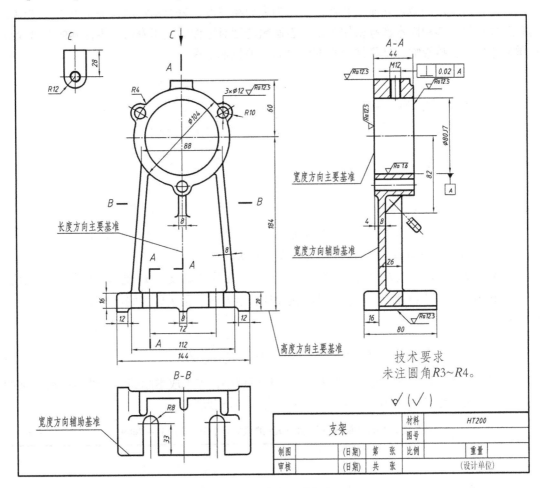

图 8-14 支架尺寸标注

第四节 零件图的技术要求

零件图中除了有表达零件形状的视图和表达零件大小的尺寸外，还必须有技术要求。技术要求主要包括：表面结构、极限与配合、几何公差、材料热处理和表面处理、零件的特殊加工要求、检验和试验说明等。技术要求在图样中的表示方法有两种，一种是按国家标准规定的各种符号、代号标注在视图中，一种是以"技术要求"为标题，用文字分条注写在标题栏的上方或左边。

一、表面结构在图样上的表示法

在机械图样上，需要根据功能要求对零件的表面结构给出要求。表面结构是表面粗糙度、表面波纹度、表面缺陷、表面纹理和表面几何形状的总称。表面结构的各项要求在图样中的表示法在《产品几何技术规范 GPS 技术产品文件中表面结构的表示法》（GB/T 131—2006）中有具体的规定，本书主要介绍表面粗糙度在图样上的表示法。

加工零件时，由于系统刚度不足而造成的工艺系统的振动以及材料的不均匀等因素，使得零件表面产生凸凹不平的微观特征，如图 8-15 所示。这种在加工表面上形成的具有较小间距和峰谷所组成的微观几何形状特性，称为表面粗糙度。表面粗糙度与加工方法、切削工具和工件材料等各种因素都有密切关系。表面粗糙度对零件的使用寿命、零件间的配合及外观质量等均有直接影响，是零件中必不可少的一项技术要求。

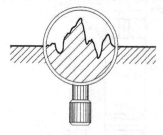

图 8-15　表面结构特征

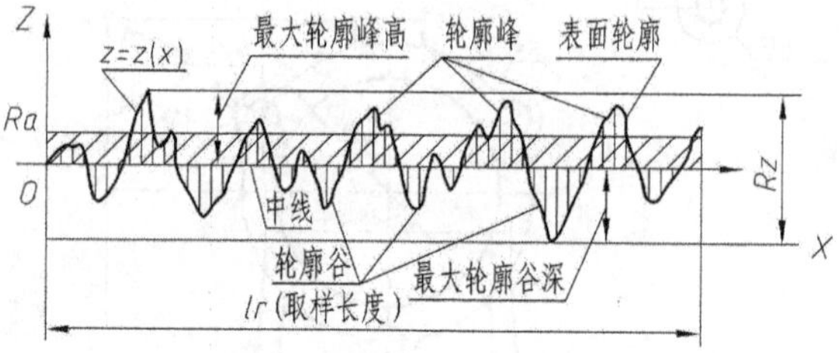

图 8-16　轮廓算术平均偏差 Ra 和轮廓最大高度 Rz

表面粗糙度是评价零件表面质量的重要指标，通常由 Ra、Rz 两个参数描述。

1. 轮廓的算术平均偏差 Ra 和轮廓的最大高度 Rz

轮廓的算术平均偏差 Ra 是指在取样长度 l_r 内，轮廓的高度 $z(x)$ 绝对值的算术平均值，如图 8-16 所示。轮廓的最大高度 Rz 是指在取样长度 l_r 内，最大轮廓峰高与最大轮廓谷深之和，如图 8-16 所示。

$$Ra = \frac{1}{l_r} \int_0^{l_r} |z(x)| \, dx \approx \frac{1}{n} \sum_{i=1}^{n} |z_i|$$

Ra 的单位为 μm，数值规定参见表 8-2，其值越小，加工成本越高。零件表面粗糙度的选用，应该既满足零件表面的功能要求，又要考虑经济合理。

表 8-2　轮廓的算术平均偏差 Ra 的规定值（GB/T 1031—2009）　　μm

0.012	0.2	3.2	
0.025	0.4	6.3	50
0.05	0.8	12.5	100
0.1	1.6	25	

2. 表面粗糙度符号和代号

表面粗糙度符号和代号及其在图样上的注法应符合 GB/T 131—2006 的规定。表面粗糙度符号的画法及意义见表 8-3。

表 8-3　表面粗糙度符号的画法及意义

符　　号	意义及说明
	基本符号，表示表面可用任何方法获得。当不加注粗糙度参数值或有关说明时，仅适用于简化代号标注
	扩展图形符号（基本符号加一横线），用去除材料的方法获得的表面，例如车、铣、磨、抛光、腐蚀、电火花等

续表

符　号	意　义　及　说　明
	扩展图形符号(基本符号加一小圆),不去除材料的表面,例如铸、锻、冲压、热轧、粉末冶金等加工方法,或者是用于保持上道工序形成的表面
	完整图形符号。当要求标注表面结构特征的补充信息时,应在图形符号的长边上一横线。为明确表粗糙度参数,除了表面粗糙度参数和数值外,必要时应标注补充要求,补充要求包括传输带、取样长度、加工工艺、表面纹理及方向、加工余量等

表面粗糙度符号画法如图8-17所示。

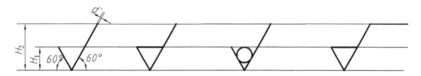

d'为符号线宽,h为数字和字母高度,$d'=1/10h$,$H_1=1.4h$,H_2取决于其最小值为$3h$。

图8-17　表面粗糙度符号画法

3. 表面粗糙度数值的注写

表面粗糙度参数 Ra 标注及意义见表8-4,Ra 在代号中用数值表示,单位 μm,参数值前不能省略参数代号 Ra。

表8-4　表面粗糙度参数注写及含义

代　号	说　明
$\sqrt{}$ $Ra\ 3.2$	表示用任何方法获得的表面,Ra 的上限值为 3.2μm
$\sqrt{}$ $Ra\ 3.2$	表示用去除材料的方法获得的表面,Ra 的上限值为 3.2μm
$\sqrt{}$ $Ra\ 3.2$	表示用不去除材料的方法获得的表面,Ra 的上限值为 3.2μm

4. 表面粗糙度符号、代号在图样上的标注

(1)表面粗糙度值对每一表面一般只标注一次,并尽可能标注在相应尺寸及其公差的同一视图上。除非另有说明,所标注的表面粗糙度要求是对完工零件表面的要求。

(2)根据GB/T 4458.4规定,表面结构要求在图样上的标注原则是:表面粗糙度数值的注写和读取方向与尺寸的注写和读取方向一致,可标注在轮廓线上,其符号应从材料外指向并接触表面,如图8-18所示。必要时,表面粗糙度符号用带箭头或黑点的指引线引出标注如图8-19所示。

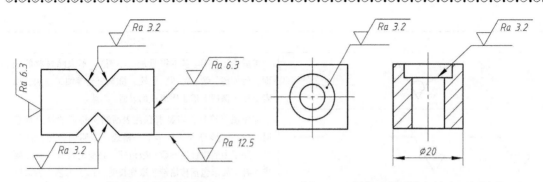

图 8-18　表面粗糙度的注写方向　　　　图 8-19　用指引线引出标注表面粗糙度

（3）在不引起误解时，表面粗糙度要求可以标注在给定的尺寸线上，如图 8-20 所示。

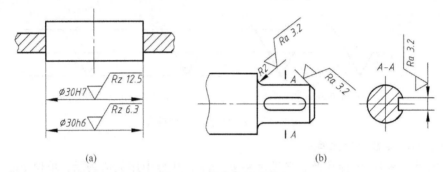

(a)　　　　　　　　　　　　　　　(b)

图 8-20　标注在尺寸线上

（4）表面粗糙度要求可注在几何公差框格的上方，如图 8-21 所示。

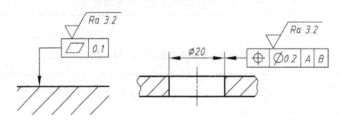

图 8-21　表面结构要求标注在几何公差框格上方

（5）圆柱和棱柱的表面要求只标注一次，如图 8-22 所示。

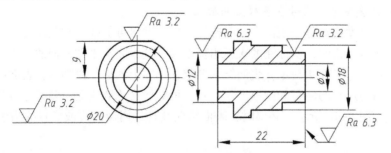

图 8-22　圆柱表面标注

5. 表面粗糙度在图上的简化标注

（1）有相同表面粗糙度要求的简化标注

如图 8-23(a)所示，如果工件的全部表面有相同的表面粗糙度要求，在图样的标题栏附近标注表面粗糙度代号和括号，括号内给出无任何其他标注的基本符号。如果工件的多数表面有相同的表面粗糙度要求，则不同的表面粗糙度要求应直接标注在图形中，相同的表面粗糙度要求可按图 8-23(b)方式统一标注在图样的标题栏附近。

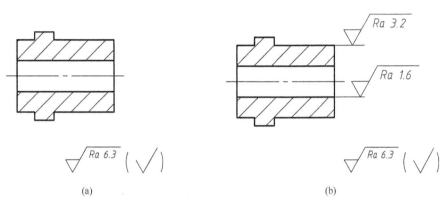

图 8-23 有相同表面粗糙度要求的简化标化

（2）多个表面有共同要求的标注

可用带字母的完整符号，以等式的形式，在图形或标题栏附近，对有相同表面结构要求的表面进行简化标注，如图 8-24 所示。

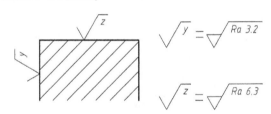

图 8-24 多个表面有共同表面粗糙度要求的简化标注

二、极限与配合

1. 互换性

从相同规格的零件中任取一件，不经修配，就能装配到机器中去，并能保证使用要求，这种性质称为互换性。零件具有互换性，便于装配和维修，有利于组织生产协作，提高经济效益。建立极限与配合制度是保证零件具有互换性的必要条件。

为了使零件具有互换性，必须将零件尺寸的加工误差限定在一定范围内，这个范围既要保证相互结合的尺寸之间形成的关系满足使用要求，又要在制造时经济合理，这便形成了"极限与配合"。

2. 公差

零件尺寸允许的变动范围称为尺寸公差，简称公差。例如，轴的尺寸 $\phi30^{-0.025}_{+0.046}$ 指轴的直径可以从 $\phi29.954 \sim \phi29.975$ 不等。轴的公差为 0.021mm。

国家标准已规定了一种公差制，下面介绍有关公差的术语及定义。

（1）公差的有关术语和定义（GB/T 1800.1—2009）

尺寸要素：由一定大小的线性尺寸或角度尺寸确定的几何形状。

公称尺寸：以图样规范确定的理想形状要素的尺寸。

极限尺寸：尺寸要素允许尺寸的两个极端。

上极限尺寸：尺寸要素允许的最大尺寸，如图 8-25 所示。

下极限尺寸：尺寸要素允许的最小尺寸，如图 8-25 所示。

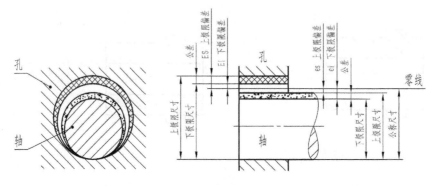

图 8-25　公差术语

偏差：某一尺寸减其公称尺寸所得的代数差。

上极限偏差（ES，es）：上极限尺寸减其公称尺寸所得的代数差。

下极限偏差（EI，ei）：下极限尺寸减其公称尺寸所得的代数差。

轴的上、下极限偏差用小写字母 es、ei 表示，孔的上、下极限偏差用大写字母 ES、EI 表示。

零线：在极限与配合图解中，表示公称尺寸的一条直线（通常沿水平方向绘制），以其为基准确定偏差和公差，如图 8-25 所示。

极限制：经标准化的公差与偏差制度。

公差＝上极限尺寸−下极限尺寸＝上极限偏差−下极限偏差。

公差带：在公差带图解中，由代表上极限尺寸和下极限尺寸或上极限偏差和下极限偏差的两条直线所限定的一个区域称为公差带。它是由公差大小和其相对于零线的位置来确定的，如图 8-26 所示。

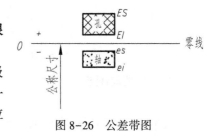

图 8-26　公差带图

（2）标准公差和基本偏差。

标准公差：国家标准规定的用以确定公差带大小的标准化数值。标准公差数值见附表 3-1。

标准公差由基本尺寸范围和标准公差等级确定。标准公差等级代号用符号 IT 和数字组成。标准公差分 20 个等级，即：IT01，T0，IT1，…，IT18。精度依次降低，公差值由小到大。其中 IT01 级最高，IT18 级最低。

同一公称尺寸，公差等级越高，公差数值越小，尺寸精度越高。属于同一公差等级的公差数值，公称尺寸越大，对应的公差数值越大，但被认为具有同等的精确程度。

基本偏差：在极限与配合制中，确定公差带相对零线位置的极限偏差，一般指靠近零线的那个偏差，图 8-26 孔中的基本偏差为下极限偏差，轴的基本偏差为上极限偏差。

国家标准规定了基本偏差代号用拉丁字母表示，大写为孔，小写为轴，各有 28 个，基本偏差系列示意图，如图 8-27 所示。

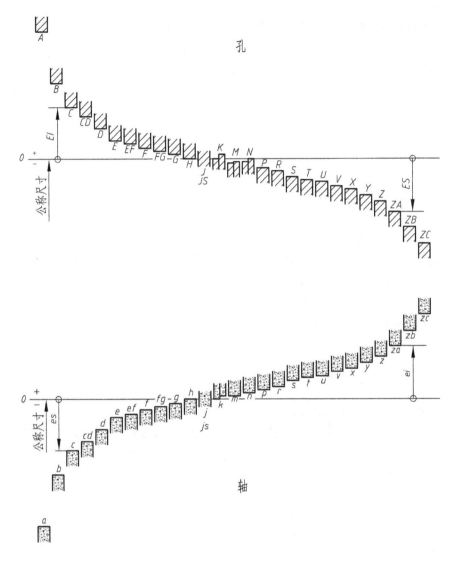

图 8-27 基本偏差系列示意图

从基本偏差系列示意图中可以看出：孔的基本偏差 A ~ H 为下偏差，J~ ZC 为上偏差，JS 的公差带对称分布于零线两边，其基本偏差为 +IT/2 或 – IT/2；轴的基本偏差 a~h 为上偏差，j~ zc 为下偏差，js 的公差带对称分布于零线两边，其基本偏差为+IT/2 或 – IT/2；H 和 h 的基本偏差均为零。基本偏差系列示意图只表示公差带的位置，不表示公差的大小。因此，在图 8-27 中只画出了公差带属于基本偏差的一端，而另一端是开口的，公差带的另一端由标准公差限定。

大多数基本偏差与公差等级无关，但有些基本偏差对不同的公差等级使用不同的数值，

191

基本偏差的具体数值见附表3-2、附表3-3。

孔和轴的另一偏差按以下代数式计算：

ES = EI+IT　或　EI = ES−IT

es = ei+IT　或　ei = es−IT

公差带代号：公差带代号由基本偏差代号和公差等级组成。例如：

H8——基本偏差代号为H，公差等级为8级的孔的公差带代号。

f7——基本偏差代号为f，公差等级为7级的轴的公差带代号。

当公称尺寸和公差带代号确定时，可根据附表3-4、附表3-5查得优先配合中轴、孔的极限偏差值。

3. 配合与基准制

公称尺寸相同的、相互结合的孔和轴公差带之间的关系，称为配合。

（1）配合的种类。根据使用的要求不同，孔和轴之间的配合有松有紧，因而国标规定配合分为三类，即间隙配合、过盈配合和过渡配合。

间隙配合：孔和轴装配时有间隙（包括最小间隙等于零）的配合。此时，孔的公差带在轴的公差带之上，如图8-28(a)所示。

过盈配合：孔和轴装配时有过盈（包括最小过盈等于零）的配合。此时，孔的公差带在轴的公差带之下，如图8-28(b)所示。

过渡配合：孔和轴装配时可能有间隙也可能有过盈的配合。此时，孔的公差带与轴的公差带相互交叠，如图8-28(c)所示。

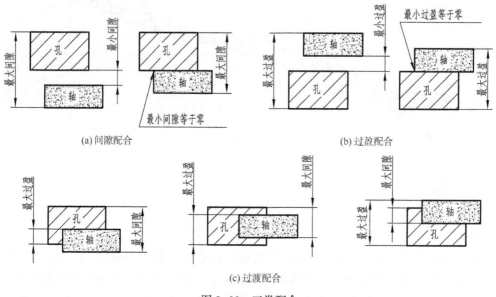

(a) 间隙配合　　　　　　　　　　　　(b) 过盈配合

(c) 过渡配合

图8-28　三类配合

（2）基准制。为了便于设计和制造，国标对配合规定了两种基准制，即基孔制和基轴制。

基孔制：基本偏差为一定的孔的公差带，与不同基本偏差的轴的公差带形成各种配合的一种制度。基孔制中的孔称为基准孔，其基本偏差代号为H，下偏差为零，上偏差为正值，如图 8-29(a)所示。

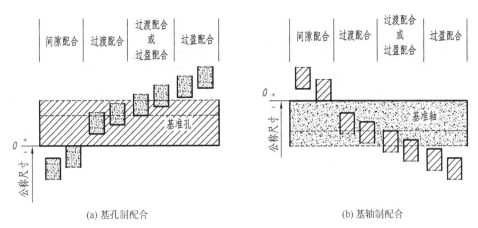

(a) 基孔制配合　　　　　　　　　　　　(b) 基轴制配合

图 8-29　配合的基准制

基轴制：基本偏差为一定的轴的公差带，与不同基本偏差的孔的公差带形成各种配合的一种制度。基轴制中的轴称为基准轴，其基本偏差代号为 h，上偏差为零，下偏差为负值，如图 8-29(b)所示。

(3) 配合代号。配合代号是用孔、轴公差代号组成的分数式表示。分子表示孔的公差带代号，分母表示轴的公差带代号。如 $\dfrac{H8}{f7}$、$\dfrac{H9}{h9}$、$\dfrac{P7}{h6}$ 等，也可写成 H8/f7、H9/h9、P7/h6 的形式。

【例 8-2】　已知公称尺寸为 $\phi50$、公差等级为 8 级、基本偏差代号为 H 的孔与公称尺寸为 $\phi50$、公差等级为 7 级、基本偏差代号为 f 的轴配合，确定轴、孔的极限偏差值、基准制及配合性质，并写出配合代号、画出公差带图。

由附表 3-3 查得孔的上偏差值为 +0.039，下偏差值为 0，孔的尺寸可写为：$\phi50^{+0.039}_{0}$ 或 $\phi50H8(^{+0.039}_{0})$。由附表 3-2 查得轴的上偏差值为 -0.025，下偏差值为 -0.050，轴的尺寸可写为：$\phi50^{-0.025}_{-0.050}$ 或 $\phi50f7(^{-0.025}_{-0.050})$。

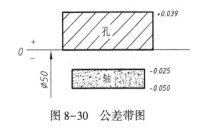

图 8-30　公差带图

该配合为基孔制间隙配合，配合代号为：$\phi50\dfrac{H8}{f7}$，公差带图如图 8-30 所示。

4. 优先、常用配合

国家标准根据机械工业产品生产使用的需要，考虑到各类产品的不同特点，制定了优先及常用配合。基孔制及基轴制的优先、常用配合见附表 3-2、附表 3-3。

在生产中，应尽量选用优先配合和常用配合。一般情况下，优先采用基孔制，这样可以限制刀具、量具的规格数量。基轴制通常仅用于具有明显经济效果的场合和结构设计要求不适合采用基孔制的场合。为降低加工工作量，在保证使用要求的前提下，应当使选用的公差为最大值。由于加工孔较困难，一般在配合中选用孔比轴低一级的公差等级，例如 H8/f7。

5. 极限与配合在图样上的标注

(1) 在装配图上的标注。装配图中只标注配合代号，不标注偏差数值，如图 8-31(a)

所示。

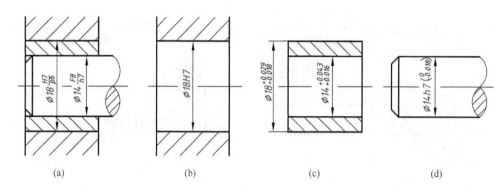

图 8-31　极限与配合在图样上的标注

（2）在零件图上的标注。在零件图上有三种标注形式：

① 在公称尺寸后面注出公差带代号，如图 8-31（b）所示。这种注法和采用专用量具检验零件统一起来，以适应大批量生产的需要。因此，不需要标注极限偏差数值。

② 在公称尺寸后面注出极限偏差数值，如图 8-31（c）所示。这种注法主要用于小量或单件生产，以便加工和检验时减少辅助时间。

当采用极限偏差标注时，偏差数值的数字比基本尺寸数字小一号，下偏差与基本尺寸标注在同一底线上，且上、下偏差的小数点必须对齐，小数点后的位数必须相同。

若上、下偏差的数值相同时，则在基本尺寸之后标注"±"符号，再填写一个偏差数值，如 $\phi50\pm0.012$。

若一个偏差数值为零，仍应注出零，零前无"+"、"-"符号，并与下偏差或上偏差小数点前的个位数对齐。

③ 在公称尺寸后面同时注出公差带代号和极限偏差数值，如图 8-31（d）所示。当产量不定时，多用这种注法。

三、几何公差简介

几何公差是指零件要素（点、线、面）的实际形状和实际位置对理想形状和理想位置所允许的变动量。

1. 几何公差的分类

根据几何公差特征将其分为四类公差：形状、方向、位置和跳动。

GB/T 1182—2008 对几何公差的类型、符号、术语和定义、公差值和标注方法都作了规定，几何公差特征符号见表 8-5。

2. 几何公差的标注方法

（1）公差框格

一般情况下，在图样中采用框格的形式来标注几何公差，在实际生产中，当无法用框格的形式标注几何公差时，允许在技术要求中用文字说明。

几何公差的框格用细实线画出，框格应水平（或垂直）放置。框格可分成两格或多格，从左至右第一格填写几何特征符号，第二格填写公差值及附加符号，第三格填写基准字母及附加符号。如果不涉及基准或附加符号，则框格只有两格。框格高度是图样中数字的二倍，它的长度视需要而定。框格中的数字、字母和符号与图样中的数字等高，如图8-32所示。

表8-5　几何特征符号

公差类型	几何特征	符　号	有无基准	公差类型	几何特征	符　号	有无基准
形状公差	直线度	—	无	位置公差	位置度	⊕	有或无
	平面度	▱			同心度（用于中心点）	◎	有
	圆　度	○			同轴度（用于轴线）		
	圆柱度	/◯/			对称度	=	
	线轮廓度	⌒			线轮廓度	⌒	
	面轮廓度	◠			面轮廓度	◠	
方向公差	平行度	//	有				
	垂直度	⊥		跳动公差	圆跳动	↗	
	倾斜度	∠			全跳动	↗↗	
	线轮廓度	⌒					
	面轮廓度	◠					

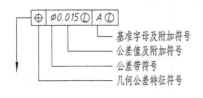

图8-32　公差框格

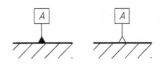

图8-33　基准符号

（2）基准符号

标注在图样上的基准符号由三角形、连接线、正方形框格和大写英文字母组成，其中三角形、连接线和框格用细实线绘制，涂黑或空白的三角形含义相同，大写英文字母表示与被测要素相关的基准，不论基准要素的方位如何，字母都应水平书写，如图8-32所示。

（3）几何公差标注示例，见表8-6。

表8-6　几何公差标注示例

图 例	说 明	图 例	说 明
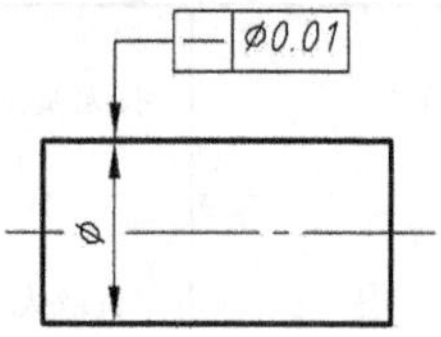	提取（实际）圆柱面的中心线应限定在直径等于φ0.01的圆柱面内	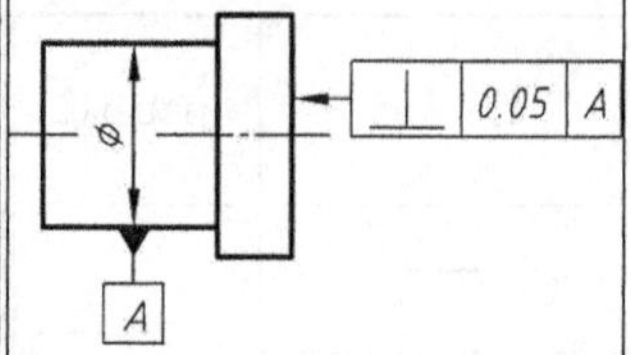	提取（实际）表面应限定在间距等于0.05，且垂直于基准轴线A的两平行平面之间
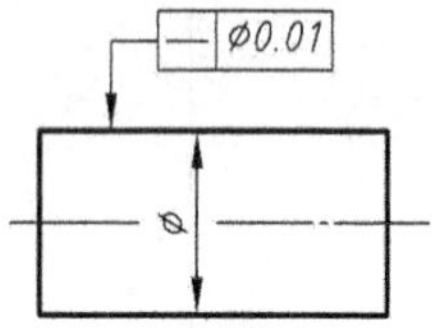	提取（实际）圆柱面的任意素线应限定在0.01的两平行平面内	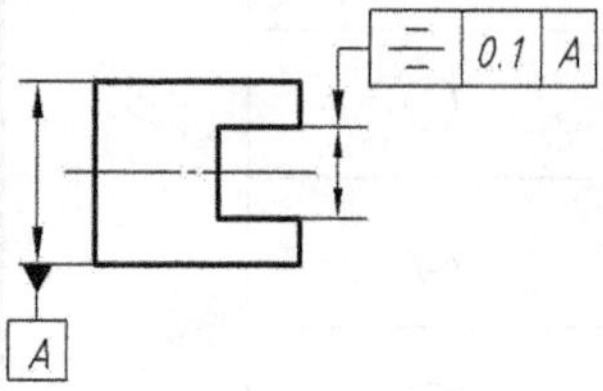	提取（实际）中心平面应限定在间距为0.1，且对称基准中心平面A的两平行平面之间
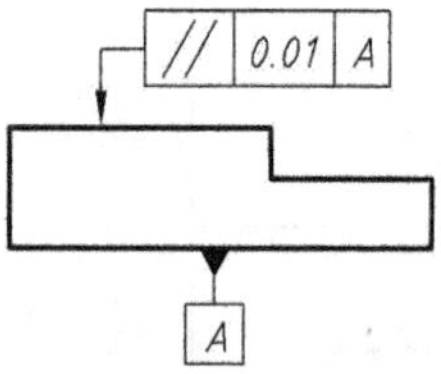	提取（实际）表面应限定在间距为0.01，且平行于基准平面A的两平行平面之间	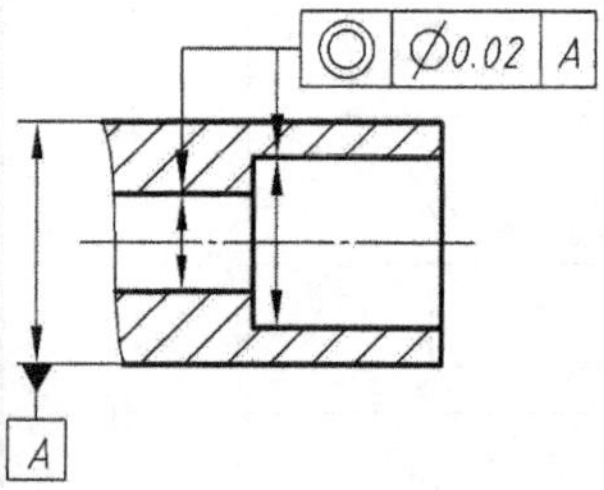	多个被测要素有相同的几何公差要求时，可以从一个框格的同一端引出多个指示箭头

第五节　零件的常见工艺结构简介

零件的结构形状，主要是根据它在机器（或部件）中的作用决定的。但是，制造工艺对零件的结构也有要求。大部分零件都是通过铸造和机械加工生产出来的，下面介绍零件的常见工艺结构。

一、铸造工艺结构

1. 拔模斜度

用铸造的方法制造零件毛坯时，为了便于在砂型中取出模样，一般沿模样方向作成约1∶20的斜度，叫拔模斜度。因此铸件上也有相应的拔模斜度，如图8-34（a）所示。这种斜度较小，在图上可以不予标注，也不一定画出，如图8-34（b）所示；必要时，可以在技术要求中用文字说明。

2. 铸造圆角

在铸造零件毛坯时，为了方便起模，防止浇铸铁水时将砂型转角处冲坏，避免铸件在冷却时产生裂缝或缩孔，在铸件毛坯各表面的相交处，都有铸造圆角，如图8-35所示。在零件图上需要画出铸造圆角，但一般不标注，而是集中注写在技术要求中。

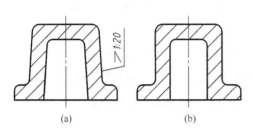

图 8-34 拔模斜度

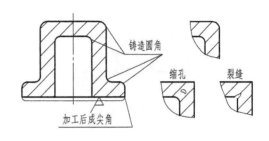

图 8-35 铸造圆角

3. 铸件壁厚

在浇铸零件时，为了避免各部分冷却速度的不同而产生缩孔或裂缝，铸件壁厚应保持大致相等或逐渐变化，如图 8-36 所示。

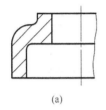

(a)

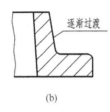

(b)

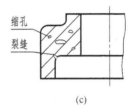

(c)

图 8-36 铸件壁厚

由于铸件上有圆角、拔模斜度存在，铸件表面上交线变得不明显了，这种线称为过渡线。过渡线用细实线表示，其画法与相贯线的画法一样，按没有圆角的情况画出相贯线的投影，画到理论上的交点为止，如图 8-37 所示。

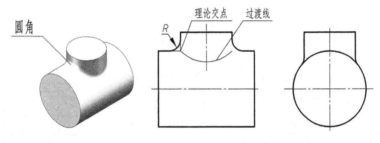

图 8-37 两圆柱面的过渡线

二、零件加工面的工艺结构

1. 倒角和倒圆

为了去除零件的毛刺、锐边和便于装配，在轴和孔的端部一般都加工出倒角，为了避免因应力集中而产生裂纹，在轴肩处往往加工成圆角过渡的形式称为倒圆，如图 8-38 所示。

2. 螺纹退刀槽和砂轮越程槽

在切削加工中，特别是在车螺纹和磨削时，为了便于退出刀具或使砂轮可以稍稍越过加工面，常常在零件的待加工面的末端，先车出螺纹退刀槽或砂轮越程槽，如图 8-39 所示。

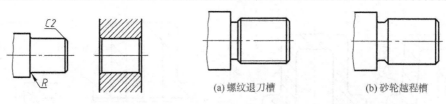

图 8-38 倒角和圆角　　　图 8-39 螺纹退刀槽和砂轮越程槽

（a）螺纹退刀槽　　　（b）砂轮越程槽

3. 钻孔结构

零件上有各种形式和不同用途的孔，多数是用钻头加工而成。用钻头钻出的盲孔，在孔的底部有一个120°的锥角，钻孔深度指的是圆柱部分的深度 h，不包括锥坑，如图 8-40（a）所示。在阶梯形钻孔的过渡处，也存在锥角为120°的圆台，如图 8-40（b）所示。

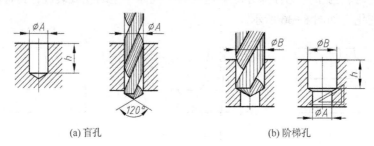

（a）盲孔　　　　　　　（b）阶梯孔

图 8-40 钻孔结构

4. 凸台和凹坑

零件上与其他零件的接触面，一般都要加工。为了减少加工面积，并保证零件表面之间要有良好的接触，常常在铸件上设计出凸台、凹坑。图 8-41（a）、（b）是螺栓连接的支撑面做成凸台或凹坑的结构；图 8-41（c）是平面做成凹槽的结构；图 8-41（d）是套筒做成凹腔的结构。

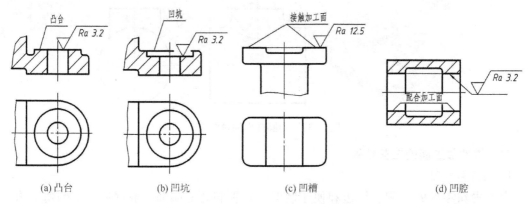

（a）凸台　　　　（b）凹坑　　　　（c）凹槽　　　　（d）凹腔

图 8-41 凸台和凹坑结构

第六节　读零件图

看懂零件图是每个工程技术人员必须具备的能力，其目的在于通过看图了解零件的名称、材料、结构、用途及技术要求等内容。

一、看零件图的目的要求

（1）了解零件的名称、材料和用途。

（2）了解零件整体及各组成部分的结构形状、特点和作用。

（3）了解零件各部分的尺寸、制造方法和技术要求。

二、读零件图的方法和步骤

1. 看标题栏

从标题栏了解零件的名称、材料、比例等。

2. 分析视图

看懂零件的内外结构形状是看零件图的主要目的之一。从基本视图看懂零件的主体结构形状；结合局部视图、斜视图以及断面图等表达方法，看懂零件的局部结构形状；最后根据相互位置关系综合出整体结构形状。

3. 分析尺寸

先看有公差的尺寸、主要加工尺寸，再看标有表面结构要求的表面，了解哪些表面是加工面，那些是非加工面。分析尺寸基准，了解哪些是定位尺寸、定形尺寸及总体尺寸。

4. 分析技术要求

根据零件的结构和尺寸，分析零件图上表面结构要求、极限与配合、几何公差等技术要求。这对进一步认识该零件，确定其加工工艺是很重要的。

【例 8-3】 读壳体零件图（图 8-42）。

该零件的名称是壳体，属箱体类零件。其材料为铸造铝合金，毛坯的制造方法为铸造，画图比例为 1∶2。

该壳体较为复杂，采用了 3 个基本视图和一个局部视图表达它的内外结构形状。主视图采用 $A-A$ 全剖视图，表达内部结构及外部轮廓。俯视图采用 $B-B$ 阶梯剖视图，表达内部及底板的形状。左视图采用局部剖视图，表达外部及顶板孔结构形状。C 向局部视图，表达顶板结构形状及孔的分布情况。

主体结构：该壳体主要由上部的顶板、本体、下部的安装底板以及左面的凸块组成。除了凸块外，本体及底板基本上是回转体，如图 8-43 所示。

该壳体较为复杂，采用了 3 个基本视图和一个局部视图表达它的内外结构形状。主视图采用 $A-A$ 全剖视图，表达内部结构及外部轮廓。俯视图采用 $B-B$ 阶梯剖视图，表达内部及底板的形状。左视图采用局部剖视图，表达外部及顶板孔结构形状。C 向局部视图，表达顶板结构形状及孔的分布情况。

从标注表面结构要求的表面可知，该零件的上顶面、下底面、底板凸台面及各圆孔为加工表面。长度方向的主要基准是主体内孔 $\phi30H7$ 的轴线，它既是设计基准，又是工艺基准。左侧凹槽端面为辅助的工艺基准。宽度方向的主要基准也是主体内孔 $\phi30H7$ 的轴线，它即是设计基准，又是工艺基准。前面凸台端面为辅助的工艺基准。高度方向的主要基准是零件的底面，上顶面为高度方向的辅助基准。

从上述基准出发，结合零件的功能，进一步分析各组成部分的定位尺寸和定形尺寸，从而完全读懂该壳体的形状和大小。

从图中可以看到：壳体的顶板和安装底板中相连接贯通的台阶孔 $\phi48H7$、$\phi30H7$ 都有

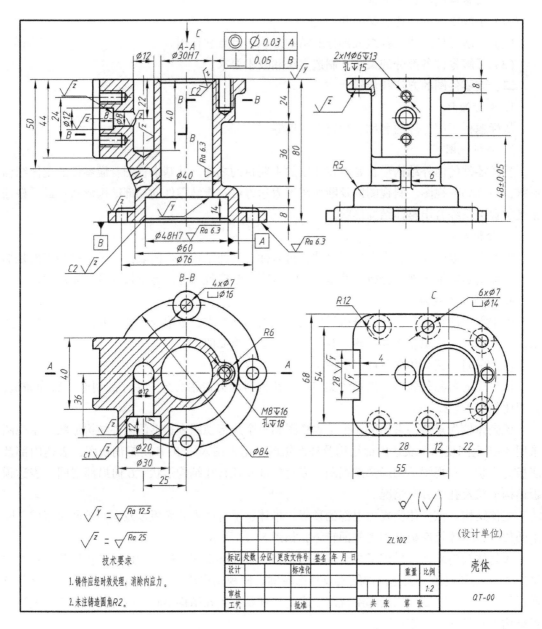

图 8-42　壳体零件图

公差要求，其极限偏差数值可由公差带代号 H7 查表获得。

　　壳体除主要的 $\phi30H7$ 和 $\phi48H7$ 圆柱孔轮廓的算数平均偏差为 6.3μm，加工面大部分轮廓的算数平均偏差为 25μm，少数是为 12.5μm；其余为铸件表面。由此可见，该零件对表面结构要求不高。另外还有用文字书写的技术要求。

　　通过上述分析，壳体零件的材料、结构形状、尺寸大小、精度要求、各表面精度以及热处理要求等都一目了然，看懂零件图后，就可以制定加工工艺，进行零件加工等后续工作。

200

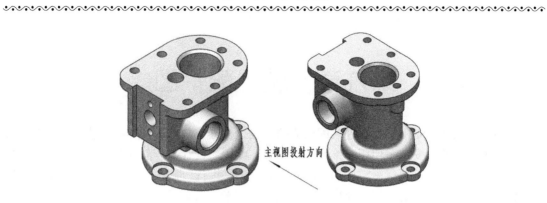

图 8-43　壳体轴测图

第九章 装 配 图

一台机器或部件是由许多零件装配而成的。表达机器或部件的图样称为装配图。在进行设计、装配、检验、安装、使用和维修时都需要装配图。设计新产品或改进原有产品时，都要先画出装配图，然后再拆画零件图。因此，装配图是设计、制造、装配、检验、安装、使用和维修等项工作的重要依据。此外，在交流生产经验、反映设计思想、引进先进技术中，也离不开装配图。装配图是生产中的重要技术文件之一。

第一节　装配图的内容

图 9-1 所示的是转子油泵装配图，从图中可以看出，一张完整的装配图应包括以下四方面内容。

（1）一组图形

用各种表达方法，正确、完整、清晰及简便地表达机器或部件的工作原理，各零件的装配关系、连接方式、传动路线以及零件的主要结构形状。

（2）几种尺寸

在装配图中，应标注出表示机器或部件的性能、规格以及装配、安装检验、运输等方面所必需的一些尺寸。

（3）技术要求

用文字或符号注写出机器或部件性能、装配和调整要求、验收条件、试验和使用规则等。

（4）零部件的编号、明细栏和标题栏

为了便于看图、图样管理和进行生产前准备工作，在装配图中，应按一定的格式，对零、部件进行编号，并画出明细栏，明细栏说明机器或部件上各零件的序号、名称、数量、材料及备注等。在标题栏中填入机器或部件的名称、重量、图号、比例以及设计、审核者的签名和日期等。

第二节　装配图的表达方法

前面介绍过的零件的各种表达方法，如视图、剖视图、断面图、局部放大图及各种规定画法和简化画法，同样适用于装配图。但由于装配图和零件图的表达重点不同，因此，装配图还有一些特殊的表达方法和规定画法。

一、装配图的规定画法

（1）相邻两个零件的接触表面和配合面只画一条线，两个不接触的表面，即使间隙很小，也必须画出两条线，如图 9-1 中泵体 1 与垫片 5 的接触面及基本尺寸为 $\phi13$ 的泵轴与泵体孔的配合表面都只画一条线。而件螺栓 9 与泵体 1、泵盖 6 上的孔是不接触表面，应画两条线。

（2）在剖视图中，相邻两个零件的剖面线方向相反，或方向相同而间距不等或错开。同一零件在同一个装配图的各个剖视图中的剖面线方向、间隔必须一致，如图9-2中相邻两件的剖面线方向相反，而图9-1中的件4（泵轴）在主视图、*C-C* 剖视图中的剖面线方向和间隔都一致。当零件的厚度小于或等于2mm时，允许用涂黑代替剖面符号，如图9-1中的件5（垫片）的画法。

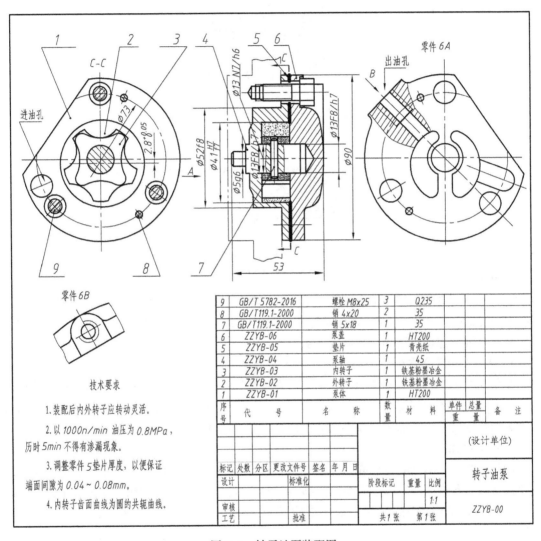

图9-1 转子油泵装配图

（3）对于紧固件（如螺栓、螺母、垫圈、螺柱等）及实心件（如轴、手柄、球、连杆、键等），当剖切平面通过其轴线（或对称线）剖切时，这些零件均按不剖绘制，只画出零件的外形，如图9-1转子油泵装配图中的泵轴4、定位销7、螺栓9。如果实心杆件上有些结构（如键槽、销孔等）需要表达时，可用局部剖视图表示，如图9-1中的泵轴4。当剖切平面垂直其轴线剖切时，需要画出其剖面线，如图9-1中的泵轴4，在 *C*-*C* 剖视图中画出了剖面线。

203

二、装配图的特殊表达方法

1. 拆卸画法

在装配图的某个视图上，当某些零件遮住了大部分装配关系或其他零件时，可假想将这些零件拆去绘制，这种画法称为拆卸画法。如图 9-2 中的俯视图就是拆去轴承盖、螺栓和螺母后画出的。采用这种画法需要标注"拆去××等"。

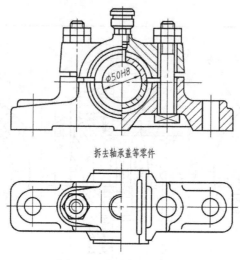

拆去轴承盖等零件

图 9-2　滑动轴承装配图

2. 沿结合面剖切画法

为了表达部件的内部结构，可假想沿着两个零件的结合面进行剖切。如图 9-1 中的 C-C 剖视图就是沿泵体和泵盖的结合面剖切后画出的。结合面上不画剖面线，但被剖切到的其他零件如泵轴、螺栓、销等，则应画出剖面线。

3. 单独表示某个零件

在装配图中，当某个零件的形状未表达清楚而又对理解装配关系有影响时，可另外单独画出该零件的视图或剖视图，并在视图上方注出零件的编号和视图名称，在相应的视图附近用箭头指明投射方向，如图 9-1 中单独画出了泵盖 6 的 A 向和 B 向两个视图。

4. 夸大画法

在装配图中，如绘制直径或厚度小于 2mm 的孔或薄片以及较小的斜度、锥度、间隙和细丝弹簧时，允许该部分不按原绘图比例而夸大画出，以便使图形清晰，这种表示方法称为夸大画法，如图 9-1 中的垫片、图 9-2 中的轴承座及轴承盖上穿螺栓的孔，都是夸大画出的。

5. 假想画法

（1）在装配图中，为了表示与本部件有装配关系但又不属于本部件的其它相邻零、部件时，可采用假想画法，用双点画线画出相邻部分的轮廓线，如图 9-1 所示。

（2）在装配图中，为了表示某些零件的运动范围和极限位置时，可先在一个极限位置上画出该零件，再在另一个极限位置上用双点画线画出其轮廓。

6. 展开画法

为了表示传动机构的传动路线和装配关系，可假想按传动顺序沿轴线剖切，然后依次展开，使剖切平面摊平到与选定的投影面平行后，再画出其剖视图，这种画法称为展开画法。

7. 简化画法

（1）螺栓连接等若干相同的零件组，在不影响理解的前提下，允许仅详细地画出一处，其余则以点画线表示其中心位置。在装配图中，螺母和螺栓头允许采用简化画法，如图 9-3 所示。

（2）装配图中的滚动轴承，按滚动轴承的规定画法绘制，如图 9-3 所示。

（3）零件的工艺结构，如圆角、倒角、退刀槽等允许不画，如图 9-3 所示。

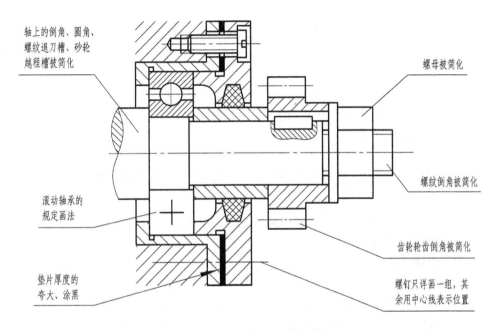

图 9-3　装配图中的简化画法和夸大画法

第三节　装配图中的尺寸标注

装配图与零件图的作用不同，因此对尺寸标注的要求也不同，装配图只需标注与部件的规格、性能、装配、安装、运输、使用等有关的尺寸，可分为以下几类。

一、性能（规格）尺寸

表示机器或部件的性能、规格和特征的尺寸，它是设计、了解和选用机器的重要依据。

二、装配尺寸

表示机器或部件上有关零件间装配关系的尺寸。主要有下面两种：

1. 配合尺寸

表示两个零件之间配合性质的尺寸，如图 9-1 转子油泵装配图中的 $\phi41H7/f7$，它是由基本尺寸、孔与轴的公差带代号组成的，是拆画零件图时确定零件尺寸偏差的依据。

2. 相对位置尺寸

表示装配机器时需要保证的零件间较重要的距离、间隙等尺寸。如图 9-1 中的 $\phi73$，如图 9-11 齿轮油泵装配图中螺孔轴线到底面的距离 50，两轴线间距离 28.76 ± 0.016 等尺寸。

三、外形尺寸

表示机器或部件外形轮廓的尺寸，即总长、总宽、总高。它反映了机器或部件所占空间的大小，是包装、运输、安装以及厂房设计时需要考虑的外形尺寸，如图9–1中的53(总长)、ϕ90(总高和总宽)等尺寸。

四、安装尺寸

将部件安装到机器上，或将机器安装到地基上，表示其安装位置的尺寸，如图9–1中安装螺栓的定位尺寸 ϕ73。

五、其他重要尺寸

在设计过程中，经过计算而确定或选定的尺寸，但又未包括在上述四类尺寸之中的重要尺寸。这种尺寸在拆画零件图时，不能改变，如图9–11齿轮油泵装配图中的齿轮宽度尺寸25。

应当指出，并不是每张装配图都必须标注上述各类尺寸，有时装配图上同一尺寸兼有几种含义。因此，在标注装配图上的尺寸时，应在掌握上述几类尺寸意义的基础上，根据机器或部件的具体情况进行具体分析，合理地进行标注。

第四节 装配图的零、部件序号及明细栏

为了便于看图、装配、图样管理以及做好生产前的准备工作，需对每个不同的零件或组件编写序号，并填写明细栏。

一、零、部件序号

1. 编写零、部件序号的方法

序号是装配图在对零件或部件按一定顺序标示的编号，编写序号的方法有两种：

(1) 将装配图上所有的标准件的标记注写在视图上，只将非标准件按顺序编号。

(2) 将装配图上所有的零件包括标准件在内，按一定顺序编号，如图9–1所示。

2. 零、部件序号标注的一些规定

(1) 零、部件序号的标注由序号数字、引线及其末端圆点或箭头三部分组成。引线由指向零件内的指引线和水平线或圆组成，也可以只有指引线，没有水平线或圆。引线用细实线绘制。引线的末端为一个实心圆点，如果引线的末端为涂黑区域，则用箭头代替实心圆点，

并指向该部分的轮廓。序号数字填写在水平线上、圆内或引线的端部，字高比装配图中的尺寸数字大一号，如图9–4所示。

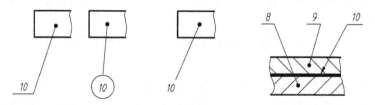

图9–4 序号标注

(2) 指引线不能相交，也不要过长，当通过有剖面线区域时，指引线尽量不与剖面线平行。必要时，指引线可画成折线，但只允许曲折一次，如图9–5所示。

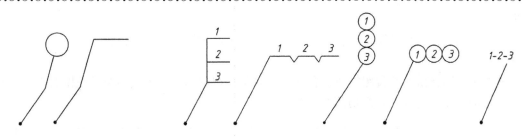

图9-5 指引线为折线图　　　　　　　　　　　图9-6 紧固件的序号标注

（3）对于一组紧固件（如螺栓、螺母、垫圈）以及装配关系清楚的零件组，允许采用公共指引线，如图9-6所示。

（4）在装配图中，对同种规格的零件只编写一个序号，对同一标准的部件（如油杯、滚动轴承、电机等）也只编一个序号。

（5）序号应沿水平或铅垂方向按顺时针或逆时针整齐排列，如图9-1所示。

二、明细栏

明细栏是机器或部件中所有零部件的详细目录，栏内主要填写零部件序号、代号、名称、材料、数量、重量及备注等内容。明细栏画在标题栏上方，外框为粗实线，内框为细实线，当标题栏上方的位置不够时，可将部分明细栏画在标题栏左方。明细栏中的零部件序号应从下往上顺序填写，以便增加零件时，可以继续向上画格。明细栏中的零部件序号要与装配图中的序号完全一致。图9-7为国标中规定的明细栏的标准格式。

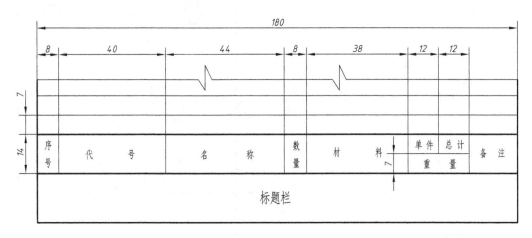

图9-7 装配图的标题栏和明细栏

第五节 读装配图

阅读装配图是根据图样中的图形、符号和文字等信息看懂机器（或部件）的功能和工作原理；各零部件之间的装配关系；零件的拆卸顺序以及各零件的主要结构形状和作用。

一、读装配图的方法

1. 概括了解

（1）看标题栏及有关的说明书和技术资料，大致了解机器或部件的用途、性能及工作原理。

（2）看零部件序号和明细栏，了解零件的名称、数量及在图中的位置。

2. 分析视图

分析装配图是由哪些视图组成、各视图的名称、视图间的投影关系及各视图要表达的意图。对于剖视图，还要确定剖切面的位置。

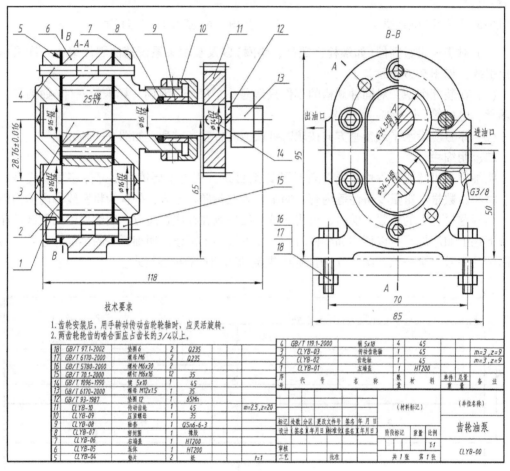

图9-8　齿轮油泵装配图

3. 深入阅读装配图

弄清各零件在机器或部件中的位置、作用及主要结构形状、各零件间的连接方式和装配关系，弄清零件间的配合种类及精度要求，弄清机器或部件的传动路线及工作原理。

进一步深入阅读装配图的一般方法是：

（1）从反映装配关系比较明显的那个视图入手，结合其他视图，对照零件在各视图上的投影关系，分析各零件在装配图中的位置和范围，分析零件的主要结构形状和作用，弄清各零件间的连接方式和装配关系，确定装配干线。在装配图的剖视图中，相邻零件的剖面线方向或间隔是不同的，可以利用不同方向或间隔的剖面线，确定各零件轮廓的范围，将分析零件从其他零件中分离出来。

（2）找出运动零件，从传动关系入手，分析机器或部件的传动路线及工作原理。

208

（3）分析装配图中标注的尺寸及公差或配合代号，了解机器或部件的规格、外形大小、零件间的配合种类及精度、装配要求和安装方法。

（4）分析装配图中的技术要求，了解机器或部件在装配、检验、安装、调试、试验等方面的要求。

（5）分析装拆顺序。

4. 归纳总结

对装配图进行上述各项分析后，一般对该部件已有一定的了解，但还可能不够完全、透彻，还要围绕部件的结构，工作情况和装配连接关系等，把各部分结构联系起来综合考虑，以求对整个部件有个全面的认识。

【例 9-1】 读齿轮油泵装配图（图 9-8）。

1. 概括了解

齿轮油泵是机器中用以输送润滑油的一个部件，主要由泵体，左、右端盖，运动零件（传动齿轮轴、齿轮轴、传动齿轮等），密封零件及标准件等组成。从明细栏中可看出，齿轮油泵共由 18 种零件组成，其中标准件 7 种，常用件和非标准件 11 种。

2. 分析视图

齿轮油泵的装配图采用两个视图表达，主视图是采用两个相交平面剖切得到的全剖视图 A-A 和齿轮啮合部分的局部剖视图，剖切位置通过销孔中心和前后对称面，该视图表达了齿轮油泵各零件间的装配关系及相对位置；左视图是沿左垫片 5 与泵体 6 结合面剖切的半剖视图 B-B 和进口处的局部剖视图，反映了该油泵的外部形状和齿轮的啮合情况及进、出油口处的结构。

3. 深入阅读装配图

泵体 6 是齿轮油泵中的主要零件之一。它的内腔可以容纳一对齿轮。将齿轮轴 2、传动齿轮轴 3 装入泵体后，两侧有左端盖 1、右端盖 7 支撑这一对齿轮轴的旋转运动。由销 4 将端盖与泵体定位后，再

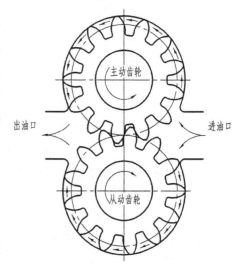

图 9-9 齿轮油泵工作原理

用螺钉 15 将端盖与泵体连接成整体。为了防止泵体与端盖结合面处以及传动齿轮轴 3 伸出端漏油，分别用垫片 5、密封圈 8、轴套 9 及压紧螺母 10 密封。齿轮油泵有两条装配干线，一条是由传动齿轮轴 3 及其上面的零件组成，另一条是齿轮轴 2。

齿轮油泵的工作原理：从图 9-8 主、左视图的投影关系可知，齿轮轴 2、传动齿轮轴 3、传动齿轮 11 是油泵中的运动零件。当传动齿轮 11 按逆时针方向（从左视图观察）转动时，通过键 14 将扭矩传递给传动齿轮轴 3，经过齿轮啮合带动齿轮轴 2，从而使后者作顺时针方向转动，如图 9-9 所示。当一对齿轮在泵体内按图示方向作啮合传动时，啮合区内右边压力降低而产生局部真空，油池内的油在大气压力作用下进入油泵的进油口，随着齿轮的转动，齿槽中的油不断沿箭头方向被带到左边的出油口把油压出，送至机器中需要润滑的部位。

配合关系：传动齿轮 11 和传动齿轮轴 3 之间的配合尺寸是 ϕ14H7/k6，它属于基孔制的优先过渡配合。齿轮与端盖在支撑处的配合尺寸是 ϕ16H7/h6；齿轮轴的齿顶圆与泵体内腔的配合尺寸是 ϕ34.5H8/f7。

尺寸分析：28.76±0.016 是一对啮合齿轮的中心距，这个尺寸准确与否将会直接影响齿轮的啮合传动。65 是传动齿轮轴线离泵体安装面的高度尺寸。齿轮油泵的外形尺寸是118、85、95，由此知道齿轮油泵的体积不大。G3/8(进油口、出油口的螺纹尺寸)及 70(两个螺栓孔之间的尺寸)均为安装尺寸。

齿轮油泵的拆装顺序可参考图 9-10 的装配爆炸图。

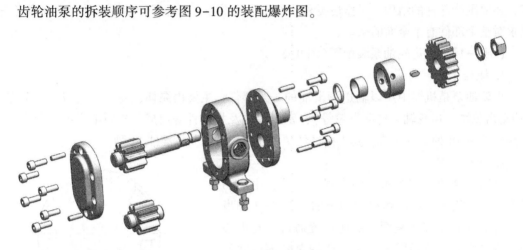

图 9-10　齿轮油泵装配爆炸图

二、由装配图拆画零件图

在设计过程中，将零件的轮廓从装配体中分离出来，并整理画出零件工作图的过程称为由装配图拆画零件图，简称拆图。拆图是设计工作中的一个重要环节，下面着重介绍拆图时应注意的几个问题。

1. 关于零件的形状和视图选择

装配图主要表达零件间的装配关系，对于每个零件的某些局部的形状和结构不一定都完全表达清楚，因此，在拆画零件图时，对那些未表达清楚的结构，根据零件的作用和装配关系进行设计。装配图上未画出的工艺结构(如倒角、倒圆、越程槽、退刀槽等)，在零件图上都应补画表示清楚。

2. 关于零件图的尺寸

零件图上的尺寸注法可按以前介绍的方法和要求标注。由装配图画零件图时，其尺寸的大小应根据不同情况分别处理：

(1) 凡在装配图中已注出的尺寸，都是比较重要的尺寸，在有关的零件图上应直接注出。对于配合尺寸和某些相对位置尺寸要注出偏差值。

(2) 与标准件相连接或配合的有关尺寸，如螺纹尺寸、销孔直径等，要从相应的标准中查取。

(3) 对零件上的标准结构，如倒角、沉孔、螺纹退刀槽、砂轮越程槽、键槽等尺寸，应查阅有关标准确定。

（4）某些零件，如弹簧尺寸、垫片厚度等，应按明细栏中所给定的尺寸数据标注。

（5）根据装配图所给的数据进行计算的尺寸，如齿轮的分度圆、齿顶圆直径等尺寸，要经过计算后标注。

（6）凡零件间有配合、连接关系的尺寸应注意协调，保持一致，以保证正确装配。

其他尺寸可用比例尺从装配图上直接量取标注。对于一些非重要尺寸应取为整数。对于标准化的尺寸，如直径、长度等均应注意采用标准化数值。

3. 关于零件的技术要求

零件图上的技术要求将直接影响零件的加工质量和使用要求，但正确制定技术要求将涉及到许多专业知识，如加工、检验和装配等方面的要求，这里不作进一步介绍。一般可通过查阅有关手册或参考其它同类型产品的图纸加以比较确定。

最后，必须对零件图进行仔细校核，校核零件图的视图、尺寸、技术要求是否完整、合理，有关装配尺寸是否协调一致，零件的名称、材料等是否与装配图明细栏中的内容相一致等。

【例 9-2】 读齿轮油泵装配图（图 9-8），拆画泵体（序号 6）的零件图。

由主、左视图分析可以看出，泵体的主体形状为长圆形，内部为空腔，用以容纳一对啮合齿轮。其左、右端面有两个连通的销孔和六个连通的螺钉孔。从左视图可知，泵体的前后有两个对称的凸台，内有管螺纹。泵体底部为安装板，上面有两个螺栓孔。

拆画零件图时，先从装配图中分离中泵体，此时它是一幅不完整的图形，如图 9-11 所示。根据零件作用和装配关系，补全所缺的轮廓。根据盘盖类零件的视图表达特点，一般可用两个视图表达，选择装配图中的左视图投影方向作为零件图的主视图投射方向，如图 9-12 所示。

按零件图要求注全尺寸和技术要求，首先把装配图上已注出的与泵体有关的尺寸直接标出，如 28.76±0.016、50、ϕ34.5H8、70、85、G3/8 等，配合尺寸查表注出偏差数值。螺孔和销孔的尺寸，根据明细栏中螺钉和销钉的规格确定。

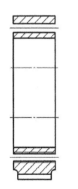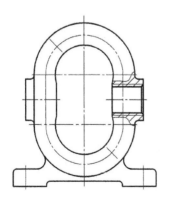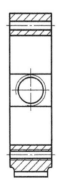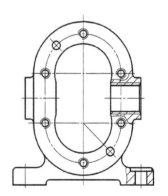

图 9-11 将零件从装配体中分离出来　　　　图 9-12 补画被挡住部分及其他结构

表面结构要求及技术要求。参考有关资料，确定泵体各加工表面的表面结构要求。根据泵体加工、检验、装配等要求及齿轮油泵的工作情况，注出相应的技术要求。泵体的零件图如图 9-13 所示。

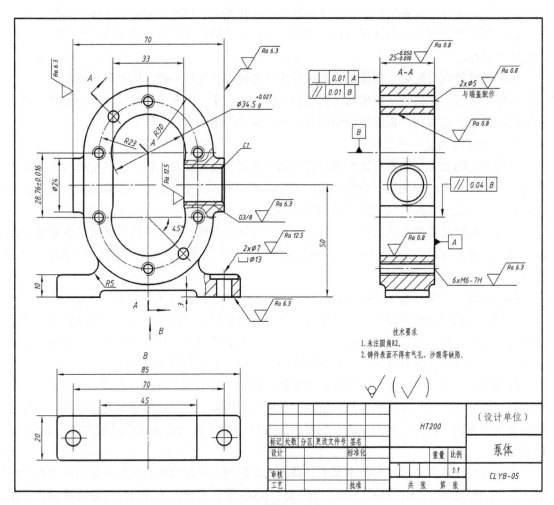

图 9-13　泵体的零件图

附录1 螺 纹

附表 1-1 普通螺纹(摘自 GB/T 193—2003、GB/T 196—2003)

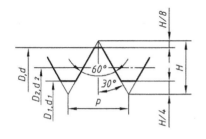

标记示例

细牙普通螺纹,公称直径 24mm,螺距为 1.5mm,右旋,中径公差带代号 5g,顶径公差带代号 6g,短旋合长度的外螺纹,其标记为:

M24×1.5-5g6g-S

mm

公称直径 D、d		螺距 P		粗牙小径 D_1、d_1	公称直径 D、d		螺距 P		粗牙小径 D_1、d_1
第一系列	第二系列	粗 牙	细 牙		第一系列	第二系列	粗 牙	细 牙	
3		0.5	0.35	2.459		22	2.5	2,1.5,1	19.294
	3.5	0.6		2.850	24		3		20.752
4		0.7	0.5	3.242		27	3		23.752
	4.5	0.75		3.688					
5		0.8		4.134	30		3.5	(3),2,1.5,1	26.211
6		1	0.75	4.917		33	3.5	(3),2,1.5	29.211
	7	1		5.917	36		4	3,2,1.5	31.670
8		1.25	1,0.75	6.647		39	4		34.670
10		1.5	1.25,1,0.75	8.376	42		4.5		37.129
12		1.75	1.5,1.25,1	10.106		45	4.5	4,3,2,1.5	40.129
	14	2	1.5,1.25①,1	11.835	48		5		42.587
16		2	1.5,1	13.835		52	5		46.587
	18	2.5	2,1.5,1	15.294	56		5.5		50.046
20		2.5		17.294		60	5.5		54.046
						64	6		57.670

注:1. 优先选用第一系列,括号内尺寸尽可能不用。

2. 注解① M14×1.25 仅用于发动机的火花塞。

3. 中径 D_2、d_2 以及公称直径为 1~3mm 未列入。

附表 1-2　梯形螺纹(摘自 GB/T 5796. 2—2005、GB/T 5796. 3—2005)

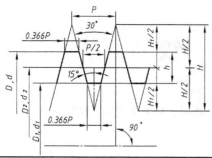

标记示例

公称直径 40mm，导程 14mm，螺距 7mm 的双线左旋梯形内螺纹，其标记为：

Tr40×14 (P7) LH

mm

公称直径 d		螺距	中径	大径	小径		公称直径 d		螺距	中径	大径	小径	
第一系列	第二系列	P	$d_2 = D_2$	D_4	d_3	D_1	第一系列	第二系列	P	$d_2 = D_2$	D_4	d_3	D_1
8		1.5	7.25	8.30	6.20	6.50			3	24.50	26.50	22.50	23.00
	9	1.5	8.25	9.30	7.20	7.50		26	5	23.50	26.50	20.50	21.00
		2	8.00	9.50	6.50	7.00			8	22.00	27.00	17.00	18.00
10		1.5	9.25	10.30	8.20	8.50			3	26.50	28.50	24.50	25.00
		2	9.00	10.50	7.50	8.00	28		5	25.50	28.50	22.50	23.00
	11	2	10.00	11.50	8.50	9.00			8	24.00	29.00	19.00	20.00
		3	9.50	11.50	7.50	8.00			3	28.50	30.50	26.50	29.00
12		2	11.00	12.50	9.50	10.00		30	6	27.00	31.00	23.00	24.00
		3	10.50	12.50	8.50	9.00			10	25.00	31.00	19.00	20.50
	14	2	13.00	14.50	11.50	12.00			3	30.50	32.50	28.50	29.00
		3	12.50	14.50	10.50	11.00	32		6	29.00	33.00	25.00	26.00
16		2	15.00	16.50	13.50	14.00			10	27.00	33.00	21.00	22.00
		4	14.00	16.50	11.50	12.00			3	32.50	34.50	30.50	31.00
	18	2	17.00	18.50	15.50	16.00		34	6	31.00	35.00	27.00	28.00
		4	16.00	18.50	13.50	14.00			10	29.00	35.00	23.00	24.00
20		2	19.00	20.50	17.50	18.00			3	34.50	36.50	32.50	33.00
		4	18.00	20.50	15.50	16.00	36		6	33.00	37.00	29.00	30.00
	22	3	20.50	22.50	18.50	19.00			10	31.00	37.00	25.00	26.00
		5	19.50	22.50	16.50	17.00			3	36.50	38.50	34.50	35.00
		8	18.00	23.00	13.00	14.00		38	7	34.50	39.00	30.00	31.00
24		3	22.50	24.50	20.50	21.00			10	33.00	39.00	27.00	28.00
		5	21.50	24.50	18.50	19.00			3	38.50	40.50	36.50	37.00
		8	20.00	25.00	15.00	16.00	40		7	36.50	41.00	32.00	33.00
									10	35.00	41.00	29.00	30.00

附表 1-3　55°非密封的管螺纹（摘自 GB/T 7307—2001）

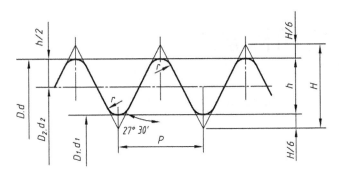

标记示例

$1\frac{1}{2}$ 左旋内螺纹：$G1\frac{1}{2}-LH$（右旋不标）

$1\frac{1}{2}$ A 级外螺纹：$G1\frac{1}{2}A$

$1\frac{1}{2}$ B 级外螺纹：$G1\frac{1}{2}B$

mm

尺寸代号	每 25.4mm 内的牙数 n	螺距 P	牙高 h	圆弧半径 $r\approx$	基本直径		
					大径 $d=D$	中径 $d_2=D_2$	小径 $d_1=D_1$
$\frac{1}{16}$	28	0.907	0.581	0.125	7.723	7.142	6.561
$\frac{1}{8}$	28	0.907	0.581	0.125	9.728	9.147	8.556
$\frac{1}{4}$	19	1.337	0.856	0.184	13.157	12.301	11.445
$\frac{3}{8}$	19	1.337	0.856	0.184	16.662	15.806	14.950
$\frac{1}{2}$	14	1.814	1.162	0.249	20.955	19.793	18.631
$\frac{5}{8}$	14	1.814	1.162	0.249	22.911	21.749	20.587
$\frac{3}{4}$	14	1.814	1.162	0.249	26.441	25.279	24.117
$\frac{7}{8}$	14	1.814	1.162	0.249	30.201	29.039	27.877
1	11	2.309	1.479	0.317	33.249	31.770	30.291
$1\frac{1}{8}$	11	2.309	1.479	0.317	37.897	36.418	34.939
$1\frac{1}{2}$	11	2.309	1.479	0.317	41.910	40.431	38.952
$1\frac{3}{8}$	11	2.309	1.479	0.317	47.803	46.324	44.845
$1\frac{3}{4}$	11	2.309	1.479	0.317	53.746	52.267	50.788
2	11	2.309	1.479	0.317	59.614	58.135	56.656
$2\frac{1}{4}$	11	2.309	1.479	0.317	65.710	64.231	62.752
$2\frac{1}{2}$	11	2.309	1.479	0.317	75.184	73.705	72.226
$2\frac{3}{4}$	11	2.309	1.479	0.317	81.534	80.055	78.576
3	11	2.309	1.479	0.317	87.884	86.405	84.926
$3\frac{1}{2}$	11	2.309	1.479	0.317	100.330	98.851	97.372
4	11	2.309	1.479	0.317	113.030	111.551	110.072
$4\frac{1}{2}$	11	2.309	1.479	0.317	125.730	124.251	122.772
5	11	2.309	1.479	0.317	138.430	136.951	135.472
$5\frac{1}{2}$	11	2.309	1.479	0.317	151.130	149.651	148.172
6	11	2.309	1.479	0.317	163.830	162.351	160.872

注：本标准适用于管接头、旋塞、阀门及附件。

附录 2　常用标准件

附表 2-1　六角头螺栓—A 级和 B 级(摘自 GB/T 5782—2016)

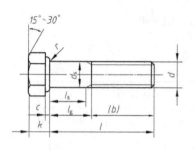

标记示例

螺纹规格 d = M12，公称长度 l = 80mm，性能等级为 8.8 级，表面氧化，A 级的六角头螺栓：

螺栓　GB/T 5782 M12×80

mm

螺纹规格 d			M3	M4	M5	M6	M8	M10	M12	M16	M20	M24	M30	M36	M42	M48	M56	M64
b 参考	$l\leqslant125$		12	14	16	18	22	26	30	38	46	54	66	—	—	—	—	—
	$125<l\leqslant200$		18	20	22	24	28	32	36	44	52	60	72	84	96	108	—	—
	$l>200$		31	33	35	37	41	45	49	57	65	73	85	97	109	121	137	153
c	min		0.15	0.15	0.15	0.15	0.15	0.15	0.15	0.2	0.2	0.2	0.2	0.2	0.3	0.3	0.3	0.3
	max		0.4	0.4	0.5	0.5	0.6	0.6	0.6	0.8	0.8	0.8	0.8	0.8	1	1	1	1
d_w min	产品等级	A	4.57	5.88	6.88	8.88	11.63	14.63	16.63	22.49	28.19	33.61	—	—	—	—	—	—
		B	4.45	5.74	6.74	8.74	11.47	14.47	16.47	22	27.7	33.25	42.75	51.11	59.95	69.45	78.66	88.16
e min	产品等级	A	6.01	7.66	8.79	11.05	14.38	17.77	20.03	26.75	33.53	39.98	—	—	—	—	—	—
		B	5.88	7.50	8.63	10.89	14.20	17.59	19.85	26.17	32.95	39.55	50.85	60.79	72.02	82.6	93.56	104.86
k 公称			2	2.8	3.5	4	5.3	6.4	7.5	10	12.5	15	18.7	22.5	26	30	35	40
r	min		0.1	0.2	0.2	0.25	0.4	0.4	0.6	0.6	0.8	0.8	1	1	1.2	1.6	2	2
s	max=公称		5.50	7.00	8.00	10.00	13.00	16.00	18.00	24.00	30.00	36.00	46	55.0	65.0	75.0	85.0	95.0
l(商品规格范围及通用规格)			20~30	25~40	25~50	30~60	35~80	40~100	45~120	55~160	65~200	80~240	90~300	110~360	130~400	140~400	160~400	200~400
l 系列			20, 25, 30, 35, 40, 45, 50, (55), 60, (65), 70, 80, 90, 100, 110, 120, 130, 140, 150, 160, 180, 200, 220, 240, 260, 280, 300, 320, 340, 360, 380, 400																

注：A 和 B 为产品等级，A 级用于 $d\leqslant24$ mm 和 $l\leqslant10d$ 或 $\leqslant150$mm(按较小值)的螺栓，B 级用于 $d>24$ mm 或 $l>10d$ 或 $l>150$mm(按较小值)的螺栓。尽可能不采用括号内的规格。

附表 2-2　双头螺柱

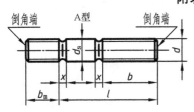

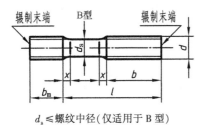

$d_s \le$ 螺纹中径(仅适用于 B 型)

GB/T 897—1988($b_m = 1d$)
GB/T 898—1988($b_m = 1.25d$)
GB/T 899—1988($b_m = 1.5d$)
GB/T 900—1988($b_m = 2d$)

标记示例

两端均为粗牙普通螺纹，$d = 10$mm，$l = 50$mm，性能等级为 4.8 级，不经表面处理，B 型，$b_m = 1d$ 的双头螺柱，其标记为：

螺柱　GB 897 M10×50

旋入端为粗牙普通螺纹，紧固端为螺距 $P = 1$mm 的细牙普通螺纹，$d = 10$mm，$l = 50$mm，性能等级为 4.8 级，不经表面处理，A 型，$b_m = 1.25d$ 的双头螺柱，其标记为：

螺柱　GB/T 898 AM10-M10×1×50

mm

螺纹规格	b_m 公称				d_s		X_{max}	b	l 公称
d	GB 897—88	GB 898—88	GB 899—88	GB 900—88	max	min			
M5	5	6	8	10	5	4.7		10	16~(22)
								16	25~50
M6	6	8	10	12	6	5.7		10	20、(22)
								14	25、(28)、30
								18	(32)~(75)
M8	8	10	12	16	8	7.64		12	20、(22)
								16	25、(28)、30
								22	(32)~90
M10	10	12	15	20	10	9.64		14	25、(28)
								16	30、(38)
								26	40~120
								32	130
M12	12	15	18	24	12	11.57	2.5P	16	25~30
								20	(32)~40
								30	45~120
								36	130~180
M16	16	20	24	32	16	15.57		20	30~(38)
								30	40~50
								38	60~120
								44	130~200
M20	20	25	30	40	20	19.48		25	35~40
								35	45~60
								46	(65)~120
								52	130~200

注：1. P 表示螺距。

2. l 的长度系列：16，(18)，20，(22)，25，(28)，30，(32)，35，(38)，40，45，50，(55)，60，(65)，70，(75)，80，90，(95)，100~200（十进位）。括号内数值尽可能不采用。

附表 2-3　I 型六角螺母—A 和 B 级（摘自 GB/T 6170—2015）

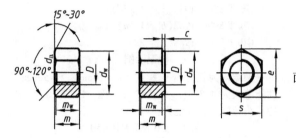

标记示例

螺纹规格 D = M12，性能等级为 10 级，不经表面处理，A 级的 I 型六角螺母，其标记为：

螺母　GB/T 6170 M12

mm

螺纹规格 D		M1.6	M2	M2.5	M3	M4	M5	M6	M8	M10	M12
c	max	0.2	0.2	0.3	0.4	0.4	0.5	0.5	0.6	0.6	0.6
d_a	max	1.84	2.3	2.9	3.45	4.6	5.75	6.75	8.75	10.8	13
	min	1.60	2.0	2.5	3.00	4.0	5.00	6.00	8.00	10.0	12
d_w	min	2.4	3.1	4.1	4.6	5.9	6.9	8.9	11.6	14.6	16.6
e	min	3.41	4.32	5.45	6.01	7.66	8.79	11.05	14.38	17.77	20.03
m	max	1.3	1.6	2	2.4	3.2	4.7	5.2	6.8	8.4	10.8
	min	1.05	1.35	1.75	2.15	2.9	4.4	4.9	6.44	8.04	10.37
m_w	min	0.8	1.1	1.4	1.7	2.3	3.5	3.9	5.1	6.4	8.3
s	max	3.20	4.00	5.00	5.50	7.00	8.00	10.00	13.00	16.00	18.00
	min	3.02	3.82	4.82	5.32	6.78	7.78	9.78	12.73	15.73	17.73

螺纹规格 D		M16	M20	M24	M30	M36	M42	M48	M56	M64
c	max	0.8	0.8	0.8	0.8	0.8	1	1	1	1.2
d_a	max	17.3	21.6	25.9	32.4	38.9	45.4	51.8	60.5	69.1
	min	16.0	20.0	24.0	30.0	36.0	42.0	48.0	56.0	64.0
d_w	min	22.5	27.7	33.2	42.7	51.1	60.6	69.4	78.7	88.2
e	min	26.75	32.95	39.55	50.85	60.79	72.02	82.6	93.56	104.86
m	max	14.8	18	21.5	25.6	31	34	38	45	51
	min	14.1	16.9	20.2	24.3	29.4	32.4	36.4	43.4	49.1
m_w	min	11.3	13.5	16.2	19.4	23.5	25.9	29.1	34.7	39.3
s	max	24.00	30.00	36	46	55.0	65.0	75.0	85.0	95.0
	min	23.67	29.16	35	45	53.8	63.8	73.1	82.8	92.8

注：1. A 级用于 D≤16mm 的螺母；B 级用于 D>16mm 的螺母。本表仅按商品规格和通用规格列出。

2. 螺纹规格为 M8~M64、细牙、A 级和 B 级的 I 型六角螺母，请查阅 GB/T 6171—2000。

附表 2-4　开槽圆柱头螺钉(摘自 GB/T 65—2016)

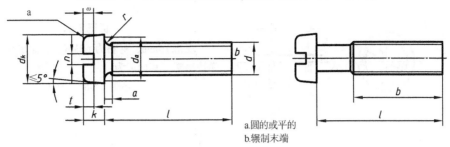

a.圆的或平的
b.辗制末端

标记示例

螺纹规格 d = M5、公称长度 l = 20mm、性能等级为 4.8 级, 不经表面处理的开槽圆柱头螺钉, 其标记为:

螺钉　GB/T 65 M5×20

mm

螺纹规格 d		M3	M4	M5	M6	M8	M10
a	max	1	1.4	1.6	2	2.5	3
b	min	25	38	38	38	38	38
n	公称	0.8	1.2	1.2	1.6	2	2.5
d_K	max	5.50	7.00	8.50	10.00	13.00	16.00
	min	5.32	6.78	8.28	9.78	12.73	15.73
k	max	2.00	2.60	3.3	3.9	5	6
	min	1.86	2.46	3.12	3.6	4.7	5.7
t	min	0.85	1.1	1.3	1.6	2	2.4
r	min	0.1	0.2	0.2	0.25	0.4	0.4
d_a	max	3.6	4.7	5.7	6.8	9.2	11.2
公称长度 l		4~30	5~40	6~50	8~60	10~80	12~80
l 系列值		4, 5, 6, 8, 10, 12, (14), 16, 20, 25, 30, 35, 40, 45, 50, (55), 60, (65), 70, (75), 80					

注: 1. 尽可能不采用括号内的规格。

　　2. 公称长度在 40mm 以内的螺钉, 制出全螺纹。

附表 2-5　平垫圈 A 级(摘自 GB/T 97.1—2016)

标记示例

标准系列、公称规格 8mm、由钢制造的硬度等级为 200HV 级、不经表面处理、产品等级为八级的平垫圈的标记, 其标记为:

垫圈 GB/T 97.18

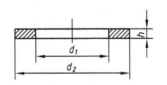

mm

规格(螺纹大径)	2	2.5	3	4	5	6	8	10	12	14	16	20	24	30
内径 d_1 公称(min)	2.2	2.7	3.2	4.3	5.3	6.4	8.4	10.5	13	15	17	21	25	31
外径 d_2 公称(max)	5	6	7	9	10	12	16	20	24	28	30	37	44	56
厚度 h 公称	0.3	0.5	0.5	0.8	1	1.6	1.6	2	2.5	2.5	3	3	4	4

附表 2-6　标准型弹簧垫圈（摘自 GB/T 93—1987）

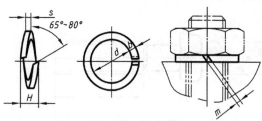

标记示例

规格 16mm，材料为 65Mn，表面氧化的标准型弹簧垫圈，其标记为：

垫圈　GB/T 93 16

mm

规格（螺纹大径）		4	5	6	8	10	12	16	20	24	30
d	min	4.1	5.1	6.1	8.1	10.2	12.2	16.2	20.2	24.5	30.5
	max	4.4	5.4	6.68	8.68	10.9	12.9	16.9	21.04	25.5	31.5
$S(b)$	公称	1.1	1.3	1.6	2.1	2.6	3.1	4.1	5	6	7.5
	min	1	1.2	1.5	2	2.45	2.95	3.9	4.8	5.8	7.2
	max	1.2	1.4	1.7	2.2	2.75	3.25	4.3	5.2	6.2	7.8
H	min	2.2	2.6	3.2	4.2	5.2	6.2	8.2	10	12	15
	max	2.75	3.25	4	5.25	6.5	7.75	10.25	12.5	15	18.75
$m \leqslant$		0.55	0.65	0.8	1.05	1.3	1.55	2.05	2.5	3	3.75

附表 2-7　普通平键的型式和尺寸（摘自 GB/T 1096—2003）

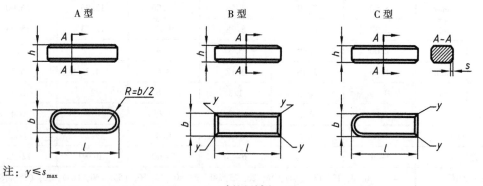

注：$y \leqslant s_{max}$

标记示例

圆头普通平键（A 型），$b=18$mm，$h=11$mm，$L=100$mm：GB/T 1096 键 18×11×100

方头普通平键（B 型），$b=18$mm，$h=11$mm，$L=100$mm：GB/T 1096 键 B 18×11×100

单圆头普通平键（C 型），$b=18$mm，$h=11$mm，$L=100$mm：GB/T 1096 键 C 18×11×100

mm

b	2	3	4	5	6	8	10	12	14	16	18	20	22	25
h	2	3	4	5	6	7	8	8	9	10	11	12	14	14
倒角或倒圆 sr	0.16~0.25			0.25~0.40			0.40~0.60					0.60~0.80		
L	6~20	6~36	8~45	10~56	14~70	18~90	22~110	28~140	36~160	45~180	50~200	56~220	63~250	70~280
L 系列	6,8,10,12,14,16,18,20,22,25,28,32,36,40,45,50,56,63,70,80,90,100,110,125,140,160,180,200,220,250,280													

注：材料常用 45 钢，图中各部尺寸的尺寸公差未列入。

附表 2-8　键和键槽的剖面尺寸(摘自 GB/T 1095—2003)

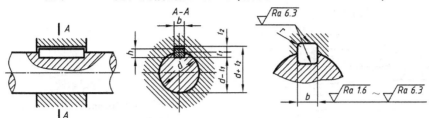

mm

轴	键	键　槽											
		宽　度　　b						深　度				半　径	
公称直径 d	键尺寸 b×h	基本尺寸 b	极　限　偏　差					轴 t_1		毂 t_2		r	
			松联结		正常联结		紧密键联结						
			轴 H9	毂 D10	轴 N9	毂 Js9	轴和毂 P9	基本尺寸	极限偏差	基本尺寸	极限偏差	min	max
自 6~8	2×2	2	+0.025	+0.060	-0.004	±0.0125	-0.006	1.2	+0.1 0	1	+0.1 0	0.08	0.16
>8~10	3×3	3	0	+0.020	-0.029		-0.031	1.8		1.4			
>10~12	4×4	4	+0.030	+0.078	0	±0.015	-0.012	2.5		1.8		0.16	0.25
>12~17	5×5	5	0	+0.030	-0.030		-0.042	3.0		2.3			
>17~22	6×6	6						3.5		2.8			
>22~30	8×7	8	+0.036	+0.098	0	±0.018	-0.015	4.0		3.3			
>30~38	10×8	10	0	+0.040	-0.036		-0.051	5.0		3.3			
>38~44	12×8	12	+0.043	+0.120	0	±0.0215	-0.018	5.0	+0.2 0	3.3	+0.2 0	0.25	0.40
>44~50	14×9	14						5.5		3.8			
>50~58	16×10	16	0	+0.050	-0.043		-0.061	6.0		4.3			
>58~65	18×11	18						7.0		4.4			
>65~75	20×12	20	+0.052	+0.149	0	±0.026	-0.022	7.0		4.9		0.40	0.60
>75~85	22×14	22	0	+0.065	-0.052		-0.074	9.0		5.4			
>85~95	25×14	25						9.0		5.4			
>95~110	28×16	28						10.0		6.4			

注：在工作图中轴槽深用 t_1 或($d-t_1$)标注，轮毂槽深用($d+t_2$)标注。平键轴槽的长度公差带用 H14。

附表 2-9　圆柱销(摘自 GB/T 119.1—2000)—不淬硬钢和奥氏体不锈钢

末端形状允许倒角或凹穴

标记示例

公称直径 $d=8$mm，长度 $l=30$mm，公差为 m6，材料为钢，不经淬火,，不经表面处理的圆柱销，其标记为：

销　GB/T 119.1 8m6×30

mm

d 公称　　m6/h8	0.6	0.8	1	1.2	1.5	2	2.5	3	4	5
c≈	0.12	0.16	0.2	0.25	0.3	0.35	0.4	0.5	0.63	0.8
l(商品规格范围公称长度)	2~6	2~8	4~10	4~12	4~16	6~20	6~24	8~30	8~40	10~50
l(系列)	2,3,4,5,6,8,10,12,14,16,18,20,22,24,26,28,30,32,35,40,45,50,55,60,65,70,75,80,85,90,95,100,120,140,160,180,200									

附表 2-10　圆锥销（摘自 GB/T 117—2000）

A 型（磨削）

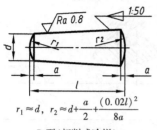

$$r_1 \approx d, \quad r_2 \approx d + \frac{a}{2} + \frac{(0.02l)^2}{8a}$$

B 型（切削或冷镦）

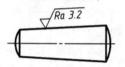

标记示例

公称直径 $d = 10\text{mm}$，长度 $l = 60\text{mm}$，材料为 35 钢，热处理硬度 28~38（HRC），表面氧化处理的 A 型圆锥销，其标记为：

销　GB/T 117 A10×60

mm

d（公称）	0.6	0.8	1	1.2	1.5	2	2.5	3	4	5
$a \approx$	0.08	0.1	0.12	0.16	0.2	0.25	0.3	0.4	0.5	0.63
l（商品规格范围公称长度）	4~8	5~12	6~16	6~20	8~24	10~35	10~35	12~45	14~45	18~60
d（公称）	6	8	10	12	16	20	25	30	40	50
$a \approx$	0.8	1	1.2	1.6	2	2.5	3	4	5	6.3
l（商品规格范围公称长度）	22~90	22~120	26~160	32~180	40~200	45~200	50~200	55~200	60~200	65~200
l（系列）	2,3,4,5,6,8,10,12,14,16,18,20,22,24,26,28,30,32,35,40,45,50,55,60,65,70,75,80,85,90,95,100,120,140,160,180,200									

附表 2-11　开口销（摘自 GB/T 91—2000）

允许制造的形式

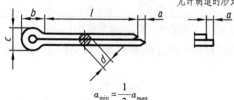

$$a_{\min} = \frac{1}{2} a_{\max}$$

标记示例

公称直径 $d = 5\text{mm}$，长度 $l = 50\text{mm}$，材料为低碳钢，不经表面处理的开口销，其标记为：

销　GB/T 91 5×50

mm

d（公称）		0.6	0.8	1	1.2	1.6	2	2.5	3.2	4	5	6.3	8	10	12
c	max	1.0	1.4	1.8	2	2.8	3.6	4.6	5.8	7.4	9.2	11.8	15	19	24
	min	0.9	1.2	1.6	1.7	2.4	3.2	4	5.1	6.5	8	10.3	13.1	16.6	21.7

附录3　极限与配合

附表 3-1　基本尺寸 3~500mm 的标准公差数值（摘自 GB/T 1800.3—1998）

公称尺寸/ mm		标 准 公 差 等 级																	
		IT1	IT2	IT3	IT4	IT5	IT6	IT7	IT8	IT9	IT10	IT11	IT12	IT13	IT14	IT15	IT16	IT17	IT18
大于	至	μm											mm						
—	3	0.8	1.2	2	3	4	6	10	14	25	40	60	0.1	0.14	0.25	0.4	0.6	1	1.4
3	6	1	1.5	2.5	4	5	8	12	18	30	48	75	0.12	0.18	0.3	0.48	0.75	1.2	1.8
6	10	1	1.5	2.5	4	6	9	15	22	36	58	90	0.15	0.22	0.36	0.58	0.9	1.5	2.2
10	18	1.2	2	3	5	8	11	18	27	43	70	110	0.18	0.27	0.43	0.7	1.1	1.8	2.7
18	30	1.5	2.5	4	6	9	13	21	33	52	84	130	0.21	0.33	0.52	0.84	1.3	2.1	3.3
30	50	1.5	2.5	4	7	11	16	25	39	62	100	160	0.25	0.39	0.62	1	1.6	2.5	3.9
50	80	2	3	5	8	13	19	30	46	74	120	190	0.3	0.46	0.74	1.2	1.9	3	4.6
80	120	2.5	4	6	10	15	22	35	54	87	140	220	0.35	0.54	0.87	1.4	2.2	3.5	5.4
120	180	3.5	5	8	12	18	25	40	63	100	160	250	0.4	0.63	1	1.6	2.5	4	6.3
180	250	4.5	7	10	14	20	29	46	72	115	185	290	0.46	0.72	1.15	1.85	2.9	4.6	7.2
250	315	6	8	12	16	23	32	52	81	130	210	320	0.52	0.81	1.3	2.1	3.2	5.2	8.1
315	400	7	9	13	18	25	36	57	89	230	140	360	0.57	0.89	1.4	2.3	3.6	5.7	8.9
400	500	8	10	15	20	27	40	63	97	250	155	400	0.63	0.97	1.55	2.5	4	6.3	9.7

注：1. IT01 和 IT0 的标准公差未列入。

2. 基本尺寸小于或等于 1mm 时，无 IT14~IT18。

附表 3-2　轴的

基本偏差		上　偏　差　es												js	IT5 和 IT6	IT7	IT8
基本尺寸 /mm		所 有 标 准 公 差 等 级													j		
大于	至	a	b	c	cd	d	e	ef	f	fg	g	h					
—	3	-270	-140	-60	-34	-20	-14	-10	-6	-4	-2	0			-2	-4	-6
3	6	-270	-140	-70	-46	-30	-20	-14	-10	-6	-4	0			-2	-4	
6	10	-280	-150	-80	-56	-40	-25	-18	-13	-8	-5	0			-2	-5	
10	14	-290	-150	-95		-50	-32		-16		-6	0			-3	-6	
14	18																
18	24	-300	-160	-110		-65	-40		-20		-7	0			-4	-8	
24	30																
30	40	-310	-170	-120		-80	-50		-25		-9	0			-5	-10	
40	50	-320	-180	-130													
50	65	-340	-190	-140		-100	-60		-30		-10	0			-7	-12	
65	80	-360	-200	-150									偏差 = ± $\dfrac{IT_n}{2}$，式中 IT_n 是 IT 数值				
80	100	-380	-220	-170		-120	-72		-36		-12	0			-9	-15	
100	120	-410	-240	-180													
120	140	-460	-260	-200		-145	-85		-43		-14	0			-11	-18	
140	160	-520	-280	-210													
160	180	-580	-310	-230													
180	200	-660	-340	-240		-170	-100		-50		-15	0			-13	-21	
200	225	-740	-380	-260													
225	250	-820	-420	-280													
250	280	-920	-480	-300		-190	-110		-56		-17	0			-16	-26	
280	315	-1050	-540	-330													
315	355	-1200	-600	-360		-210	-125		-62		-18	0			-18	-28	
355	400	-1350	-680	-400													
400	450	-1500	-760	-440		-230	-135		-68		-20	0			-20	-32	
450	500	-1650	-840	-480													

注：1. 基本尺寸≤1 mm 时，基本偏差 a 和 b 均不采用。

2. 公差带 js7~js11，若 IT_n 数值是奇数，则取偏差 = ± $\dfrac{IT_n - 1}{2}$。

基本偏差数值　　　　　　　　　　　　　　　　　　　　　　　　μm

IT4~IT7	≤IT3 >IT7	下 偏 差 ei　所 有 标 准 公 差 等 级													
k		m	n	p	r	s	t	u	v	x	y	z	za	zb	zc
0	0	+2	+4	+6	+10	+14		+18		+20		+26	+32	+40	+60
+1	0	+4	+8	+12	+15	+19		+23		+28		+35	+42	+50	+80
+1	0	+6	+10	+15	+19	+23		+28		+34		+42	+52	+67	+97
+1	0	+7	+12	+18	+23	+28		+33		+40		+50	+64	+90	+130
								+39	+45			+60	+77	+108	+150
+2	0	+8	+15	+22	+28	+35		+41	+47	+54	+63	+73	+98	+136	+188
							+41	+48	+55	+64	+75	+88	+118	+160	+218
+2	0	+9	+17	+26	+34	+43	+48	+60	+68	+80	+94	+112	+148	+200	+274
							+54	+70	+81	+97	+114	+136	+180	+242	+325
+2	0	+11	+20	+32	+41	+53	+66	+87	+102	+122	+144	+172	+226	+300	+405
					+43	+59	+75	+102	+120	+146	+174	+210	+274	+360	+480
+3	0	+13	+23	+37	+51	+71	+91	+124	+146	+178	+214	+258	+335	+445	+585
					+54	+79	+104	+144	+172	+210	+254	+310	+400	+525	+690
+3	0	+15	+27	+43	+63	+92	+122	+170	+202	+248	+300	+365	+470	+620	+800
					+65	+100	+134	+190	+228	+280	+340	+415	+535	+700	+900
					+68	+108	+146	+210	+252	+310	+380	+465	+600	+780	+1000
+4	0	+17	+31	+50	+77	+122	+166	+236	+284	+350	+425	+520	+670	+880	+1150
					+80	+130	+180	+258	+310	+385	+470	+575	+740	+960	+1250
					+84	+140	+196	+284	+340	+425	+520	+640	+820	+1050	+1350
+4	0	+20	+34	+56	+94	+158	+218	+315	+385	+475	+580	+710	+920	+1200	+1550
					+98	+170	+240	+350	+425	+525	+650	+790	+1000	+1300	+1700
+4	0	+21	+37	+62	+108	+190	+268	+390	+475	+590	+700	+900	+1150	+1500	+1900
					+114	+208	+294	+435	+530	+660	+820	+1000	+1300	+1650	+2100
+5	0	+23	+40	+68	+126	+232	+330	+490	+595	+740	+920	+1100	+1450	+1850	+2400
					+132	+252	+360	+540	+660	+820	+1000	+1250	+1600	+2100	+2600

附表3-3　孔的基

基本尺寸/mm 大于	至	A	B	C	CD	D	E	EF	F	FG	G	H	JS	J IT6	J IT7	J IT8	K ≤IT8	K >IT8	M ≤IT8	M >IT8
—	3	+270	+140	+60	+34	+20	+14	+10	+6	+4	+2	0		+2	+4	+6	0	0	-2	-2
3	6	+270	+140	+70	+46	+30	+20	+14	+10	+6	+4	0		+5	+6	+10	-1+Δ		-4+Δ	-4
6	10	+280	+150	+80	+56	+40	+25	+18	+13	+8	+5	0		+5	+8	+12	-1+Δ		-6+Δ	-6
10	14	+290	+150	+95		+50	+32		+16		+6	0		+6	+10	+15	-1+Δ		-7+Δ	-7
14	18																			
18	24	+300	+160	+110		+65	+40		+20		+7	0		+8	+12	+20	-2+Δ		-8+Δ	-8
24	30																			
30	40	+310	+170	+120		+80	+50		+25		+9	0	偏差=±$\dfrac{IT_n}{2}$ 式中 IT_n 是 IT 数值	+10	+14	+24	-2+Δ		-9+Δ	-9
40	50	+320	+180	+130																
50	65	+340	+190	+140		+100	+60		+30		+10	0		+13	+18	+28	-2+Δ		-11+Δ	-11
65	80	+360	+200	+150																
80	100	+380	+220	+170		+120	+72		+36		+12	0		+16	+22	+34	-3+Δ		-13+Δ	-13
100	120	+410	+240	+180																
120	140	+460	+260	+200		+145	+85		+43		+14	0		+18	+26	+41	-3+Δ		-15+Δ	-15
140	160	+520	+280	+210																
160	180	+580	+310	+230																
180	200	+660	+340	+240		+170	+100		+50		+15	0		+22	+30	+47	-4+Δ		-17+Δ	-17
200	225	+740	+380	+260																
225	250	+820	+420	+280																
250	280	+920	+480	+300		+190	+110		+56		+17	0		+25	+36	+55	-4+Δ		-20+Δ	-20
280	315	+1050	+540	+330																
315	355	+1200	+600	+360		+210	+125		+62		+18	0		+29	+39	+60	-4+Δ		-21+Δ	-21
355	400	+1350	+680	+400																
400	450	+1500	+760	+440		+230	+135		+68		+20	0		+33	+43	+66	-5+Δ		-23+Δ	-23
450	500	+1650	+840	+480																

注：1. 基本尺寸≤1mm时，基本偏差 A 和 B 及>IT8 级的 N 均不采用。

2. 一个特殊情况：当基本尺寸在 250~315mm 时，M6 的 ES=-9μm（代替-11μm）。

3. 公差带 JS7~JS11，若 IT_n 数值是奇数，则取偏差=±$\dfrac{IT_n-1}{2}$。

4. 对≤IT8 的 K、M、N 或≤IT7 的 P~ZC，所需 Δ 值从表内右侧选取。

本偏差数值
μm

上偏差 ES															Δ					
≤IT8	>IT8	≤IT7	标准公差等级大于IT7												标准公差等级					
N		P~ZC	P	R	S	T	U	V	X	Y	Z	ZA	ZB	ZC	IT3	IT4	IT5	IT6	IT7	IT8
−4	−4		−6	−10	−14		−18	–	−20		−26	−32	−40	−60	0	0	0	0	0	0
−8+Δ	0		−12	−15	−19		−23	–	−28		−35	−42	−50	−80	1	1.5	1	3	4	6
−10+Δ	0		−15	−19	−23		−28	–	−34		−42	−52	−67	−97	1	1.5	2	3	6	7
−12+Δ	0		−18	−23	−28		−33	–	−40		−50	−64	−90	−130	1	2	3	3	7	9
								−39	−45		−60	−77	−108	−150						
−15+Δ	0		−22	−28	−35		−41	−47	−54	−63	−73	−98	−136	−188	1.5	2	3	4	8	12
						−41	−48	−55	−64	−75	−88	−118	−160	−218						
−17+Δ	0		−26	−34	−43	−48	−60	−68	−80	−94	−112	−148	−200	−274	1.5	3	4	5	9	14
						−54	−70	−81	−97	−114	−136	−180	−242	−325						
−20+Δ	0		−32	−41	−53	−66	−87	−102	−122	−144	−172	−226	−300	−405	2	3	5	6	11	16
				−43	−59	−75	−102	−120	−146	−174	−210	−274	−360	−480						
−23+Δ	0	在>7级的相应数值上增加一个Δ值	−37	−51	−71	−91	−124	−146	−178	−214	−258	−335	−445	−585	2	4	5	7	13	19
				−54	−79	−104	−144	−172	−210	−254	−310	−400	−525	−690						
−27+Δ	0		−43	−63	−92	−122	−170	−202	−248	−300	−365	−470	−620	−800	3	4	6	7	15	23
				−65	−100	−134	−190	−228	−280	−340	−415	−535	−700	−900						
				−68	−108	−146	−210	−252	−310	−380	−465	−600	−780	−1000						
−31+Δ	0		−50	−77	−122	−166	−236	−284	−350	−425	−520	−670	−880	−1150	3	4	6	9	17	26
				−80	−130	−180	−258	−310	−385	−470	−575	−740	−960	−1250						
				−84	−140	−196	−284	−340	−425	−520	−640	−820	−1050	−1350						
−34+Δ	0		−56	−94	−158	−218	−315	−385	−475	−580	−710	920	−1200	−1550	4	4	7	9	20	29
				−98	−170	−240	−350	−425	−525	−650	−790	−1000	−1300	−1700						
−37+Δ	0		−62	−108	−190	−268	−390	−475	−590	−730	−900	−1150	−1500	−1900	4	5	7	11	21	32
				−114	−208	−294	−435	−530	−660	−820	−1000	−1300	−1650	−2100						
−40+Δ	0		−68	−126	−232	−330	−490	−595	−740	−920	−1100	−1450	−1850	−2400	5	5	7	13	23	34
				−132	−252	−360	−540	−660	−820	−1000	−1250	−1600	−2100	−2600						

参 考 文 献

［1］杜秀华，曹喜承．工程图学基础［M］．北京：机械工业出版社，2008.

［2］王春华，郭凤，关丽杰，曹喜承．现代工程图学［M］．北京：中国石化出版社，2012.

［3］周瑞芬，曹喜承．化工制图［M］．北京：中国石化出版社，2012

［4］刘衍聪，等．工程图学教程［M］．北京：高等教育出版社，2011.

［5］侯洪生．机械工程图学：第2版［M］．北京：科学出版社，2008.

［6］刘炀．现代机械工程图学［M］．北京：机械工业出版社，2011.

［7］刘苏．现代工程图学教程［M］．北京：科学出版社，2010.

［8］刘仁杰，等．工程制图［M］．北京：机械工业出版社，2010.

［9］冯秋官，等．工程制图［M］．北京：机械工业出版社，2011.

［10］李学京．技术制图和机械制图国家标准学用指南［M］．北京：中国标准出版社，2013.